田野·社会丛书第二辑

泉域社会：对明清山西环境史的一种解读

张俊峰 著

商务印书馆
The Commercial Press

2018年·北京

图书在版编目（CIP）数据

泉域社会：对明清山西环境史的一种解读 / 张俊峰
著. — 北京：商务印书馆，2018
（田野·社会丛书）
ISBN 978-7-100-16225-8

Ⅰ.①泉… Ⅱ.①张… Ⅲ.①水利史－研究－山西－
明清时代②泉－史料－山西－明清时代 Ⅳ.①TV-092
②K928.4

中国版本图书馆CIP数据核字（2018）第124957号

（田野·社会丛书）

**泉域社会：对明清山西环境史的
一种解读**

张俊峰 著

商 务 印 书 馆 出 版
（北京王府井大街36号 邮政编码 100710）
商 务 印 书 馆 发 行
三河市尚艺印装有限公司印刷
ISBN 978-7-100-16225-8

2018年7月第1版　　　开本 710×1000　1/16
2018年7月第1次印刷　　印张 20 1/2

定价：62.00元

《田野·社会丛书》总序

走向田野与社会
——中国社会史研究的追求与实践

行 龙

人文社会科学领域的理论和概念总是不断出新，五花八门。回顾 20 世纪 80 年代以来中国社会史研究的发展历程，我们引进、接受了太多的西方人文社会科学的理论和概念。现代化理论、"中国中心观"、年鉴派史学、国家—社会理论、"过密化"、"权力的文化网络"、"地方性知识"、知识考古学、后现代史学，等等，林林总总。引进接受的过程既是一个目不暇接、眼花缭乱的过程，又是一个不断跟进让人疲惫的过程。在这样一个过程中，我们在不断地反思，也在不断地前行。中国社会史研究深受西方有关理论概念的影响，这是一个不争的事实。另一方面，我们又不时地听到或看到对西方理论概念盲目追求、一味模仿的批评，建立中国本土化的社会史概念理论的呼声在我们的耳畔不时响起。

这里的"走向田野与社会"，却不是什么新的概念，更不是什么理论之类。至多可以说，它是山西大学中国社会史研究中心三代学人从事社会史研究过程中的一种学术追求和实践。

"走向田野与社会"付诸文字，最早是在 2002 年。那一年，为庆祝山西大学建校 100 周年，校方组织出版了一批学术著作，其中一本是我主编的《近代山西社会研究》（中国社会科学出版社 2002 年版），此书有一个副标题就叫"走向田野与社会"，其实是我和自己培养的最初几届硕士研究生撰写的有关区域社会史的学术论文集。2007 年我的另一本书将此副题移作正题，名曰《走向田野与社会》

（生活·读书·新知三联书店 2007 年版）。

　　忆记 2004 年 9 月的一个晚上，我在山西大学以"走向田野与社会"为题的讲座中谈到，这里的"田野"包含两层意思：一是相对于校园和图书馆的田地与原野，也就是基层社会和农村；二是人类学意义上的田野工作，也就是参与观察、实地考察的方法。这里的"社会"也有两层含义：一是现实的社会，我们必须关注现实社会，懂得从现在推延到过去或者由过去推延到现在；二是社会史意义上的社会，这是一个整体的社会，也是一个"自下而上"视角下的社会。

　　其实，走向田野与社会是中国历史学的一个悠久传统，也是一份值得深切体会和实践的学术资源。我们的老祖宗司马迁写《史记》的目的是"究天人之际，通古今之变，成一家之言"，为此他游历名山大川，了解风土民情，采访野夫乡老，搜集民间传说。一篇《河渠书》，太史公"南登庐山，观禹疏九江，遂至于会稽太湟，上姑苏，望五湖；东窥洛汭、大邳、迎河，行淮、泗、济、漯、洛渠；西瞻蜀之岷山及离碓；北自龙门至于朔方"，可谓足迹遍南北。及至晚近，"读万卷书，行万里路"几成中国传统知识文人治学的准则。

　　我的老师乔志强（1928—1998）先生辈，虽然不能把他们看作传统文人一代，但他们对中国传统文化的体认却比吾辈要深切许多。即使是在接连不断的政治运动环境下，他们也会在自己有限的学问范围内走出校园，走向田野。乔先生最早出版的一本书，是 1957 年由山西人民出版社出版的《曹顺起义史料汇编》，该书区区 6 万字，除抄录第一历史档案馆有关上谕、奏折、审讯记录稿本外，很重要的一部分就是他采访当事人后人及"访问其他当地老群众"，召开座谈会收集而来的民间传说。也是在 20 世纪 50 年代开始，他在教学之余，又开始留心搜集山西地区义和团史料。现在学界利用甚广的刘大鹏之《退想斋日记》、《潜园琐记》、《晋祠志》等重要资料，就是他在晋祠圣母殿侧廊看到刘大鹏的碑铭后，顺藤摸瓜，实地走访得来的。1980 年，当人们还沉浸在"科学的春天"到来之际，乔志强先生就推出了《义和团在山西地区史料》（山西人民出版社 1980 年版）这部来自乡间田野的重要资料书，这批资料也成就了他对早年山西义和团的研究和辛亥革命前十年历史的研究。

　　20 世纪 80 年代，乔志强先生以其敏锐的史家眼光，开始了社会史领域的钻研和探索。我们清楚地记得，他与研究生一起研读相关学科的基础知识，一起讨论提纲著书立说，一起参观考察晋祠、乔家大院、丁村民俗博物馆，一起走向田野访问乡老。一部《中国近代社会史》（人民出版社 1992 年版）被学界誉为中国社会史"由理论探讨走向实际操作的第一步"，成为中国社会史学科体系初步形成的一个最重要的标志。就是在该书的长篇导论中，他在最后一个部分专门谈"怎样研究社会史"，认为"历史调查可以说是社会史的主要研究方法"，举凡文献资料，包括正史、野史、私家著述、地方志、笔记、专书、日记、书信、年谱、家谱、回忆录、文学作品；文物，包括金石、文书、契约、图像、器物；调查访问，包括访谈、问卷、观察等等，不厌其烦，逐一道来，其中列举的山西地区铁铸古钟鼎文和石刻碑文等都是他多年的切身体验和辛苦所得。

乔志强先生对历史调查和田野工作的理解是非常朴实的，其描述的文字也是平淡无华的，关于"调查访问"中的"观察"，他这样写道：

> 现实的社会生活，往往留有以往社会的痕迹，有时甚至很多传统，特别如民俗、人际关系、生活习惯，这些就可以借助于观察。另外还可以借助于到交通不便或是人际关系较为简单的地区去观察调查，因为它们还可能保留有较多的过去的风俗习惯、人际往来等方面的痕迹，对于理解历史是有用处的。（《中国近代社会史》，人民出版社 1992 年版，第 30—31 页）

二十多年后重温先生朴实无华的教诲，回想当年跟随先生走村过镇的往事，我们为学有所本亲炙教诲感到欣慰。

走向田野与社会，又是由社会史的学科特性所决定的。20 世纪之后兴起的西方新史学，尤其是法国年鉴学派史学在批判实证史学的基础上异军突起，年鉴派史学"所要求的历史不仅是政治史、军事史和外交史，而且还是经济史、人口史、技术史和习俗史；不仅是君王和大人物的历史，而且还是所有人的历史；这是结构的历史，而不仅仅是事件的历史；这是有演进的、变革地运动着的历史，不是停滞的、描述性的历史；是有分析的、有说明的历史，而不再是纯叙述性的历史；总之是一种总体的历史"。100 年前，梁启超在中国倡导的"新史学"与西方有异曲同工之妙，20 世纪 80 年代恢复后的中国社会史研究更以其"把历史的内容还给历史"的雄心登坛亮相。长期以来以阶级斗争为主线的历史研究使得历史变得干瘪枯燥，以大人物和大事件组成的历史难以反映历史的真实，全面地准确地认识国情、把握国情，需要我们全面地系统地认识历史、认识社会，需要我们还历史以有血有肉丰富多彩的全貌。可以说，中国社会史在顺应中国社会变革和时代潮流中得以恢复，又在关注社会现实的过程中得以演进。

因此，社会史意义上的"社会"，又不仅是历史的社会，同时也是现实的社会。通过过去而理解现在，通过现在而理解过去，此为年鉴派史学方法论的核心，第三代年鉴学派的重要人物勒高夫曾宣称，年鉴派史学是一种"史学家带着问题去研究的史学"，"它比任何时候都更重视从现时出发来探讨历史问题"。

很有意思的是，半个世纪以前，钱穆先生在香港某学术机构做演讲，有一讲即为"如何研究社会史"，他尤其强调：

> 要研究社会史，应该从当前亲身所处的现实社会着手。历史传统本是以往社会的记录，当前社会则是此下历史的张本。历史中所有是既往的社会，社会上所有则是先前的历史，此两者本应联系合一来看。
>
> 要研究社会史，决不可关着门埋头在图书馆中专寻文字资料所能胜任，主要乃在能从活的现实社会中获取生动的实像。
>
> 我们若能由社会追溯到历史，从历史认识到社会，把眼前社会来做以往历史的一个生动见证，这样研究，才始活泼真确，不要专在文字记载上作片面的搜索。（《中国历史研究法》，生活·读书·新知三联书店 2001 年版，第52—56 页）

乔志强先生撰写的《中国近代社会史》导论部分，计有社会史研究的对象、知识结构、意义及怎样研究社会史四个小节，谈到社会史研究的意义，没有谈其学术意义，"重点强调研究社会史具有的重要的现实意义"。社会史的研究要有现实感，这是社会史研究者的社会责任，也是催促我们走向田野与社会的学术动力。

社会史意义上的"社会"，又是一种"自下而上"视角下的社会。与传统史学重视上层人物和重大历史事件的"自上而下"视角不同，社会史的研究更重视芸芸众生的历史与日常。举凡人口、婚姻、家庭、宗族、农村、集镇、城市、士农工商、衣食住行、宗教信仰、节日礼俗、人际关系、教育赡养、慈善救灾、社会问题等等，均从"社会生活的深处"跃出而成为社会史研究的主要内容。显然，社会史的研究极大地拓展了传统史学的研究内容，如此丰富的研究内容决定了社会史多学科交叉融合的特性，如此特性需要我们具有与此研究内容相匹配的相关学科基础知识与训练，需要我们走出学校和图书馆，走向田野与社会。由此，人类学、社会学等成为社会史最亲密的伙伴，社会史研究者背起行囊走向田野，"优先与人类学对话"成为一道风景。

"偶然相遇人间世，合在增城阿姥家。"山西大学的社会史研究与人类学是有学脉缘分的，一位祖籍山西，至今活跃在人类学界的乔健先生 1990 年自香港向我们走来。我不时地想过，也许就是一种缘分，"二乔"成为我们社会史研究的领路人，算是我们这些生长在较为闭塞的山西后辈学人的福分。现在，山西大学中国社会史研究中心的鉴知楼里，恭敬地置放着"二乔"的雕像，每每仰望，实多感慨。

1998 年，乔志强先生仙逝后，乔健先生曾特意撰文回忆他与志强先生最初的交往：

　　　　我第一次见到乔志强先生是在 1990 年初夏，当时我来山西大学接受荣誉教授的颁授。志强先生与我除了同乡、同姓的关系外，还是同志。我自己是研究文化／社会人类学的，但早期都偏重所谓"异文化"的研究，其中包括了台湾的高山族、美国的印第安人（特别是那瓦侯族）以及华南的瑶族。但从九十年代起，逐渐转向汉族，特别是华北汉族社会的研究。志强先生是中国社会史权威，与我新的研究兴趣相同。由于这种"三同"的因缘，我们一见如故，相谈极欢。他特别邀请我去他家吃饭，吃的是我最爱吃的豆角焖面。我对先生的纯诚质朴，也深为赞佩。（《纪念乔志强先生》，未刊稿，第 32 页）

其实，乔健先生也是一位纯诚质朴的蔼蔼长者，又是一位立身田野从来不知疲倦的著名人类学家。他为扩展山西大学的对外学术交流，尤其是对中国社会史研究中心的学术发展付出了大量的心血。我初次与乔健先生相识正是在 1990 年山西大学华北文化研究中心的成立仪式上。1996 年，"二乔"联名申请国家社科基金重点项目——华北贱民阶层研究获准，我和一名研究生承担的"晋东南剃头匠"成为其中的一部分，开始直接受到乔健先生人类学的指导和训练；2001 年，乔健先生又申请到一个欧洲联盟委员会关于中国农村可持续发展的研究项目，我们多年来关注的一个田野工作点赤桥村（即晋祠附近刘大鹏祖籍）被确定为全国七个点之一；2006 年下半年，我专门请乔先生为研究生开设了文化人类学专题课，他编写讲义，印制参考资料，每天到图书馆的十层授课论道，往来不辍。这些年，他几乎每年都要来中心一到两次，做讲座，下田野，乐在其中，老而弥坚。前不久他又来和我谈起下一步研究绵山脚下著名的张壁古堡计划。如今，乔健先生将一生收藏的人类学、社会学书籍和期刊捐赠中心，命名为"乔健图书馆"，又特设两种奖学金鼓励优秀学子立志成才，其情其人，良多感佩。正是在这位著名人类学家的躬身提携下，我结识了费孝通、李亦园、金耀基等著名人类学社会学前辈及诸位同行，我和多名研究生曾到香港和台湾参加各种人类学、社会学会议。正是在乔健先生的亲自指导之下，我们这些历史学学科背景的晚辈，才开始学得一点人类学的知识和田野工作的方法，山西大学中国社会史研究中心的学术工作有了人类学、社会学的气味，走向田野与社会成为中心愈来愈浓的学术风气。

　　奉献在读者面前的这套丛书，命名为"田野·社会丛书"，编者和诸位作者不谋而合。丛书主要刊出山西大学中国社会史研究中心年轻一代学者的研究成果，其中有些为博士论文基础上的修改稿，有些则为另起炉灶的新作。博士论文也好，新作也好，均为积年累月辛苦钻研所得，希望借此表达出走向田野与社会的研究取向和学术追求。

　　丛书所收均为区域社会史研究之作，而这个"区域"正是以我们生于斯，长于斯，情系于斯的山西地区为中心。在长期从事中国社会史研究的过程中，编者和作者形成了这样一个基本认知：社会史的研究并不简单是"社会生活史"的研究，只有"自上而下"与"自下而上"的结合，理论探讨与实证研究的结合，宏观研究与微观研究的结合，才能实现"整体的"社会史研究这一目标，才能避免"碎片化"的陷阱。

　　其实，整体和区域只是反映事物多样性和统一性及其相互关系的范畴，整体只能在区域中存在，只有通过区域而存在。相对于特定国家的不同区域而言，全国性范围的研究可以说是宏观的、整体的，但相对于跨国界的世界范围的研究而言，全国性的研究又只能是一种微观的、区域的研究，整体和区域并不等同于宏观和微观。史学研究的价值并不在于选题的整体与区域之别，区域研究得出的结论未必都是个别的、只适于局部地区的定论，"更重要的是在每个具体的研究中使用各种方法、手段和途径，使其融为一体，从而事实上推进史学研究"。我们相信，沉湎于中国悠久的历史文化传统，研读品味先辈们赐赠的丰硕成果，面对不断翻新流行时髦的各式理论概念，史学研究的不变宗旨仍然是求真求实，而求真求实的重要途径之一就是通过区域的、个案的、具体的研究去实践。这里需要引起注意的是，这样一种区域的、个案的、具体的研究又往往被误认为社会史研究"碎化"的表现，其实，所谓的"碎化"并不可怕，把研究对象咬烂嚼碎，烂熟于胸化然于心并没有什么不好，可怕的是碎而不化，碎而不通。区域社会史的研究绝不是画地为牢的就区域而区域，而是要就区域看整体，就地方看国家。从唯物主义整体的普遍联系的观点出发，在区域的、个案的、具体的研究中保持整体的眼光，正是克服过分追求宏大叙事，实现社会史研究整体性的重要途径。丛书所收的各种选题中，既有对山西区域社会一些重大问题的研究，也有一些更小的区域（如黄河小北干流、霍泉流域），甚至某个具体村庄的研究，选题各异，而追求整体社会史研究的目标则一。

作为一种学术追求与实践，走向田野与社会也是区域社会史研究的必然逻辑。我们知道，传统历史研究历来重视时间维度，那种民族—国家的宏大叙事大多只是一个虚幻的概念，一个虚拟和抽象的整体，而没有较为真切的空间维度。社会史的研究要"自下而上"，要更多地关注底层民众的历史，而区域社会正是民众生活的日常空间，只有空间维度的区域才是具体的真实的区域，揭示空间特征的"田野"便自然地进入区域社会史研究的视野，走向田野从事田野工作便成为一种学术自觉与必然。

社会史研究要"优先与人类学对话"，也要重视田野工作。我们知道，人类学的田野工作首先是对"异文化"的参与观察，它要求研究者到被研究者的生活圈子里至少进行为期一年的实地观察与研究，与被研究者"同吃同住同劳动"，进而撰写人类学意义上的民族志。人类学强调参与观察的田野工作，对区域社会史研究具有重要的借鉴意义。走向田野，直接到那个具体的区域体验空间的历史，观察研究对象的日常，感受历史现场的氛围，才能使时间的历史与空间的历史连接起来，才能对地方性知识获取真正的认同，才能体会到同情之理解的可能，才能对区域社会的历史脉络有更为深刻的把握。然而，社会史的田野工作又不完全等同于人类学的田野工作。"上穷碧落下黄泉，动手动脚找资料"，搜集资料、尽可能地全面详尽地占有资料，是史学研究尤其是区域社会史研究最基础的工作。

如果说宏大叙事式的研究主要是通过传统的正史资料所获取，那么，区域社会史的研究仅此是远远不够的，这是因为，传统的正史甚至包括地方志并没有存留下丰厚的地方资料，地方性资料诸如碑刻、家谱、契约、账簿、渠册、笔记、日记、自传、秧歌、戏曲、小调等，只有通过田野调查才能有所发现，甚至大量获取。所以说，社会史的田野工作，首先要进行一场"资料革命"，在获取历史现场感的同时获取地方资料，在获取现场感和地方资料的同时确定研究内容认识研究内容。在《走向田野与社会》一书开篇自序中，笔者曾有所感触地写道：

> 走向田野，深入乡村，身临其境，在特定的环境中，文献知识中有关历史场景的信息被激活，作为研究者，我们也仿佛回到过去，感受到具体研究的历史氛围，在叙述历史，解释历史时才可能接近历史的真实。走向田野与社会，可以说是史料、研究内容、理论方法三位一体，相互依赖，相互包含，紧密关联。在我的具体研究中，有时先确定研究内容，然后在田野中有意识地收集资料；有时是无预设地搜集资料，在田野搜集资料的过程中启发了思路，然后确定研究内容；有时仅仅是身临其境的现场感，就激发了新的灵感与问题意识，有时甚至就是三者的结合。

值得欣慰的是，在长期从事社会史学习和研究的过程中，走向田野与社会这一学术取向正在实践中体现出来。《田野·社会丛书》所收的每个选题，都利用了大量田野工作搜集到的地方文献、民间文书及口述资料；就单个选题而言，不能说此前没有此类的研究，就资料的搜集整理利用之全面和系统而言，至少此前没有如此丰厚和扎实。我们相信，走向田野与社会，利用田野工作搜集整理地方文献和资料，在眼下快速城市化的进程中是一种神圣的文化抢救工作，也是一项重要的学术积累活动。我们也相信，这就是陈寅恪先生提到的学术之"预流"——"一时代之学术，必有其新材料与新问题。取用此材料以研究问题，则为此时代学术之新潮流。治学之士，取预此潮流，谓之预流"。

走向田野与社会，既驱动我们走向田野将文献解读与田野调查结合起来，又激发我们关注现实将历史与现实粘连起来，这样的工作可以使我们发现新材料和新问题，以此新材料用以研究新问题，催生了一个新的研究领域——集体化时代的中国农村社会研究。

对于这样一个新的研究领域，这里还是有必要多谈几句。其实，何为"集体化时代"，仍是一个见仁见智的问题。陋见所知，或曰"合作化时代"，或曰"公社化时代"，对其上限的界定更有互助组、高级社，甚至人民公社等诸多说法。我们认为，集体化时代即指从中国共产党在抗日根据地推行互助组，到20世纪80年代农村人民公社体制结束的时代，此间约40年时间（各地容有不一），互助组、初级社、高级社、人民公社、农业学大寨前后相继，一路走来。这是一个中国共产党人带领亿万农民走向集体化，实践集体化的时代，也是中国农村经历的一个非常特殊的历史时代。然而，对于这样一个重要的研究领域，以往的中国革命史和中国共产党党史研究并没有给予足够的重视，宏大叙事框架下的革命史和党史只能看到上层的历史与重大事件，基层农村和农民的生活与实态往往湮没无闻。在走向田野与社会的实践中，我们强烈地感受到，随着现代化过程中"三农"问题的日益突出，随着城市化过程中农村基层档案的迅速流失，从搜集基层农村档案资料做起，开展集体化时代的农村社会研究，是我们社会史工作者一份神圣的社会责任。坐而论道，不如起而行之。21世纪初开始，我们有计划、有组织地下大力气对以山西为中心的集体化时代的基层农村档案资料进行抢救式的搜集整理，师生积年累月，栉风沐雨，不避寒暑，不畏艰难，走向田野与社会，深入基层与农村，迄今已搜集整理近200个村庄的基层档案，数量当在数千万字以上。以此为基础，我们还创办了一个"集体化时代的农村社会"学术展览馆。集体化时代的农村基层档案可谓是"无所不包，无奇不有"，其重要价值在于它的数量庞大而不可复制，其可惜之处在于它的迅速散失而难以搜集。我们并不是对这段历史有什么特殊的情感，更不是将这批档案视为"红色文物"期望它增值，实在是为其迅速散失而感到痛惜，痛惜之余奋力抢救，抢救之中又进入研究视野。回味法国年鉴学派倡导的"集体调查"，我们对此充满敬意而信心十足。

勒高夫在谈到费弗尔《为史学而战》时写道：

费弗尔在书中提倡"指导性的史学"，今天也许已很少再听到这一说法。但它是指以集体调查为基础来研究历史，这一方向被费弗尔认为是"史学的前途"。对此《年鉴》杂志一开始就做出榜样：它进行了对土地册、小块田地表格、农业技术及其对人类历史的影响、贵族等的集体调查。这是一条可以带来丰富成果的研究途径。自 1948 年创立起，高等研究实验学院第六部的历史研究中心正是沿着这一途径从事研究工作的。（勒高夫等主编：《新史学》，上海译文出版社 1989 年版，第 14—15 页）

集体化时代的农村社会研究，还使我们将社会史的研究引入到了现当代史的研究中。中国社会史研究自 20 世纪 80 年代复兴以来，主要集中在 1949 年以前的所谓古代史、近代史范畴，将社会史研究引入现当代史，进一步丰富革命史和中国共产党党史的研究，以致开展"新革命史"研究的呼声，近年来愈益高涨。我们认为，如果社会史的研究仅限于古代、近代的探讨而不顾及现当代，那将是一个巨大的缺失和遗憾，将社会史的视角延伸至中国现当代史之中，不仅是社会史研究"长时段"特性的体现，而且必将促进"自上而下"与"自下而上"的有机结合，进而促进整体社会史的研究。

三十而立，三十而思。从乔志强先生创立中国社会史研究的初步体系，到由整体社会史而区域社会史的具体实践，从中国近代社会史到明清以来直至中国的当代史，在走向田野与社会的学术追求和实践中，山西大学的中国社会史研究在反思中不断前行，任重而又道远。

　　1992 年成立的山西大学中国社会史研究中心，到今年已经整整 20 年了。《田野·社会丛书》的出版，算是对这个年轻的但又是全国最早出现的社会史研究机构的小小礼物，也是我们对中国社会史研究的重要开拓者乔志强先生的一个纪念。

2012 年岁首于山西大学

中国社会史研究中心

目　录

绪论　类型学视野下的中国水利社会史研究

改革开放四十年来，伴随中西方史学的碰撞与激荡，自然科学与人文社会科学的交叉融合，中国水利史研究取得了长足进展，实现了"从治水社会向水利社会"①的转型，生机盎然，成果迭出。水利社会史研究不仅代表了新时期中国水利史研究的亮点、热点和潮流，而且成为中国社会史研究领域一支悄然绽放的奇葩，吸引了包括历史学、水利学、人类学、民俗学、历史地理学等多学科在内的国内外众多研究者的共同兴趣。在这一领域中，学者们从各自学科视角出发，不仅产生了各具特色的研究成果，而且相互启发、互相借鉴，在水利社会史的多方面研究中达成了共识，取得了突破。因此，及时、系统地梳理和总结中国水利社会史研究的发展之路，对于中国水利社会史研究的长远发展而言，具有重要的意义。

可喜的是，已有不少研究者注意到了水利史研究中的这一新动向，纷纷著文评论。其中，石峰的《"水利"的社会文化关联 —— 学术史检阅》②将水利史专业以外其他学科国内外学者对水的研究分作"水与政治"、"水与基本经济区"、"水与宗族"、"水与社会文化适应"、"水与组织参与"、"水与权力的文化网络"、"水与剧场国家"、"水与权利"、"水与民俗"、"水与道德"、"水与社会、组织基础及制度创新"11 个方面，对水利与社会文化的关联性研究做了初步的文献梳理。该文贡献在于比较准确地概括了水利社会史研究关注的问题和主要领域，尤其是人类学的关注点和理论创新。但是，由于作者站在人类学立场上讨论这一问题，在强调海外人类学、民族学、历史学研究贡献的同时，却疏于评介日本学界的中国

① 行龙：《从"治水社会"到"水利社会"》，载行龙：《走向田野与社会》，生活·读书·新知三联书店 2007 年版，第 91—99 页。

② 石峰：《"水利"的社会文化关联 —— 学术史检阅》，《贵州大学学报》2005 年第 3 期。

水利史研究和中国历史学界的学术成就。

与此具有互补性的是两篇直接以"水利社会史"为标题的学术综述，分别是张爱华的《进村找庙之外：水利社会史研究的勃兴》[①] 和廖艳彬的《20 年来国内明清水利社会史研究回顾》[②]。两文均从社会史角度来分析和评价历史学界水利社会史研究的最新动向。如张爱华认为中国水利社会史研究以 20 世纪 90 年代中期为界，可以分为萌芽和勃兴两个阶段，并重点对水利社会史的勃兴阶段做了评介。同样，廖文亦将 20 世纪 90 年代中期以后，随着社会史研究的不断深入，特别是区域社会史研究的兴盛，水利社会史研究引起众多学者的广泛重视，以闽台、太湖、两湖、山陕等不同区域为中心的水利社会史研究均取得了重要成果。类似的见解，在晏雪平《二十世纪八十年代以来中国水利史研究综述》[③] 一文中也得到呼应。该文虽是对中国水利史研究的综述，却明确地将"水利社会"作为水利史研究的一个重要领域，并认为水利社会史研究为我们深入了解地方社会提供了良好的切入点，扩展了经济史与社会史研究的视野，为我们探讨诸多经济与社会问题提供了平台，体现了当今学术界多学科、多方向综合研究的趋势。

上述研究反映了水利社会史兴起以来，学术界对这一新领域的一些具有共性的看法，从这些评论来看，研究者普遍对水利社会史持认可的态度。在此，笔者不揣简陋，欲在吸收、借鉴、综合前述研究成果的基础上，结合近年来我们"以水为中心"的山西区域社会史之研究实践，以探讨水利社会史理论与方法为旨归，就二十年来中国水利社会史研究的不同路径、不同认识发表一些浅见，希望借此归纳、总结出一套水利社会史研究的有效路径，以裨于该学术领域的蓬勃发展。

---

① 张爱华：《进村找庙之外：水利社会史研究的勃兴》，《史林》2008 年第 5 期。
② 廖艳彬：《20 年来国内明清水利社会史研究回顾》，《华北水利水电学院学报》2008 年第 1 期。
③ 晏雪平：《二十世纪八十年代以来中国水利史研究综述》，《农业考古》2009 年第 1 期。

一、多学科共识：通过水来看社会

新时期的水利社会史研究，在一定程度上可以说是与区域社会史的兴起和发展结伴而生的。20 世纪 80 年代以来，社会史研究异军突起，成为改革开放四十年间中国历史学领域成就最为显著的一个分支学科。在经历了对学科定位、研究框架和研究对象等问题的热烈讨论后，自 20 世纪 90 年代中期以来，社会史研究开始由整体社会史走向区域社会史。一时间，历史人类学、区域社会史走向田野与社会、走进历史现场等成为区域社会史研究理论与方法的代名词和关键词。杨念群曾用"中层理论"来概括国内外研究者在中国社会历史研究中运用和发明的基本理论，诸如弗里德曼的宗族理论、施坚雅的市场圈理论、林美容的祭祀圈理论，等等。①鉴于这些理论对于特定区域社会历史发展过程的较强解释力，得到了社会史学界的大力推崇和广泛运用。

但是，有两个问题值得研究者注意：首先，无论是宗族、市场、祭祀还是其他相关问题，都是研究者观察和剖析某一区域社会历史的一个切入点，通过它们是为了更好地展现某一时间、空间社会历史的发展过程及其特点，从而使人们更好地认识区域社会，认识中国社会，并非要刻意强调某一问题在社会历史发展过程中的中心地位或核心价值。其次，中国疆域幅员辽阔，区域差异性相当显著，适宜于某一区域的理论解释未必就适用于其他区域。任何一个区域都有其自身发展、演变的特点。在区域社会史研究中，只有抓住特定地域历史发展的基本脉络，把握一定时空范围内区域社会发展所面临的关键问题，才可能形成具有一定说服力的理论解释。比如弗里德曼的宗族理论可能更适宜于华南宗族体系比较发达、宗族势力比较强大的地区，对于中国北方长期处于王朝政治中心，宗族体系不甚发达、力量不够强大的地区来说，就显得很不适应或者是缺乏解释力了。同样，施坚雅的市场圈理论虽然源自于四川成都平原的实证研究，但对于气候、地理、

---

① 杨念群：《中层理论 —— 东西方思想会通下的中国史研究》，江西教育出版社 2001 年版。

生态、经济、社会历史进程完全不同的华北平原而言，尽管仍具有一定的参考价值，但是值得商榷的地方也不少。

在此意义上，我们认为：与宗族、市场、祭祀等课题相比，水可能是一个更具普遍意义的研究课题。从国家政治、经济层面来看，水在历史时期中国政治、经济、军事、文化、社会诸领域所具有的影响和作用，早已得到研究者的重视。较为人熟知的，恐怕是20世纪上半叶在中外社会科学界曾广泛流行的"治水理论"。在魏特夫看来，古代中国集权国家是以水的控制来实现政治控制。冀朝鼎有关水利与王朝基本经济区、政治中心的关联性分析，则进一步扩大了魏特夫治水学说的影响和生命力。然而，批评者（如弗里德曼、格尔兹）却认为，这种理论过于强调实质性政治控制的作用，忽略了水利在民间社会组织构成中的作用。因为从民众日常生产、生活这一微观层面来说，不仅人们的日常生活离不开水，而且在中国这个历来"以农为本"的农业社会里，人们的生产、生活更是与水紧密相连。在水资源短缺的地方，长期流行着"种地望天收"、"吃水贵如油"、"宁叫吃个馍，不给喝口水"、"庄稼没了水，好比人没髓"之类的谚语，展现出人们缺水、惜水、争水、以水为命的社会心理；在水资源丰富的地区，人们考虑更多的则是如何防止水患，减少水多造成的损失，与水争地，防洪、排涝、航运、水产、渔业便成为这些地区社会生产、生活的主题。作为区域社会史的研究对象和重要分支，水利社会史的兴起正是得益于水在传统时代区域社会发展过程中所扮演的重要角色。从近年来从事与水有关课题的研究者那里可以找到一些共识。研究水与基层社会历史的学者已明确指出：

> 由县以下的乡村水资源利用活动切入，并将之放在一定的历史、地理和社会环境中考察，了解广大村民的用水观念、分配和共用水资源的群体行为、村社水利组织和民间公益事业等，在此基础上，研究华北基层社会史。[1]

这种自下而上观察水与民间社会历史的视角，代表了水利社会史兴起之初学

---

[1] 董晓萍、〔法〕蓝克利：《不灌而治——山西四社五村水利文献与民俗》，中华书局2003年版，第1页。

者们的关怀。一如社会史的兴起，是对传统史学过于强调政治史、经济史、军事史的一种反叛一样，水利社会史关注民间，关注下层社会，也是对以往水研究过多集中于集权政治、经济领域等重大问题讨论的一种反叛。尽管如此，人类学者王铭铭仍认为学界现在关于水的社会研究还显得很不够，他指出："中国社会研究的许多范式，都是围绕着土地概念建立起来的。相比之下，作为世界另一重要构成因素的水，则似乎没有那么受到关注。水对于人的生存，意义不言自明。然而，在国内现有的社会科学论述中，与土地同为与人生存密切相关的水，却更多地被当作自在物存在着。社会研究的偏见，致使人们误以为水与我们的人文世界关系不大。其实，如同土地一样，水在人创造的人文世界中，重要性不容忽视。关键的问题在于，我们怎样更贴切地理解包括水在内的物与人之间的关系为何。""过去多数社会研究课题多关注费孝通所说的'被土地束缚的中国'。尽管所谓'乡土中国'之说不无道理，但在这一学术中忽略了流动的水。事实上，相对于固定的土地，流动的水照样也能为社会科学家提供众多重要的课题。"[1] 笔者对此深表赞同，从过去强调以土地为中心转向以水为中心，这一视角的转换，更加凸显出水和水利社会研究的必要性和重要意义。

对水利社会史的积极倡导，不仅是民俗学者、人类学者的呼声，更是来自本土社会史学者的呼声。以行龙为代表的山西区域社会史研究团队，很早就提出并实践着山西水利社会史研究的思想。2000 年，行龙呼吁开展中国人口资源环境史研究，主张破除人口、资源、环境史研究各自为战"两张皮"的现象[2]。在具体研究中，他主张从明清以来山西水资源匮乏及其水案即水利纠纷等相关问题着手，提出以水为中心的观点，主张转换学术视角，开创新的学术增长点。在"从治水社会到水利社会"一文中，行龙切中当前中国水利史研究"依然没有脱出以水利工程和技术为主的治水框架"这一要害，主张转换视角，从政治、经济、社会等多角度探讨水利及其互动关系。他同意王铭铭所言"水利社会就是以水利为中心延伸出来的区域性社会关系体系"的说法，进一步指出："如果我们把以水利为中心

---

[1]　王铭铭：《心与物游》，广西师范大学出版社 2006 年版，第 159、162 页。

[2]　行龙：《开展中国人口、资源、环境史研究》，《山西大学学报》2001 年第 6 期。

的区域性社会关系再扩展开来，它与区域社会政治、经济、军事、文化、法律、宗教、社会生活、社会习俗、社会惯习等都有直接或间接的关系。"行龙满怀信心地展望："从治水社会转换到水利社会，进入我们视野的是一片广阔无垠的学术领域。"①

与行龙对山西区域的经验研究相似，钱杭在浙江萧山湘湖"库域型"水利社会的经验研究中，也总结并阐述了他对水利社会史的理解：

> 一般水利史主要关注政府导向、治河防洪、技术工具、用水习惯、航运工程、排灌效益、海塘堤坝、水政官吏、综合开发、赈灾救荒、水利文献等，水利社会史则与之不同，它以一个特定区域内，围绕水利问题形成的一部分特殊的人类社会关系为研究对象，尤其集中地关注于某一特定区域独有的制度、组织、规则、象征、传说、人物、家族、利益结构和集团意识形态。建立在这个基础上的水利社会史，就是指上述内容形成、发展与变迁的综合过程。就具体的空间范围来说，水利社会史虽然可以涵盖某大江大河的整个流域，但它的主要研究范围和关注对象，还是以平原、山区、都市、村落中的垸堤、江堤、海塘、陂圳、溇港、湖泊、水库为核心展开的社会活动过程。在这个意义上，水利社会史的学术路径，就是对与某一特定水利形式相关的各类社会。②

综合以上论述不难看出，研究者们均对以水为中心的社会关系和社会体系研究充满兴趣，并由此诞生了丰富的研究成果，代表了近些年来学术界尤其是社会史学界在水利社会史研究方面的共识和学术关怀。

与此同时，我们也应当看到，水利社会史的勃兴，也是包括水利史学专业研究者在内的整个人文社科领域不满足于已有研究，不断进行反思和创新的结果。人们愈益清楚地认识到：水利社会史与传统的水利史研究无论在问题意识、研究内容上都存在很大的差异。近年来在论及水利史的研究对象和学科定位时，从事中国水利史研究多年的谭徐明教授明确指出：

① 行龙：《从"治学社会"到"水利社会"》，载行龙：《走向田野与社会》，生活·读书·新知三联书店2007年版，第91—99页。
② 钱杭：《共同体理论视野下的湘湖水利集团——兼论"库域型"水利社会》，《中国社会科学》2008年第2期。

　　传统水利科学技术的研究是水利史学科的立足之本。水利史研究作为水利科学和历史科学的交叉学科，从一开始就以服务于社会、服务于水利建设为己任。水利史研究力争抓住时机发展自己。重点在水旱灾害与减灾、水资源与水环境演变、水利法规和管理制度建设等方面开展应用性研究工作。[①]

　　对于水利史研究的这一特点，中国著名水利史学者姚汉源先生在《中国水利史纲要》一书的自序中不无遗憾地指出："本书比较注意工程之兴废……稍及政治经济与水利之互相制约，互相影响，为社会发展的一部分，但远远不够，不能成为从经济发展看的水利史，仅能为关心这一问题的专家提供资料而已。"[②] 行龙对此评价说："水利史的研究虽然取得了相当的成就，但主要成果或主流话语仍限于少数水利史专家。水利史研究依然没有脱出以水利工程和技术为主的'治水'框架，姚汉源先生期望的那样一种将水利作为社会发展的一部分，从政治、经济、社会等多角度探讨水利及其互动关系的研究局面仍然没有显现。"[③] 也许正是在这样一种学科自省的背景下，"水利社会学"应时而生。世纪之交的2000年，水利史学者贾征、张乾元在《水利社会学论纲》一书前言中，对水利社会学的提出做了如下解释：

　　　　我们认为水利社会学是社会学的一个分支学科，它是一门以人类水利活动中的社会关系和社会问题作为自己研究对象的应用社会学。虽然人们都承认，现代水利已经成为一门综合了自然科学、工程技术、经济科学和社会科学知识的"社会 —— 自然 —— 工程科学"，承认水利工作中许多问题的发生与人们的各种社会需求和社会活动密切相关，水利事业的健康发展要依靠社会各方面力量的大力配合，但是真正站在社会学的立场上，把水利与社会的关系作为一门学科的研究对象，运用马克思主义的社会学观点加以理论的系

[①]　谭徐明：《我国水利史研究工作回顾》，《中国水利》2008年第21期。

[②]　姚汉源：《中国水利史纲要》，水利电力出版社1987年版。

[③]　行龙：《从"治水社会"到"水利社会"》，载行龙：《走向田野与社会》，生活·读书·新知三联书店2007年版，第91—99页。

统的研究，目前在国内国际均无先例。[①]

如果说水利史学者倡导的"水利社会学"是以现实社会中大量存在的各种以水为媒介的社会关系和社会问题为主要研究对象的话，那么由社会史学者主导的"水利社会史"则是对历史时期大量存在的各种以水为媒介的社会关系和社会问题的研究，这应是二者最大的不同。二者的相同之处在于均着力于探讨与水相关、由水而生的社会现象、社会问题，强调一种相对综合、整体的研究理念，而非以往单纯的水利工程史、水利技术史。诚如行龙所言："通过水利这一农业社会最主要的纽带，可以加深对社会组织、结构、制度、文化变迁等方面的理解。""以水为中心，勾连起土地、森林、植被、气候等自然要素及其变化，进而考察由此形成的区域社会经济、文化、社会生活、社会变迁的方方面面，理应成为解释山西区域社会发展变迁的一条学术路径。"[②]这一观点与钱杭所言"以一个特定区域内，围绕水利问题形成的一部分特殊的人类社会关系为研究对象，尤其集中地关注于某一特定区域独有的制度、组织、规则、象征、传说、人物、家族、利益结构和集团意识形态。建立在这个基础上的水利社会史，就是指上述内容形成、发展与变迁的综合过程"[③]这一水利社会史观相互呼应，反映了当前水利社会史研究者的一个基本共识。

二、水利社会史研究的类型学视野

类型学是广泛应用于人类学、考古学、建筑学领域的一种分组归类方法体系。因为一个类型只需重点研究一种属性，所以类型学可以用于各种变量和转变中的各种情势的研究。类型学根据研究者目的和所要研究的现象，可以引出一种特殊的次序，而这种次序能对解释各种数据的方法有所限制。在人类学和考

---

①　贾征、陆乾元：《水利社会学论纲》，武汉水利电力大学出版社 2000 年版。

②　行龙：《从治水社会到水利社会》，《读书》2005 年第 8 期。

③　钱杭：《共同体理论视野下的湘湖水利集团——兼论"库域型"水利社会》，《中国社会科学》2008 年第 2 期。

古学中，类型学体系可以建立在人工制品、绘画、建筑、埋葬风俗、社会制度或思想意识的各种变化因素的基础之上。我国地域辽阔，区域差异显著，古语有"百里不同风，千里不同俗"之说。在开展水利社会史研究时，很难要求研究者对如此广大的地域社会来加以总体把握，比较切实的做法是研究者可以从各自所关心区域的实际特点出发，通过"分组归类的方法"建立水利社会的不同体系。于是，类型学就自然而然地成为水利社会史研究者普遍采用的一种研究方法。

（一）王铭铭的中国水利社会类型

近年来，王铭铭有关水问题的论述，主要体现在《水利社会的类型》和《水的精神》两篇文章中。王铭铭对水这一问题的关注，应该说是直接受到了近年来社会史学界水利史研究的影响。在参加了 2004 年行龙教授主办的"区域社会史比较研究中青年学者"学术研讨会后，王铭铭先生以一位人类学者的敏锐感，对这次会议上引人注目的"水"的讨论进行了思考，在随后发表在《读书》的文章中，他睿智地指出：

> 中国是一个具有极丰富的资源和文化多样性的国度。研究这样一个"多元一体"的国度，学者如何处理不同区域的差异，是关键问题的其中一个。中国历史上，既有洪水，又有旱灾。中国大地上，既有丰水区，也有缺水区。在不同的历史时期，水利具有的意义，可能因此有所不同。这些不同能导致什么样的社会和文化地区性差异？这些社会和文化的地区性差异，与中国历史中国家与社会关系的地区性差异之间，又有什么联系？若说传统中国社会围绕着"水"而形成这些复杂关系，那么，这些关系是否对于我们今日的水利和社会起着同样重要的影响。"在我看来，对于中国'水利社会'多样性的比较研究，将有助于吾人透视中国社会结构的特质，并由此对这一特质的现实影响加以把握。"①

---

① 王铭铭：《水利社会的类型》，《读书》2004 年第 11 期。

王先生的这一论述，不但指出了中国不同区域水利社会的差异性，而且通过三个问题与假设，指出了水利社会史研究应该回答和解决的学术问题以及水利社会史研究的学术和现实意义所在。此后，王铭铭对与水相关问题的思考更加深刻，在《水的精神》一文中，他不仅比较了水在中西方不同历史、文化环境中所具有的迥然不同的象征和意义，而且发展了费孝通先生有关乡土中国的思想，进一步提出要从过去的以土地为中心转到以水为中心，他指出："从被土地束缚的中国，联想到水利社会的诸类型，在乡土中国与水利中国之间找到历史与现实的纽带，对于分析当下围绕水而产生的变迁与问题，似为一个可行的角度。""要是土地没有水的滋润，便没有繁殖力，植物、动物（包括人类），便没有生命。中国的社会研究，应从这个简朴的道理中汲取灵感。"[①] 循此思路，进而提出："社会科学研究者可以将水利社会区分为'丰水型'、'缺水型'、'水运型'三大类。历史上，诸如四川丰水区，出现'都江堰治水模式'；诸如山西缺水区，出现'分水民间治理模式'；在沿海、河流和运河地带，围绕漕运建构起来的复杂政治、社会、经济、文化网络，也值得关注。"[②] 这一分类，对于水利社会史研究而言，当然具有重要指导意义。但是，该分类方法单纯以水资源禀赋作为唯一标准，并未考虑各地水资源开发中可能存在的政治、经济、文化等复杂因素，因而存在进一步细分的可能。

（二）董晓萍、蓝克利的山陕民间水利社会类型

以董晓萍、蓝克利为代表的中法合作研究团队，对山陕民间水利社会研究的实证研究，在国内外产生较大学术影响。从他们目前出版的四部水利社会史研究成果来看，就具有非常典型的类型学特征，可将其视为国内水利社会史研究的重要实践者。山陕地区尽管均属于中国北方半干旱地区，但也存在水资源多少的差异。就该研究所选区域来看，位于山西的洪洞霍泉、介休洪山泉，位于陕西的关中泾惠渠，应该说在历史时期都是水资源很丰富，水利条件比较便利、水利发达

---

① 王铭铭：《水利社会的类型》，《读书》2004 年第 11 期。

② 同上。

的区域。这些区域水利开发历史颇为久远，最远的可溯至秦汉时代，近者也在唐宋时期。因此，这些地方很早就形成了非常发达的引水渠系，健全的水利管理组织和严密的水利规章制度，保存了非常完整的水利遗迹和水利民俗。这类地区应该算是北方半干旱地区的丰水区。相比之下，山西四社五村和陕西蒲城的"尧山圣母"所在地域，则是山陕地区水资源极端缺乏的区域，可称之为严重缺水区。四社五村甚至连人畜日常生活饮用水都很困难，勿论农业水利灌溉了。蒲城尧山圣母庙则记录了该地民众古老的祈雨习俗。尽管如此，在这两个相当严重的缺水区，却同样具有发达的水利管理组织，保存着迥异于其他地区的水利习俗和用水观念，在这样的区域，以水为中心的色彩更加浓厚，可以算作是水利社会的又一类型。由此可见，中法合作者的山陕水利史研究成果，实际上就是按照类型学的方法，选择中国北方水资源相对匮乏地区两种不同水资源条件的区域社会进行的实证研究，不仅纠正了学界以往所持北方地区水利不够发达，水利资料比较欠缺的误解和偏见，而且提供了北方水利社会的两种不同类型。

（三）以行龙为代表的山西水利社会类型

以行龙为学术带头人的山西大学中国社会史研究中心学术团队对黄土高原中心地带"山西水利社会史"的研究，始于他们对明清以来山西人口资源环境问题的关注。水资源短缺、环境污染、持续干旱是自20世纪90年代以来影响山西经济社会可持续发展的一个现实瓶颈。从这一现实问题出发，他们发现并整理了明清时期大量水利、水井碑刻、渠册水册、黄河滩地鱼鳞册等多种民间水利文献。以此为基础，他们进行了深入的田野调查访谈，踏访了山西汾河流域众多的水利庙宇和工程遗迹，提出了山西水利社会的多种类型并逐次开展研究。自2000年以来的十多年里，他们获得一系列以水为课题的国家级社科基金项目，分别是行龙主持的《明清以来山西水资源匮乏及相关问题调查与研究》、《明清以来山西人口资源环境与社会变迁》，张俊峰主持的《水利社会的类型：明清以来洪洞水利与社会变迁》、《治山与治水：清代吕梁山区的农地垦殖与水利建设》，胡英泽主持的《明清以来黄土高原地区的民生用水与节水》等。这些科研项目的取得，一定程度上反映了山西大学水利社会史研究在国内学术界的地位。目前他们的成果主要集中在山西汾河流域"泉域社会"研究、水井与乡村民生用水研究方面。其中，对山西"泉域社会"的研究，已引起学界的重视和普遍认同。笔者在对山西介休洪山泉的实证研究中，从争水传说、水案、水利型经济、水神信仰、治水问题等方面，对"泉域社会"这一概念进行了定义，试图揭示介休洪山泉域社会发展变迁的基本规律和特征，进而提出对水利社会分类型研究的学术观点：

> 作为类型学研究，在水利社会的总体框架内，与泉域社会相对应的概念还应包括流域社会、湖区社会和浑水灌溉社会。与泉域社会一样，后三种类型的社会也具有各自不同的发展特征。
>
> 有泉域、流域、湖区和浑水灌溉社会四个概念组成的分析工具正是对水利社会概念的进一步深入和细化，可以弥补其不足。针对不同区域或者同一区域内不同地区用水状况，或独立或复合地运用这四个分析工具，可以较全面地展示传统农业社会不同地域的生态、经济、文化、制度和发展变迁的规律及总体特征。①

此后，行龙、张俊峰又分别以太原晋祠难老泉、洪洞广胜寺霍泉为典型个案，对泉域社会的水神祭典、分水传说、争水事件做了系列深入研究，他们提出："泉域社会"即"有灌而治"的社会类型与董晓萍、蓝克利等人针对山西四社五村研究提出的"不灌而治"的社会类型②，可以视为是中国北方水利社会的两个极端。二者的共同点是同样位于黄河流域汉人长期生活繁衍的中心区域。不同点在于：前者代表了水资源极端丰富、传统农业文明高度发达的区域；后者则代表了水资源极端匮乏、传统农业文明不发达的区域。两种极端类型的意义在于：至少为中国北方水利社会史的研究建立了两个可资参照的模型，循此可更好地理解和解释传统时期中国北方区域社会的历史变迁与区域社会的文化特点。

---

① 张俊峰：《明清时期介休水案与"泉域社会"分析》，《中国社会经济史研究》2006 年第 1 期。

② 董晓萍、〔法〕蓝克利：《不灌而治——山西四社五村水利文献与民俗》，中华书局 2003 年版。

　　与行龙、张俊峰对山西传统农业社会农田水利灌溉中围绕水资源开发、利用和分配的研究主题不同，胡英泽以传统时代中国北方地区如何解决吃水困难以及围绕吃水形成的组织、制度、观念、习俗等问题做了探讨，在《水井与北方乡村社会》一文中，他利用大量新发现的水井碑刻和实地调查，指出北方乡村水井在建构社区空间、规定社会秩序、管理社区人口、营造公共空间、影响村际关系等方面的重要作用，为学界展示了北方水利社会的另外一重面向。在对黄河小北干流滩地的研究时，他利用山陕黄河两岸村庄的滩地鱼鳞册，以"流动的土地和固化的地权"为主题，对秦晖的"关中模式"提出了质疑，进而提出"黄河小北干流模式"。这种滩地社会类型可视为山陕黄河两岸一种比较特殊的水利社会。

（四）钱杭的"库域型水利社会"类型

　　钱杭是当前国内学界积极主张运用类型学方法研究中国水利社会史的倡导者之一。其新著《库域型水利社会研究 —— 浙江萧山湘湖水利集团的兴与衰》，就是作者近年来潜心水利社会史研究的一部力作。对于"库域型水利社会"，作者从两个层面做了区分和界定。他首先认为，与基于自然条件（海洋、江河、湖泊、泉溪）的水利社会不同，本课题关注的水利社会，由于是以某一人工水库为核心，以该水库的灌溉系统为地域边界，以该水库的水利为最稳定、最持久的利益要素，因而可称为"库域型水利社会"。他进一步强调："库域型水利社会史，可能比基于自然环境的水利社会史更集中地展现出'小社会'（当地社会）和'大社会'（外部社会）之间的政治、经济关系；同时，也更集中地展现出此一环境下人们之间的依存与对抗关系。"[1] 其次，他还指出，同样是库域型水利社会，因其水源补给方式、补给水量和流动方式的差别，也会形成不同的类型。如附属于黄河、长江、淮河、松花江、新安江等大江大河流域的各类水库，水源补给来自江河流域，其水量至少在可预期的时段内不会穷尽。以这类水利为核心形成的库域型水利社会史，与位于江河流域之外，虽有部分水源，但补给不稳定、水量不充分、流动不

---

① 钱杭：《库域型水利社会研究 —— 萧山湘湖水利集团的兴与衰》，上海人民出版社 2009 年版，第 3 页。

显著的库域型水利社会史，在基本问题、表现方式、水权制度、利益结构、意识形态等各个方面，都存在着巨大差异。

在此基础上，钱杭指出浙江萧山湘湖水利的特殊性和典型性。它其实是一个与海域、江（河）域、泉（溪）域基本无关，水源主要来自于春夏降雨，因而水源水量补给既不稳定也不充分的人工水库，是一种存在于平原低地、流速缓慢，因而极易淤塞、在一年的大部分时间内水越用越少的人工水库。围绕萧山湘湖而形成的就是这样一种特殊类型的库域型水利社会。尽管与萧山湘湖性质相近的人工水库在浙江东南部地区并不少见，但由于各湖的基本制度不尽相同，各库域居民对于自己的切身利益、权利义务、基本问题的观念就不会雷同，由此构成的库域型水利社会也会在运行机制、意识形态上出现一系列差异。应该说，类型学的研究方法同样适用于这类人工水库型的库域型水利社会。

（五）王建革的华北平原水利社会类型

王建革可以说是国内较早从事水利社会研究，并有意识区分水利社会类型的学者之一。2000 年，他在《河北平原水利与社会分析（1368—1949）》一文的结论中就以"水利类型与社会差异"为题进行了讨论，曾明确指出：

> 单在华北平原至少存在着 2—3 种灌溉水利形态和水利社会规式。一是滏阳河上游地区的渠道灌溉和以闸会社会组织和可分性水权为社会联系的水利社会模式，这是以土地私有制为基础的旱地水利模式，具有普遍的代表性。这样的水利社会尽管国家在一定程度上参与其开创时期的工作，争水时国家政权还直接调解，但其具体的管理仍以民间组织为主。另一种是国家控制下的水利集权模式，这里又可细分为二种，明代和清初的天津围田是一种国家控制下，以防涝为基础的水利模式；而清末民国时期的小站营田则是一种国家控制下的集防涝和抗旱为一体的水利集权模式，其特点都是国家的控制和开始时期的土地公有。[①]

---

① 王建革：《河北平原水利与社会分析（1368—1949）》，《中国农史》2000 年第 2 期。

从王建革的这一观点中，我们知道，他对水利社会类型的划分主要依据以下两个标准：一是土地所有制形式，到底是公有还是私有；二是国家在水利运行各个环节所扮演的角色，究竟是以国家控制为主还是以民间组织为主。此外，王还就华北平原和江南水乡水利的差异性做了比较，提出两个极富启发性的观点。首先，他认为华北私有制基础上的民众水利体制中水权具有一定的可分性；而江南圩田区水面广、涝灾多，其水权不但不可分，往往还是一种团体责任。其次，由于水资源稀缺，争水斗争比较多，故华北的水利社会更多地体现了水权的形成与分配。在江南水乡，水资源是丰富的，土地是稀少的，斗争的焦点在争地而不在于争水，圩田水利更多意味着共同责任。正是水资源稀缺程度的不同造成了南北方水利社会特点的差异。

（六）鲁西奇的长江流域"围垸"水利社会类型

自 20 世纪 80 年代初起，武汉大学的研究者们就在彭雨新教授带领下，从水利问题入手，探讨长江中游地区的社会经济史问题。他们认为农业经济在中国传统社会占绝对主导地位，中国农业的发展与解决水问题息息相关。由探讨水利而关注水、旱等自然灾害，由考察平原地区而关注周边山区，由经济开发而关注环境演变、社会变迁等，逐渐形成了一个以水为中心，综合考察长江中游地区资源、环境、经济、社会历史变迁的学术路径。他们的研究中既有石泉先生的历史地理学传统，又有彭雨新教授的社会经济史风格，同时还吸收了近年来呈蓬勃发展之势的区域社会史、历史人类学的若干特征，这就使得长江中游水利社会的研究具有了非常宽厚的学术积淀。①

----

① 他们先后出版了《明清长江流域农业水利研究》（彭雨新、张建民，武汉大学出版社 1993 年版）、《区域历史地理研究：对象与方法 —— 汉水流域的个案考察》（鲁西奇，广西人民出版社 2000 年版）、《明清长江中游市镇经济研究》（任放，武汉大学出版社 2003 年版）、《汉水中下游河道变迁与堤防》（鲁西奇，武汉大学出版社 2004 年版）、《明清两湖地区基层组织与乡村社会研究》（杨国安，武汉大学出版社 2004 年版）、《明清时期两湖地区的社会保障与基层社会控制》（周荣，武汉大学出版社 2006 年版）、《明清长江流域山区资源开发与环境演变》（张建民，武汉大学出版社 2007 年版）、《明清以来长江流域的经济、社会与文化》（陈锋，武汉大学出版社 2005 年版）、《十世纪以来长江中游区域环境、经济与社会变迁》（张建民、陈锋，武汉大学出版社 2008 年版）等重要著作。

　　其中，鲁西奇教授对长江流域"围垸"水利社会类型做了极富创见的研究。在《明清江汉平原的围垸——从"水利工程"到"水利共同体"》一文中，鲁西奇将长江中游江汉平原的围垸水利与日本学者滨岛敦俊对长江下游江南地区的圩田水利做了比较研究，认为江汉平原水利与江南水利存在着较大差别。他指出："与太湖平原的圩相比，江汉平原垸的规模较大，一个垸可以包括十数个乃至数十个自然村落，方圆可达数十里。""垸堤乃是江汉平原农业生产必需的基本设施。""洪水与防洪排涝实是江汉平原社会经济发展的关键环节，也是江汉平原开发史的核心。"为此，他的研究"以洪水与防洪作为切入点，探讨明清时期江汉平原地区的民众如何适应江汉平原独特的自然环境、创造性地利用其土地资源，并围绕防洪这一中心要素，逐步构建起社会经济关系网络，分析在这一过程中，自然、民众与官府所发挥的作用与地位。中心线索是围绕'垸'这一江汉平原社会经济生活中最为重要的水利设施，考察它如何从防洪排涝的水利设施，逐步演变为赋役征纳单元和社会空间的过程。并试图通过与江南地区的圩及其发展演变过程相比较，揭示出江汉平原地区围垸的某些特征"[①]。

　　鲁西奇的上述观点是很有启示性的。它表明即便同样是长江流域水多的地区，中游的"垸"与下游的"圩"这些不同名称的水利设施背后其实还蕴含着巨大的社会差异，这种差异在以往的研究中并未受到应有的关注。鲁西奇明确指出了圩与垸的差别所在："如果说江南地区的村往往拥有若干圩的话，那么，江汉平原的普遍情形则恰恰相反：一个垸往往包括数个乃至数十个居于台、墩或堤岸之上的自然村落。""分圩在江南地区非常普遍，分垸在江汉平原却很少见。"[②] 这些差异性必然导致长江流域广大农村社区在防洪排涝过程中形成不同的水利社会类型。

　　此外，鲁西奇还就中国灌溉农业地区水利社会与江汉平原以防洪为主的水利社会的差异做了比较，他认为：首先，与灌溉水利不同，防洪为主的水利共同体下一般不存在对水资源的争夺。其次，如果说灌溉农业下的水利共同体表现为责

---

① 鲁西奇：《"水利社会"的形成——以明清时期江汉平原的围垸为中心》，《中国经济史研究》2013年第2期。

② 同上。

与权的有机结合，而以用水权为其核心的话，那么垸这一种水利共同体，则主要表现为垸民共同承担垸堤的修防责任，修防责任是其核心。再次，在灌溉农业下，未见到以某一渠系灌溉区作为赋役征发之地域单元者，而在江汉平原，垸已由较单纯的水利共同体向集聚垸内经济生活诸方面的地域共同体方向演化。①

由此可见，不仅在中国南北方水利社会之间存在着较大差异，即便在大体相似的地理环境和水资源条件下，水利社会也存在着一定的差异性。因此，根据不同区域或相邻区域水利条件的差异和特点，分门别类地开展水利社会史研究极为必要。通过对不同区域水利社会类型的整体性研究，总结其社会发展变迁规律和特点，提炼其社会发展的核心问题，才能进行卓有成效的区域比较和对话，才有可能从水的角度来重新审视和诠释传统与现实中的中国社会。这一点理应成为水利社会史学界的共识。

三、水利社会史研究关注的焦点与问题

尽管不同区域、不同类型的水利社会在发展过程中所面临的具体问题迥然不同，但是所反映出来的都是人类如何适应、利用和改造环境，"建立 —— 破坏 —— 再建立 —— 再破坏"的社会秩序，循环往复的动态变迁过程。在此过程中，无论哪种资源、环境条件，都是围绕着人们如何趋利避害，如何使资源得到合理、合法的分配和利用或者至少是众人都能够接受的方式，更好地服务于一个地方利害关系群体之利益最大化的需要。因此，尽管在水资源的开发利用过程中，各类问题表现方式可能会千差万别，但若从更为宏观的层面来看，都必然地存在着很多研究者必须要面对和解决的共性问题。检阅近二十年间国内外中国水利社会史研究的相关成果，可知研究者关注的焦点与问题主要包括如下四个方面：

---

① 张家炎在《清代江汉平原垸田农业经济特性分析》(《中国史研究》2001 年第 1 期)一文中也同样指出，这里的垸已不单是地理单位，恐怕也是行政单位，相当于今天的行政村。

（一）对历史水权问题的实证研究与理论建构

历史时期的水权问题是当前水利社会史研究者关注的一个重大问题，也可视为水利社会史研究的核心问题。只要解决了水权问题，水利社会中的很多现象都可以得到合理的解释，在中国北方旱作农业占绝对优势的地区尤其如此。由于北方农业对水资源较大的依赖性，导致民众对水权的争夺非常激烈，民众的水权意识也表现得相当强烈，地方社会的经济、文化、风俗、习惯、信仰、组织、制度等几乎都是围绕水和土的问题展开的。以往研究者较多关注的是中国传统社会的土地问题，对水问题的关注也大多是建立在水与土存在密切联系之基础上，对水问题的讨论通常是依附于土地问题的讨论之上。水利社会史研究者重视水权问题，甚至提出"以水为中心"，正是鉴于过去研究者过于重视土地问题而忽视水问题的缺陷。他们所谓的"以水为中心"意在以水为切入点，从水的角度来观察和探讨问题，并无意用以水为中心来否定其他因素在社会发展中所起到的关键作用。

陕西师范大学萧正洪教授较早关注了区域社会水权问题，厘清了水权的历史演变特征。在《历史时期关中地区农田灌溉中的水权问题》[1]一文中，他指出：所谓水权是指水资源的所有权和使用权，灌溉用水资源的所有权和使用权是分离的，所有权在国家，农民只享有使用权。由于历史上关中地区灌溉水资源始终比较紧缺，而且紧缺程度越来越严重，于是水权就构成关中农村经济生活中最重要的权利之一。作为水资源的所有者，国家在用水过程中始终起着主导作用。农民取得水的使用权，必须遵行一定的原则并履行相应的义务。水权具体表现为一定的施灌量，由于水资源的日趋紧缺，关中地区水权的实现方式存在一个从侧重于引水量即"按地定水"，到侧重引水时间，即"额时灌田"的转变。在水权的管理上，存在从申帖制到水册制的转变，政府逐渐放弃微观层面对水权的管理，并将其交给由渠长、斗长和水夫组成的乡村组织系统进行自我管理，也就是说基层水利事务有一个民间化的过程。

---

[1]　萧正洪：《历史时期关中地区农田灌溉中的水权问题》，《中国经济史研究》1999 年第 1 期。

对于清代尤其是清后期关中普遍出现的水权买卖即水权商品化的现象，他从经济史的角度提出了一个独到的见解，认为不能简单地将地权与水权的分离，亦即买卖水权的行为归因于灌溉管理的混乱，而应视为一个历史过程。这一历史过程是从"按地定水额时灌田"出发的，然后至单一利夫名下的水权可以不按地行使。水权可以脱离地权而独立地进入变换过程，土地权属关系与水权分配二者本来一体化的过程现在成了两个具有一定联系但事实上相互独立的过程。水权买卖的实质是水资源使用权的买卖而非所有权的买卖。因为水的所有权归国家，买卖水的所有权的行为从来都是非法的。水资源使用权存在一个缓慢商品化的过程。尽管到清代后期关中民间水权买卖已较为普遍了，但是国家从政策上并不支持这一行为，因而使水权的商品化停留在一个有限的程度上。至于水权争端与水事纠纷，则是在水资源紧缺和水权缓慢商品化过程中必然出现的社会现象。唐代以后关中水事纠纷尽管形式多样，原因也很复杂，但总是可以归结到水权问题上来，要认识历史时期关中的乡村社会组织及其运作方式，离开水权问题是不易得出正确结论的。萧文最后还指出："水权问题具有相当普遍的意义。北方干旱、半干旱地区的水权问题固然重要，南方地区未必就可以忽视。实际上，有些地方的土地问题，包括土地的权属关系和土地的利用，会因为水权因素的引入而得到更好的解释。"这就为类型学视野下开展中国不同区域水利社会史研究提供了启示。

另一位在水权问题研究上做出重要贡献的是清华大学人类学教授张小军。他本人参加了董晓萍、蓝克利的中法合作研究项目，对山西介休洪山泉水利社会做了深入调查，并最终将对该泉域的研究集中到水权问题上来。当然，他对历史水权的关注，更主要是源自于近年来中国社会学、人类学界与经济学界"围绕产权的实质究竟是什么"这一问题展开的学科对话。这一对话主要是社会学、人类学家对经济学家单纯在经济学领域内探讨产权问题的一种不满和问难。在他做山西介休洪山泉产权问题研究之前，社会学界已经产生了很多有关中国产权问题有别于西方产权的热议，研究者意图跳出传统的产权思路，思考本土的产权事实，以及相应的产权界定和意义。①

　　基于此，他在《复合产权：一个实质论和资本体系的视角 —— 山西介休洪山泉的历史水权个案研究》一文中，独辟蹊径，从历史人类学的视角出发，以介休洪山泉的历史水权为个案，依据布迪厄的资本理论体系，提出"复合产权"的概念，指出"复合产权"可以视为经济产权、社会产权、文化产权、政治产权和象征产权等的复合体，并界定他们分别是经济资本、社会资本、文化资本、政治资本和象征资本的产权形式，试图以"复合产权"这一概念来整合、统领此前社会学界有关中国产权及其实质问题的思考和争论。这一研究的意义在于社会科学研究者开始自觉从历史的视角和立场出发，参与到中国现实社会产权问题、社会变革及转型问题的讨论当中，尊重中国这样一个有着数千年文明和历史传统的国度本身的社会发展规律和特点，使历史水权问题的研究具有了理论高度和实际解释力。

　　在该文中，我们还可以读到一个颇有见地的观点："其实，传统社会中的百姓深谙复合产权的逻辑。他们曾将天定的产权原则引入产权分配，即承认天然的出水源头之合法性。这是一个价值和伦理的文化产权安排。沿用这一思路，两县的纠纷完全可以化解，例如尊重历史的天择（文化产权安排）；或者建立两县的协商关系（社会产权安排）；或者合并两县的水利部分归省政府垂直领导（政治产权安排）。但无论如何，上述纠纷案件都表明，复合产权仍然是当今社会一种真实、普遍的现象。鉴于中国社会至今尚没有建立充分的私有产权制度，可以推断中国社会将长期处于复合产权的状态之中。"

　　张小军的这一跨学科研究成果对于深入开展中国水利社会史研究是有借鉴价值的。在笔者看来，历史学与社会科学如经济学、人类学、社会学最大的区别恰恰在于：历史学长于资料的发掘、整理和利用，在此基础上呈现、还原史实，通过揭示历史规律和特征来讨论问题；而经济学、人类学、社会学则长于理论建构和逻辑推理，在客观历史和事实基础上，探讨历史现象和社会问题背后的潜在规律和特征，进而提炼出具有普遍解释意义的理论体系。中国社会史研究复兴三十

---

① 参见张小军：《复合产权：一个实质论和资本体系的视角 —— 山西介休洪山泉的历史水权个案研究》，《社会学研究》2007 年第 4 期。

年来，理论本土化的呼声长期存在，通过水利社会史的研究，借鉴多学科的理论和思维模式，有可能在这一方面实现更大突破。

笔者以山西滦池为个案，也试图通过对历史时期水权的形成、表达和实践过程的研究来展示中国产权的特殊性。[①] 文章认为对于现代西方经济学意义上的产权理论，不仅要置于当前中国社会经济体制改革实践中加以检验，也要求我们将视线拉长到前近代的中国乡村社会进行验证，以加深对现实社会问题的理解和把握，从而形成客观的、符合中国社会实际的产权理论。山西滦池就是一个非常典型的讨论个案，它位于山西省汾河流域翼城县，是一个仅能灌溉 12 个村庄 4800 余亩土地的小型泉域。然而，即便在这一仅有 12 个受益村庄的泉域社会中，水权的形成、分配方式以及村庄在用水中的地位却有悬殊。其中，上三村和上五村依据先天地理优势和水利初创时期村庄先人的义举，获得了用水特权，可以"自在使水"，这种水权可看作是经济水权和社会产权。下六村则依靠北宋政府大兴水利的政策和各自在开创水利过程中财力、物力投入的比例获得了不同的用水权；十二村以外具备引水条件却从未获得使水权的村庄则因村庄领袖未领导该村民众投资并参加渠道修建而完全丧失了使水权，且遭到十二村的讥讽。这种水权可看作是政治水权和文化水权。为了维护已有的水权分配秩序，乡村社会还通过多种方式来表达和伸张各自的用水权益。滦池源头乔泽神庙的信仰与祭祀活动显示了文化资本的产权形式，其他如树碑立传、编纂故事、口头传唱等方式也同样具有文化资本的属性。清代滦池泉域村庄因水资源紧缺而发生水权纠纷时，最终由政府出面，坚持率由旧章的原则去平息争端，又显示了政治资本、社会资本和文化资本共同维护和保障区域水利秩序的作用。

通过介休洪山泉和翼城滦池泉两个典型个案，研究者不仅清楚地阐明了历史时期中国北方水资源缺乏地区水权的内在特点，解释了明清时期北方乡村社会水资源争端不断增多的原因，而且从历史学的立场上回应了当前社会学、人类学和经济学领域有关中国产权问题的争论，表明中国的产权问题有自身的特点和规律，

---

① 张俊峰：《前近代华北乡村社会水权的表达与实践 —— 山西"滦池"的历史水权个案研究》，《清华大学学报》2008 年第 4 期。

不能简单地用西方经济学理论中的产权理论来解释当前中国社会经济体制转型中面临的各种问题。然而不足之处也是显而易见的，即当前有关历史水权问题的讨论仅限于中国北方地区，对于水资源禀赋和水利条件迥然不同的中国南方地区来说，其水权表达形式和实践逻辑又是怎样的尚须进一步开展研究。

需要强调的是，尽管近年来随着水利社会史研究的升温，研究者专注于区域的研究不断深入，且有不少研究涉及水权、水案的问题，如西北地区水利史、长江流域水利史的研究方面就积累了不少成果，但还缺乏明确的问题意识和关怀，多数研究者仍孜孜于对水案、水权争端的呈现、还原，视野狭窄导致研究成果长期徘徊在资料整理与问题罗列、进行经验教训的总结等较低层面，整体研究水平有待提高。

（二）对"水利共同体"论的反思、批评与超越

对"水利共同体"相关问题的讨论，应当说是近些年来中国水利社会史研究中最受瞩目的一个理论问题，国内研究者虽然对此多有运用，却缺乏对该概念的细致梳理和确切定义，因而容易陷入自说自话、望文生义的误区，难以进行有效的对话[①]。钱杭对此概念及时做了梳理，指出中国现当代学者对于共同体理论及相关问题的接触和了解，主要依靠三种途径：一是 20 世纪 30 年代以来日本学术界利用共同体理论对中国农村社会进行的系统研究；二是马克思主义原著；三是近年翻译出版的西方社会学与人类学著作，如滕尼斯 1887 年所著《共同体与社会》，齐格蒙特·鲍曼 2000 年所著《共同体：在一个不确定的实际中寻找安全》等。其中，日本学术界对共同体理论的研究成果对中国社科领域影响似乎最为直接和深远。[②] 笔者同意这一说法。也就是说，尽管共同体理论最初源自西方世界，然中国学界尤其是水利社会史研究者对该理论的运用与讨论实际上更多受到了日本学界的启发或刺激。

日本中国水利史研究会早在 20 世纪五六十年代就曾经围绕"水利组织是否就

① 张俊峰：《共同体的理论旅行》，纪念乔志强先生诞辰 80 周年国际学术研讨会会议论文，2008 年 10 月。
② 钱杭：《库域型水利社会研究——萧山湘湖水利集团的兴与衰》之绪论第三节《关于共同体理论的运用问题》，上海人民出版社 2009 年版，第 9—10 页。

是水利共同体"这一问题展开过近十年的学术争鸣，讨论的内容主要有四个方面：1. 水利组织与水权；2. 水利设施的管理与运营；3. 水利组织与村落的关系；4. 水利组织与国家权力的关系。厦门大学鲁西奇教授将其基本论点概括为两个方面：（1）在中国近世，国家不再试图按照中古时代将自耕农编组为编户齐民的方式以控制农民，而是以村落共同体或一个水系的水利组织来进行把握，"在水利方面，堰山、陂塘等不仅成为经济上不可或缺的保证物品，并且官方的约束也涉及于此，而它们两者之间可能有相互倚靠之关系"①。换言之，水利共同体这种基于水利工程与水利协作的社会组织，实际上成为王朝国家借以控制乡村社会的工具之一，而这一共同体之成立也有赖于王朝国家权力的适当介入。（2）水利共同体以共同获得和维护某种性质的水利为前提，共同体之成立与维系的根本基础在于共同的水利利益；在水利共同体下，水利设施为共同体所共有，修浚所需力夫、经费按受益田亩由受益者共同承担；而水利共同体"本身虽具有作为水利组织之独立自主的特性，但在营运上却完全倚靠其基层组织的村落之功能。另一方面，村落也完全经由水利组织的协作，完成作为村落本身之部分生产功能"。在这个意义上，水利共同体具有村落联合的特性。

　　曾亲自参与此次论战的日本中国水利史研究资深学者森田明教授，在新近发表的《中国对"水利共同体"论的批判和建议》一文中对当年发生的这场论战评价说："我们可以发现，其内容并没有出现由各个争论者所进行的针对某个见解的批判，也就是说没有见到相互批判和反批判，都只是各行其道没有交叉。因此，使争论得以发展还将是今后的课题。"② 促使森田明做出这番评论的，正是受到近年中国学界有关"水利共同体"研究成果的影响。这一成果是由厦门大学钞晓鸿教授完成的《灌溉、环境与水利共同体——基于清代关中中部的分析》。该文从清代关中地区的地权状况出发，针对森田明的"明末清初水利共同体解体说"③，提出

① 鲁西奇：《"水利社会"的形成——以明清时期江汉平原的围垸为中心》，《中国经济史研究》2013 年第 2 期。
② 〔日〕森田明：《"水利共同体"論に对する中国かちの批判と提言》，《東洋史訪》2013 年第 13 期，第 115—129 页。
③ 森田明以浙江、山西的实证研究为依据，认为地夫钱水之结合为水利组织即水利共同体之基本原理。随着明末大地主化的进展，致原为水利组织之核心的中小地主阶层没落，遂造成与既有之秩序发生矛盾、对立的情形加剧，因而以地、夫、钱、水为基于原理的水利共同体趋于瓦解。

不同的见解，认为地权集中与否并非水利共同体解体的根本原因。关中的实证研究表明，地权分散是清代关中地区土地占有方式的基本特点，森田明所言土地集中的现象在此并不存在。要探讨关中水利共同体解体的根本原因，必须结合自然、技术、社会环境来分析。从自然环境来看，清以来关中地区水资源的紧缺导致各渠道用水条件日益艰难；从引水技术来看，多首制引水方式在河水径流量偏小的情况下，上下游渠道区位差异明显；从社会环境来看，清代移民迁入、开垦田地导致的用水量增加，加剧了水资源供需矛盾，致使渠民权利与义务难以一一对应，失去了维系正常引水秩序的起码公平。加之豪强恶霸把持水资源，渠道管理者牟取私利，导致正常的用水秩序难以维系，水利组织即水利共同体的解体势成必然。作者最后明确提出："对于水源短缺的关中来说，恐怕对水资源的掌控比对土地的占有更为有利与关键。只有结合区域环境特征与地域社会传统，方能对水利灌溉组织及其变迁做出合理的解释。"[①] 如此一来，就将对水利共同体的讨论重新引入到前节以水权问题为核心的讨论上来，再次证明在北方水资源紧缺地区，水权问题解决得成功与否在社会发展变迁的进程中具有相当重要的影响。

需要指出的是，钞晓鸿对森田明的批评只是对水利共同体解体原因的质疑。与森田明一样，作者不但将水利组织与水利共同体两个概念互为替代，而且认可水利共同体解体论，不同的只是解体的时代有差异而已，其并未对水利共同体论本身做更进一步的检讨、批评乃至发展，因而存在一定的局限。在本人看来，由于历史背景和语义及翻译的原因，中外学者对于共同体这一概念的理解本身就存在着很大的差异。因此，中国学者在面对来自西方和日本学界的共同体概念和理论解说时，应当保持警惕和审慎的态度，不可简单地"拿来主义"。同时，如果水利共同体和水利组织两个概念可以互为替代使用的话，我们完全可以不使用水利共同体这个极易产生误解的概念。换句话说，学者采用水利共同体的概念，究竟想要解决什么样的学术问题，值得思考。

应当说，国内学界在这一方面，钱杭、谢湜等人的观点值得重视。钱杭在前揭书中对水利共同体和水利社会两个概念做了明确区别，可视其为对水利共同体

---

① 钞晓鸿：《灌溉、环境与水利共同体——基于清代关中中部的分析》，《中国社会科学》2006年第4期。

理论的一个重要发展。他指出：

> 笔者在仔细考虑该词指与所指的关系后，倾向于将共同体理论主要视为一种关注某类社会关系、互动方式的研究策略和方法。实践证明，我们可以不去过多地顾及共同体理论的概念体系，不必在实际生活中去刻意"寻找共同体"，而是把握住共同体理论的核心范畴——共同利益，运用共同体理论的分析方法——结构、互动，深入到中国历史上那些实实在在的水利社会中，这些水利社会已被各类文献清晰记录了发生、发展、兴盛和衰亡的全过程，观察研究它们的内部结构，以所获观察研究成果——中国案例，来检验、丰富共同体的理论体系，并从类型学的角度，全面深化对中国水利社会史的认识程度。①

他进一步提出水利共同体不等同于水利社会的观点，认为二者的内容和范围有很大的差别："如果说水利集团被定为一个水利社区或水利共同体确有相当合理性的话，对于一个水利社会，则应高度关注构成共同体要素之外的那些异质性环节。换言之，水利共同体以共同获得和维护某种性质的水利为前提，而水利社会则将包含一个特定区域内所有已获水利者、未充分获水利者、未获水利者、直接获水害者、间接获水害者、与己无关的居住者等各类人群。"②

钱杭的观点表明，水利共同体充其量只是水利社会的一个重要组成部分而已，并非水利社会的全部，水利社会史并不仅仅是对水利集团，或水利社区，或水利共同体的研究。明乎此，我们就可以将水利社会史的研究置放于区域社会整体历史变迁的过程中加以综合考察，而非就水利言水利，水利社会史研究也就跳出了共同体理论本身的局限，具有了一个更为宽阔的视野和更为丰富的研究内涵。对此观点，谢湜在《"利及邻封"——明清豫北的灌溉水利开发和县际关系》一文中做了有力呼应。他以明清豫北地区的水利开发个案为例，通过揭示16、17世纪

---

① 钱杭：《共同体理论视野下的湘湖水利集团——兼论"库域型"水利社会》，《中国社会科学》2008年第2期。

② 同上。

豫北灌溉水利发展史中的制度转换和社会变迁，质疑日本学界的水利共同体分析模式，认为水利共同体的结构分析模式限制了水利社会史研究的时空尺度，主张通过对地域联系拓展过程的动态考察，开阔华北水资源与社会组织的研究思路。作者指出：

> 笔者赞同以村社水利组织透视华北基层社会的主张，也并不怀疑对县级以下的旱作农业村社进行结构式分析的意义。然而，对华北广阔地域的水资源和社会组织，必须置于水环境变迁的地域联系和历史过程本身去理解。水利社会史的考察需要多层面的融通，基层的尺度同样须是富有弹性的。……结构式的考察必须基于动态的历史过程分析。在这一意义上，"水利共同体"的预设常常限制了华北水利社会史研究的时空尺度的拓展。只有在充满着联系的区域社会时空中探讨水利，才有可能为研究基层社会史提供一个丰满的视野。……当把水利开发序列置于地域联系的动态视野中去理解，我们看到的就不是结构式的传统，而是社会的变迁史。①

综合钱杭、谢湜二人的观点，可知中国学术界在进行水利社会史研究时，已经具有了超越水利共同体论的学术意识，无论是钱杭所言水利社会与水利共同体的差别，还是谢湜所言之"在充满着联系的区域社会时空中探讨水利"，都表明中国的水利社会史研究者已经自觉朝着整体史的方向迈进。但是，在超越水利共同体论的同时，研究者也不能无视共同体论的存在，而应结合中国的实证研究，与国际学界有关论断展开积极的对话。这一趋势理应成为今后中国水利社会史研究者努力以赴的方向。

---

① 谢湜：《"利及邻封"——明清豫北的灌溉水利开发和县际关系》，《清史研究》2007 年第 2 期。

（三）对水利社会意识形态结构的综合性研究

所谓水利社会的意识形态结构是指包括水神信仰与祭祀、水利传说、故事等在内的水文化。对水神信仰、水利传说等问题的讨论，以往多限于民俗学、人类学领域。民俗学者倾向于呈现并揭示水神信仰与祭祀仪式过程中所反映的各类民俗事象与民众观念、行为习惯的形成及特点，对水利传说的研究则侧重于对传说的原型、发生地及产生年代、地域变化、传播方向、母题及类型等具体特征的考证，较少考虑传说与地域社会发展间的内在关联性；人类学者则偏向于讨论水神信仰尤其是祭祀仪式本身所具有的功能、象征及符号学意义，对于传说文本则普遍持怀疑的态度。水利社会史研究者在吸收、借鉴民俗学、人类学优长的基础上，注意探讨水神信仰与政治、经济、社会的互动及关联性，在此基础上开展水文化及其象征意义、水文化与水权分配、水文化与地方社会秩序形成之间关系的综合性研究，试图以此探讨乡土社会中权力与象征符号的建构过程，剖析文本背后的意志与利益，并不关心文本叙述内容的真假，带有浓郁的后现代解构意味，大大拓宽并丰富了水利社会史的研究领域和研究内容。其中，行龙、赵世瑜、张俊峰、钱杭的有关研究颇具代表性。

近年来行龙在山西水利社会史研究中，对晋水流域 36 村水利祭祀系统、汾河流域诸泉域普遍存在的水母娘娘信仰做了解读，颇具启发意义。行龙注意到晋水流域 36 村水利祭典系统中水神形象的多元性和复杂性。他发现这里的水神形象或为官方屡加赐封的神灵，如唐叔虞祠、圣母邑姜等；或为完全由民间不同村庄共同体"创造"出的地方神，或者干脆就是村庄神，如跳油锅捞铜钱的晋祠花塔村争水英雄张郎，少妇坐瓮传说的水母娘娘原形金胜村柳氏；或是现实生活中为村庄或渠道利益做出贡献的杰出人物。这些水神形象，或是受到晋水流域 36 村一致的祭祀，如"圣母出行"的活动；或仅受到某些村庄的膜拜，或单个村庄视为神灵，其他村庄则弃之不顾，如晋祠"张郎"之于花塔村，"水母娘娘"之于金胜村等。水神形象的多元性和复杂性，反映了官府与民间、不同用水集团在水资源分配和利用问题上的不同态度和利益指向。在此基础上，行龙指出："晋水流域 36村水利祭祀系统的背后，隐藏的是多村庄争夺有限水资源的激烈冲突，而这种冲突又是明清以来该区域人口、资源、环境状况日益恶化的表征。只有将晋水流域祭祀系统纳入整个中国社会的总体变迁趋势中，才有可能揭示祭祀背后丰富的历史内容。"①

此后，行龙、张俊峰又对山西汾河流域泉域社会水母娘娘信仰和"油锅捞钱，三七分水"故事这两个山西泉域社会发展过程中普遍存在的文化传统做了剖析。② 他们认为：在明清以来争水不断的背景下，水母娘娘信仰与泉域社会流行的其他传统结合在一起，在水权争端中发挥作用。比如"油锅捞钱，三七分水"的故事也同水母娘娘传说一样在山西诸泉域流传。这一故事当然与现实社会中的争水背景有关，但由于该故事所表达的含义是人们如何分水的问题，因此与水母娘娘信仰所表达的谁来分水结合在一起，就形成了一个很有意味的逻辑关系。油锅捞钱故事决定了现实生活中一条渠道或一群村庄究竟能够分到多少水这一切身利益问题，更具现实性。因此，故事主角得到了一些村庄的青睐，如在晋祠泉域，北河花塔村张姓一族向来就将"油锅捞钱"故事中的争水英雄张郎作为张姓祖先来祭祀。事实上，张郎跳油锅捞铜钱的故事正是宋代嘉祐初年太原知县陈知白为晋水定三七分水之制的直接反映。虽然我们无从判断张郎的故事起于何时，但花塔村人正是利用这一传说强化了自己在北河众村中的支配者地位，无中生有的争水英雄张郎成为花塔村张姓都渠长世袭不替的依据。于是，每年清明节代代相传的花塔张姓渠长引朋呼类，设坛祭祀张郎便成为晋水源头的一道风景。由此可见，在明清争水背景下水母娘娘信仰已经超越传说本身，成为一种话语，其实质就是要维护和争夺更多的水权。

在水利传说及其象征性问题的研究方面，赵世瑜与张俊峰以山西汾河流域的水利传说为出发点，进行了卓有成效的对话，使得对山西汾河流域水利传说的解读变成水利社会史研究中一个颇令人关注的话题。赵世瑜注意到明清时期山西汾河流域普遍存在的分水传说——油锅捞钱，三七分水，这个传说在汾河流域的晋祠难老泉、介休洪山泉和洪洞霍泉皆普遍流传。在梳理了三个泉域的分水历史后，

① 行龙：《晋水流域 36 村水利祭祀系统个案研究》，《史林》2005 年第 4 期。
② 行龙、张俊峰：《化荒诞为神奇：山西"水母娘娘"信仰与地方社会》，（香港）《亚洲研究》2009 年第 58 期。

他发现导致三个泉域三七分水的原因各有不同，并解释说"无论百姓还是官府，从结果看，分水的根据既有地势（高低）的因素，也有灌溉面积（大小）的因素，更有源泉所在地的控制权的因素。经过较长期的实践，诸多因素得到了民间的认同，最后得到官府的许可和认定而成为官民共谋的准则，一个相对的公平就这样产生出来"。但这一基本史实并非研究者关心的重点，他进而讨论了分水故事与分水制度背后的"权力与象征"问题。在个案分析中，他发现晋祠的分水故事背后隐藏着地方宗族势力的霸权因素；介休洪山泉故事背后存在着不同用水集团基于上下游位置而形成的地缘优势差别和因用水矛盾而导致的村庄间的长期竞争、对抗；洪洞霍泉的故事背后则是分属不同行政区域的村庄对水资源所有权与使用权的争夺。在此基础上，他提出了一个重要的观点：水资源短缺尽管是明清时代经常发生水利纠纷的一个重要原因，但并非问题的关键。问题在于水资源的公共物品特性以及由之而来的产权界定困难，认为水资源所有权公有与使用权私有的矛盾是问题的根源。[①]这样就将水神信仰、水利传说问题的探究引到历史产权问题的讨论上来。

对此观点，张俊峰提出了不同看法。他认为通过油锅捞钱方式解决水争端的行为，是与中国民间社会长期盛行的崇尚英雄好汉的传统相适应的，在现实生活中有真实发生的可能性。作为油锅捞钱的结果，关于各地为何一律以"三七"比例作为分水原则，作者也做出了很有说服力的解释，认为如果与中国的传统文化相结合，可发现三七比例更可能是中国传统社会解决各类社会经济问题时的一个惯用比例，类似于数学中的"黄金分割点"。秦汉时期的都江堰、灵渠两处中国古代著名的水利工程，均包含有三七分水的思想，反映了我国自古以来就有的一套治水哲学。因此，山西水利社会史中的三七分水现象，可以视为对自古以来类似于李冰、史禄这样的治水专家所积累的成功治水经验和知识的一个继承及利用，并非传说故事那样简单。于是，通过油锅捞钱这样一个冲突双方均能接受的方式来确定各自分水多寡比例，就成为在山西各地颇为流行的平息水利争端的方法，

---

① 赵世瑜：《分水之争：公共资源与乡土社会的权力和象征——以明清山西汾水流域的若干案例为中心》，《中国社会科学》2005 年第 2 期。

并上升为区域社会具有转折意义的重大事件。只是随着明清以来水资源的日益匮乏和乡村社会水需求量的不断增加，三七分水原则渐渐失去了继续稳定存在的基础。于是，变革水利秩序以满足现实用水需要，就成为明清山西水利社会的一大主题。然而，现行秩序的受益者、维护者却将油锅捞钱传说作为伸张其用水特权、霸权，维护三七分水格局的一个重要历史资源和凭借，使得三七分水秩序具有了神圣不可侵犯的性质。加之明清时代山西各地官员在处理水利争端时，大多遵循率由旧章的行事原则，导致油锅捞钱确定的三七分水秩序长期延续，直至 1949 年以后社会大变革，始得以松动。作者认为明清时期油锅捞钱、三七分水的故事已成为维护村庄水权，诱发水利纠纷的传统根源。①

　　从上述问题的讨论中不难发现，研究者在面对水利传说、故事、信仰、祭祀等水文化问题时，并不满足于对文化表面现象的追求与复原，而是试图以之为突破口，完成对区域社会整体变迁历史的解读，诚如赵世瑜先生在上引文开头所指出的那样，"通过对某一区域的突出问题进行长时段、综合的解剖，勾连在此区域起不同作用的各种历时性和共时性因素，勾勒出区域发展的总体脉络，是目前区域社会史研究者的着力点所在"。油锅捞钱与三七分水问题，即可视为历史时期山西汾河流域区域社会的一大突出问题。对这一问题的讨论，有利于深化对山西区域社会的认识，展现水利社会史研究的丰富内容和学术价值。

　　钱杭的研究也具有同样的深意。钱杭对浙江萧山湘湖水利史上的重要文本《英宗敕谕》和极具传奇色彩的"何御史父子事件"的解构，不仅展现了水利传说背后的利害纠葛与历史真实，更将读者引向了"什么样的历史才是真历史"的思考。在仔细比对、分析了萧山各类水利文献，尤其是富玹的《萧山水利志》和毛奇龄的《湘湖水利志》后，他惊奇地发现，两位著者与湘湖史上的重要人物——何舜宾存在着亲缘关系，富玹为何舜宾之婿，毛奇龄的祖母是何舜宾的孙女，毛有关何氏父子的许多故事，即得自于祖母的言传。这种利害关系使得二人均热衷于记录湘湖水利史，并将个人的立场和见解加之于客观历史事实之上，于是就有

① 张俊峰：《油锅捞钱与三七分水：明清时期汾河流域的水冲突与水文化》，《中国社会经济史研究》2009年第 4 期。

了《英宗敕谕》和何御史父子事件的构建。进一步研究后，钱杭发现，历史上的湘湖根本就不曾存在《英宗敕谕》这一文本；何御史父子事件也只是代表了湘湖水利利害博弈之一方的利益，是明代以来萧山知识精英特意虚构和有意夸张的结果，由此他对水利社会"意识形态结构"的研究提出了富有启迪意义的见解：

> 一个自成体系且有漫长传统的民间社会必有其意识形态结构。参与构筑这一结构的历代精英们，通过对现状和历史所作的一系列解释，为社会成员提供一种约定，以此维护稳定，防止分裂。这类支撑着民间意识形态结构的不同向度的解释，往往经不起认真的检验。虽然作为历史积淀的一部分，后人一般不必、甚或不该对之都去作一番寻根究底的"拷问"，但如若研究者试图理清一个区域社会的发展脉络，那么某些曾经作为当地意识形态重要基础的历史原型、建构过程、目标功能，以及当事人隐讳不彰的动机和利益，就成为不应忽略的关键环节。①

钱杭的这一见解是有贡献的。这种贡献不仅体现在湘湖库域型社会的研究中，而且对其他类型的水利社会研究同样具有指导意义。我们将钱著与美国学者萧邦奇同样研究萧山湘湖史的作品《九个世纪的悲歌》进行对比的话，就会发现萧著忽视了对文本以及文本作者身份背景的鉴别，相信了文本叙事的真实性，因而对湘湖区域社会史形成了"肤浅"甚至是错误的认识，这是值得研究者们高度警惕的。结合钱杭、赵世瑜、行龙等人的研究实践，不难看到，对水利社会意识形态结构，即我们通常所说的水文化层面问题的探究，不仅要知其然，更要知其所以然，探究其形成过程以及与地域社会的多重关联。这样，对水利传说、水神信仰问题的解读就不会是简单的就事论事，而是一个实现区域社会史综合性、整体研究的有效路径。

---

① 钱杭：《"烈士"形象的建构过程——明清萧山湘湖史上的"何御史父子事件"》，《中国史研究》2006年第4期。

（四）其他值得重视的研究视角与方法

如果说以上对历史水权、水利共同体、水利社会意识形态结构等专题的探究，可以视为中国水利社会史研究中关注度较高的课题的话，那么，从其他角度进行的相关研究对于丰富和推动中国水利社会史亦具有同等重要的学术价值。

1. 环境史的兴起与中国水利社会史研究

中国环境史研究大致兴起于 20 世纪 90 年代。产生较大影响、具有标志性的学术会议共有两次，一次是 1993 年 12 月由台湾"中央研究院"经济研究所和澳洲国立大学太平洋研究学院合作主办的"中国生态环境历史学术讨论会"，会后出版了由刘翠溶、伊懋可主编的《积渐所至：中国环境史论文集》；一次是 2005 年 8 月在南开大学召开的"中国历史上的环境与社会国际学术讨论会"，会后出版了由王利华主编的《中国历史上的环境与社会》论文集。此外，山西大学行龙教授还在 2005 年 10 月组织召开了"明清以来山西人口资源环境与社会变迁"学术讨论会。这些会议不但见证了中国环境史研究的兴起和发展历程，而且有力地推动了中国水利社会史的研究。

其中，法国远东学院魏丕信（Pierre-Etienne Will）教授在 1993 年会议上发表的《清流对浊流：帝制后期陕西省的郑白渠灌溉系统》[1]一文可视为从环境史角度探讨水利社会变迁的一部力作。作者从探讨泾水特点和引水技术的角度出发，发现两千年来郑白渠灌溉系统所面临的实际情形是不稳定的水量供给、高泥沙含量导致的经常性渠道淤积与泛滥、因河床下切导致引水困难而被迫不断地上移取水口。这些因素导致郑白渠的运作成本和技术困难不断加剧，且日甚一日地处于被摧毁的危险之中。至明代，郑白渠已经有很长时间不能引用泾河之水，而是改引山泉，水源的变化导致引水量极为有限，且灌溉效益锐减。17 至 18 世纪，在人口激增、粮食需求量不断提高的压力下，陕西历任巡抚尝试恢复郑白渠历史灌溉能力的种种努力均归于失败，其中不仅有自然环境本身的原因，还有政治、经济、

---

[1]〔法〕魏丕信：《清流对浊流：帝制后期陕西省的郑白渠灌溉系统》，载刘翠溶、伊懋可主编：《积渐所至：中国环境史论集（上）》，台湾"中央研究院经济研究所"1995 年版，第 435—506 页。

社会和组织方面的因素。这些"自然的、社会的、行政的环境"结合在一起，加重了郑白渠系统运作之自然环境的持续的客观压力。到了19世纪，由于环境恶化导致的高额成本与代价使人们已经完全放弃了引泾灌溉，拒泾引泉的观念这时已被人们普遍接受。魏氏从环境史角度所做的这一研究，并非单纯谈论河流环境变迁和渠道兴废的问题，而是以一个相当综合的视野，解释了郑白渠灌溉系统在清代何以萎缩的根本原因，这与水利社会史所追求的整体史研究目标是完全一致的。

同样，钞晓鸿的《灌溉、环境与水利共同体——基于清代关中中部的分析》一文，则是他参加了2005年南开大学环境史会议后发表的。尽管该文对话的对象是森田明的水利共同体论，却同样选择了从环境史的角度进行分析，这多少受到了魏丕信上文的影响。作者指出，关中地区"降水的不稳定性、旱灾和暴雨常见"与"灌溉设施客观上要求水源的稳定性与充足性"这一矛盾是关中水利灌溉面对的基本问题，也是引发水利冲突和水利社会变迁的诱因，与水利共同体内部基本要素密切相关。以此为据，他进一步讨论了生态环境因素在关中水利共同体解体过程中发挥的作用。与此相应的是，行龙在山西水利社会史的研究中，也大力倡导"开展中国人口资源环境史的研究"[1]，他对明清时期山西水案即水利纠纷和水利诉讼问题的探讨就得益于其对明清时期山西水资源环境日益匮乏这一特点的准确把握[2]。这些具有重要影响的学术会议和代表性的学术成果，反映了环境史研究视角对中国水利社会史研究的推动，值得引起研究者的重视。

2. 从社会经济史角度开展的水利史研究

这一方面应该说集中了较多与水利社会史相关的成果。尽管研究者之初衷未必是进行所谓的水利社会史研究，但若从学术史的脉络上进行梳理的话，从这一角度出发形成的学术成果对于推动和深化水利社会史研究是有积极意义的。如果以社会经济史的名义对其以往有关水利史的研究进行梳理的话，在这一旗帜下能够汇聚相当一批学者，较有代表性和学术影响的包括：厦门大学以傅衣凌、郑振满等为代表的中国社会经济史学派；武汉大学以彭雨新、张建民等为代表的长江

---

① 行龙：《从社会史角度研究中国人口资源环境史》，《光明日报》2001年12月4日第4版。

② 行龙：《明清以来山西水资源匮乏及水案初步研究》，《科学技术与辩证法》2000年第6期。

流域农业水利史研究；南京农业大学农业遗产研究室以缪启愉、汪家伦、张芳等为代表的中国农业史研究。

应该说，傅衣凌先生对水利问题的关注源自他对传统中国乡族社会的研究，他认为在明清时代，很大一部分水利工程的建设和管理是在乡族社会中进行的，不需要国家权力的干预。[①] 在傅先生研究的影响下，郑振满对明清福建沿海农田水利制度与乡族组织的关系做了实证研究，印证了傅的判断。他提出明清福建沿海农田水利事业的组织形式，可分为官办和民办两种类型。明清时代官办水利衰落的原因并非官员腐败，而是地方官府缺乏财权，与此同时，乡族组织与乡绅势力的发展，又为农田水利由官办向民办转变提供了条件。于是在乡村水利的组织、管理和运行上，政府作用不断削弱，乡族组织的势力却日益壮大。[②] 近年来，厦门大学钞晓鸿、佳宏伟在对陕西汉中堰渠水利社会的研究中，也延续了这一传统。钞晓鸿将水利研究与区域社会相联系，选取汉水上游地区，并将其置于当地自然、社会长期演变的大背景中，指出清代以来，汉水上游的水利灌溉出现了民办水利的兴起与官办水利的民间化趋势[③]，得出了与明清福建沿海农田水利演变相似的结论；佳宏伟则通过分析清代汉中府地丁钱粮起运存留比的变化，揭示了帝制后期地方政府财政紧缺，无力投入水利建设的状况，从而对官办水利民间化的现象给出了解释[④]。应当说，对赋役财政制度变革及其影响的研究，对于深化水利社会史研究来说是有意义的。受此影响，厦门大学鲁西奇教授在近作《明清时期江汉平原的围垸 —— 从水利工程到水利共同体》一文中，也从赋役征收的角度提出："垸"不仅是水利设施，而且是江汉平原基层社会赋役征收的基本单元，这样就使"垸"具备了成为地域社会单元的基础，进而发展成以"垸"为单位的水利共同体。这表明从社会经济史角度进行的水利史研究与水利社会史倡导者之学术追求存在很多相近的地方。

---

① 傅衣凌：《中国传统社会：多元的结构》，《中国社会经济史研究》1988 年第 3 期。

② 郑振满：《明清福建沿海农田水利制度与乡族组织》，《中国社会经济史研究》1987 年第 4 期。

③ 钞晓鸿：《清代汉水上游的水资源环境与社会变迁》，《清史研究》2005 年第 2 期。

④ 佳宏伟：《水资源环境变迁与乡村社会控制 —— 以清代汉中府的堰渠水利为中心》，《史学月刊》2005 年第 4 期。

　　上述成果除体现了中国社会经济史研究自身的学术传统外，还具有将社会经济史与生态环境史研究紧密结合的特点。这一特点，在从事中国传统农业经济史研究的学者那里体现得更为明显。如彭雨新与张建民合著《明清长江流域农业水利研究》在总结长江流域不同水利形式特点的同时，也重点考察了水利与经济、社会、阶级关系的互动关系，注意到明清时期人口增长、商品经济发展、农田面积扩大、山区开发垦辟、环境变迁与农田水利建设的交互作用，突破了就水利言水利的局限。[①] 在此基础上，张建民又对陕南水利做了深入研究，围绕秦巴山区开发所导致的水土流失，评估了水环境恶化情况下水利设施的兴废及效用。[②] 与此相似，南京农业大学以缪启愉、汪家伦等人为代表的中国农史学者同样很早就关注水利史，1980 年代缪启愉的《太湖塘浦圩田史研究》、汪家伦的《古代海塘工程》，以及汪家伦、张芳合著的《中国农田水利史》都是农史学界很有影响的水利史成果，但其关注点主要限于水利史专业领域，对水利与社会、经济、环境的关系关注甚少。[③] 20 世纪 90 年代以来，农史学者张芳继续以明清这一中国农田水利大发展的时期为对象，分别对华北、长江中下游、南方山区、边疆地区的农田水利开发过程进行了研究[④]，然其研究风格仍未突破传统的农史研究，与水利社会史的学术关怀相去甚远。

　　总体而言，尽管社会经济史意义上的水利史研究与水利社会史研究有很多共同之处，但是在基本的问题意识和学术关怀上还是存在较大差异的。这种差异在于：前者的重点在于水利史本身，后者则在于讨论与水利密切相关的社会。对这种差异性的准确把握，有利于今后水利社会史研究的深入开展。

---

①　彭雨新、张建民：《明清长江流域农业水利研究》，武汉大学出版社 1993 年版。

②　张建民：《明清汉水上游山区的开发与水利建设》，《武汉大学学报》1994 年第 1 期；《碑石所见清代后期陕南地区的水利问题与水旱灾害》，《清史研究》2001 年第 2 期；《碑石所见清后期陕南的水环境与水旱灾害》，《中国水利》2008 年第 7 期；《明清长江流域山区资源开发与环境演变：以秦岭—大巴山区为中心》，武汉大学出版社 2007 年版。

③　缪启愉：《太湖塘浦圩田史研究》，农业出版社 1985 年版；汪家伦：《古代海塘工程》，水利电力出版社 1988 年版；汪家伦、张芳编著：《中国农田水利史》，中国农业出版社 1990 年版。

④　张芳：《明清农田水利研究》，中国农业科技出版社 1998 年版。

3. 人类学立场出发的水利社会史研究

中国人类学者之所以关注水的问题，是因为他们发现"在很多区域社会中，水不但是权力的载体，同时也是地方社会得以建构的纽带。……中国人类学对物与物质文化的研究方兴未艾，水作为一种介于物与神之间的范畴，或许正是联结物的研究与此前'神'的研究的关键环节"①。前引王铭铭《关于水的社会研究》一文中，作者就呼吁中国社会科学界要将视角从以往对土地的研究转向与土地资源同等重要的水的研究上来，认为只有这样才能在乡土中国与水利中国之间找到历史与现实的纽带，从而有利于分析当下围绕着水而产生的变迁与问题。

就此意义而言，张亚辉著《水德配天——一个晋中水利社会的历史与道德》可视为对这一学术理念的有力实践。作者首先对中西方人类学以及带有人类学色彩的水研究成果进行了全面回顾和评价，认为以往的多数研究"仍旧是以水利实践为出发点的，水也是被简单地当作一种自然资源来对待的，对水和水权的争夺仍旧被看作区域宗教的功能或目的。中国本土的区域社会水研究自然也没有脱出这个窠臼"。进而提出了他的研究设想："最根本的问题在于，如果不给出水这种物质在一个区域社会的文化意义，我们就无法确切知道当地人在什么意义上利用这种物质，进一步的讨论也便无从说起。水首先要作为一种象征，然后才能够成为一种资源。"随后，在与行龙、赵世瑜、沈艾娣等历史学者的学术对话中，作者从文化、象征与道德观念的层面，提出了自己对晋祠水利社会史的独特理解，他指出：

> 晋祠的水利灌溉在宋以后一直呈现为"偏离——纠正"——也就是"污染——净化"的循环。在宋代初年，由于赵宋兄弟的"以无道伐有道"的暴行，大量水鬼污染了难老泉，使得灌溉事业在延续了几乎一千年之后被迫中止。晋源人对赵宋兄弟的仇恨到今天也没有化解。宋代前期，为了解决这一问题，国家封了一个神灵圣母专门用来对付水鬼，并取代了封地之主唐叔虞成了晋祠的主神。但由于边关战事的一次意外收获，圣母被附会成了水神。这个来历不明的神因为没有明确的道德史，竟然被当地人重新解释成了金胜村的

---

① 张亚辉：《水德配天——一个晋中水利社会的历史与道德》，民族出版社2008年版，第36页。

出嫁女柳春英。柳春英因为自己的孝德而重新创造了难老泉，那个因为水灌晋阳而布满水鬼的难老泉不复存在了。到了清代中后期，由于当地知识分子的介入，昭济圣母被解释成了唐叔虞德母亲邑姜，于是，柳春英便成了今天所说的水母。这个延续千年的故事是理解晋水的灌溉历史的最重要关节。[①]

张亚辉对晋祠水利社会史的这一重构，极富想象力且能自圆其说，与此前社会史学者对晋祠水利社会史的解释迥然不同，别有新意，既反映了人类学社会研究的独特性，又反映了人类学与历史学研究风格的极大差别，对当前水利社会史研究的既有观点形成了冲击。这就表明，尽管研究者有各自的学科本位，但在面临共同的研究对象时，还是存在着相互借鉴和对话空间的。

相应地，石峰对"关中水利社会"的历史人类学考察，也反映了人类学界对水利社会史的强烈关照。不过，与张亚辉的研究不同，他对话的是汉人社会人类学中的宗族理论。作者指出，自林耀华、库伯、弗里德曼以后，宗族组织便成为中外人类学家观察中国社会的一个重要议题。学者们基于中国南部的经验，讨论了宗族组织形成的原因、结构与功能等诸多学理性的问题。然而人类学基于个案研究得出的结论，并不能涵盖中国这个辽阔的充满地域差异性的国家实体。与南方相较，北方的宗族在规模上相对来说要小得多。仅有的大族在时空范围内也零星分布，并且它外在的凝聚性符号（族产、祖坟、家谱、祠堂）也不那么明显和突出，它在社区中的作用也不是支配性的。因此，作者主要关心的是在大族（规模大且力量强的血缘群体）缺失的社会，何种组织力量在牵引地方社会的运转。以关中水利社会为个案，作者提出了两大命题。一是明确提出"人类学观察汉人乡村社会的两种模式"，即"宗族乡村"模式和"非宗族乡村"模式。目的是从亲属之外（beyond kinship）来重新认识中国乡村社会的复杂性。二是对多样性的中国乡村社会，试探性地建立一个解说框架，亦即本论著的主题——"组织参与的力量性与缺失性置换"[②]。

---

① 张亚辉：《水德配天——一个晋中水利社会的历史与道德》，民族出版社 2008 年版，第 294 页。

② 石峰：《非宗族乡村：关中水利社会的人类学考察》，中国社会科学出版社 2009 年版。

我们从两位青年人类学者的实证研究中不难发现，人类学对水利社会问题的关注，与社会史学者的理论预设、观察角度与切入点、研究方法均存在较大的差异。这种差异使他们在面对同样的选题时，会得出迥然不同的认识和结论。在多学科互涉日益增强的今天，研究者既要坚守自己的学科本位，又要跳出各自的学科立场，充分吸收各自的优长，有意识地进行学术对话，才能增强对研究对象的理解，提出富有本土色彩的学术理论。

4. 方兴未艾的城市水利社会史研究

与乡村水利社会史的长期兴盛相比，城市水利社会史可以说是近年来学界一个方兴未艾的新领域。这是因为，一方面，由于中国社会传统时代以农为主，因而在水的研究上，研究者会习惯性地将重点置放于乡村社会，因为传统时代乡村社会是主体。殊不知，水对于城市而言，也是须臾不可缺少的资源，城市水利与民间水利应当具有同等重要的地位。另一方面，正如民俗学者董晓萍指出："以往对城市水利的研究，多从水利科学、自然地理学、历史地理学和城市规划学的角度进行研究，并积累了相当的研究成果。但这方面的研究，由于学科背景和学术目标所规定，比较集中于国家水治史，还缺乏从民间水治史的立场开展研究。"[①]

董晓萍教授所著《北京民间水治》就反映了作者从村水研究向城水研究的这种转向。诚然，董晓萍对城市民间水治的关注，是有其民俗学立场的，作者在谈及现代民俗学研究水俗的目标时，就切中要害地提出："在以往民俗学的研究中，大多是关注农业民俗，并由此涉及对水的日常利用的描述和分析，还尚未上升到对民间水治的社会运行系统做研究；民俗学者也还没有在这个层面上提出用水民俗的概念以及对用水民俗做专题研究。""现代民俗学研究的目标，正是要在这种现代化和全球化的冲击下，将祖先创造的亲水民俗再度价值化，阐释在现代社会依然流传的节水民俗及其背后的自然规则和文化拉力。"[②]

对于城市水利社会史研究而言，董晓萍的研究具有很高的借鉴价值。但是，这种从民俗学立场进行的城市水利史研究，尽管与城市水利社会史具有很多相似

---

① 董晓萍：《北京民间水治》，北京师范大学出版社 2009 年版，第 4 页。
② 董晓萍：《北京民间水治》，北京师范大学出版社 2009 年版，第 2—3 页。

和交叉的地方，但还是无法取代后者。目前来看，真正从社会史立场进行的城市水利社会史研究，还要以中国台湾邱仲麟为代表。在邱看来，由于人口聚集于都市，用水问题不容忽视。西方学界对于城市用水问题早有专著，且不乏精湛的作品，讨论内容牵涉都市史、产业史及公共卫生等范畴。作者认为，近代西方用水问题的浮现及供水系统的发展，与都市化及工业化密切相关。中国明清以来，随着城市化程度的提高，城市用水的需求应该也呈现增长，供水的问题可能也是存在的，这就是城市水利社会史兴起的背景。但是，学界对清末以前中国都市人口用水情况的讨论却为数甚少。根据邱仲麟的统计，2000 年前后，只有日本学者佐藤武敏、熊远报和中国台湾周春燕三人做过相关研究[1]，研究相当薄弱。

邱仲麟在仔细梳理明清以迄民初五百多年间北京城市供水的各种文献、报刊及档案资料后，以水窝子为中心，对北京的供水业者与民生用水这一主题做了生动的探讨。[2] 作者发现，从用水来源的角度看，北京在这段时期经历了土井、洋井及自来水三个阶段；在用水方式上，从明代的自由汲取，到清代的水窝子，到 20 世纪以后出现自来水公司，也经历了三个阶段。在此基础上，作者重点讨论了饮水方式变化导致的多重社会关系及日常生活秩序的诸般调整与变化，通过民生用水这个细微的环节展示了长时期内北京城市社会生活的变迁。应该说，这样的研究既有新意又有启发性，反映了台湾学者在新史学旗帜倡导下的思考和探索，这种学术取向值得水利社会史研究者努力效仿。

当然，国内大陆学界在该方面也有一些积极的尝试。最近，李玉尚从疾病史的角度出发，讨论了清末以来江南城市的生活用水与霍乱问题。作者指出，清末至民国年间，在大城市，大量土井和外来人口的存在，使得饮用和使用不洁水源的现象仍然存在，故霍乱感染人数仍然相当多。在中小城市，由于生活用水主要依赖江河和井水，也有比较高的感染率。但在某些水流速度快、水质清洁的小镇，其感

---

[1]　邱仲麟：《水窝子——北京的供水业者与民生用水（1368—1937）》，载李孝悌编：《中国的城市生活》，新星出版社 2006 年版，第 205 页。

[2]　邱仲麟：《水窝子——北京的供水业者与民生用水（1368—1937）》，载李孝悌编：《中国的城市生活》，新星出版社 2006 年版，第 203—252 页。

染率则较低。① 这一研究，可视为邱仲麟前面提到的西方都市水利研究中的公共卫生范畴，同样很具启发性，反映出城市水利社会史研究相当广阔的学术领域。

此外，需要指出的是，无论城市还是农村的民生用水，即灌溉史以外的人类饮水史，也应当是水利社会史研究的一个重要组成部分。在农村民生用水方面，山西大学胡英泽已做了富有创见的研究②，可资参酌。因前文已有述及，兹不赘言。

四、中国水利社会史研究的理论体系与未来发展

如果将 20 世纪 90 年代中期视为中国水利社会史研究兴起的重要节点的话，那么在这十余年的发展历程中，学界主要从事的是水利社会史的实证研究 ——笔者称之为"类型学视野下的水利社会史"。十余年来，国内学界在经验研究方面积累了一定的成果，理论方面的建树却不多见。总体来看，国内研究者的理论预设和对话对象更多地吸收、借鉴、选择了海外学界尤其是人类学、社会学的有关理论及观点，在此基础上形成了自己的研究特色。因此，很有必要对指导和影响当前水利社会史研究的国内外有关理论进行系统地梳理和总结，以裨今后的研究。

（一）国外中国水利社会史研究的若干理论

1. 魏特夫的"治水—专制主义社会"理论

首先要提到的是东方专制主义理论。美国汉学家、东方主义者魏特夫的治水社会理论，即东方专制主义，应视为对当前中国水利社会史研究最有影响的一个理论模式，不容回避也难以回避。这一特点，在目前多数水利社会史研究者的学术史回顾中均有所体现。我们知道，魏特夫倾其一生研究东方社会，尤其是中国的历史，其毕生最重要的著作当属 1957 年在美国出版的《东方专制主义》。在书

---

① 李玉尚：《清末以来江南城市的生活用水与霍乱》，《社会科学》2010 年第 1 期。

② 胡英泽：《水井与北方乡村社会》，《近代史研究》2006 年第 1 期。

中，他提出了"治水 —— 专制主义社会"理论分析范式，构建了宏大的分析框架，把世界分为治水社会和非治水社会，以此作为全书的核心理论和灵魂，提出纵贯全书的核心概念和主题 —— 东方专制主义。根据他对东方社会历史特点的认识，把东方社会、治水社会、农业管理者社会、亚细亚社会、亚细亚式的经济制度等混同于亚细亚生产方式，并将其和官僚机构、东方专制主义联系到一起，对马克思的亚细亚生产方式[①]做了进一步的发挥，认为在东方的治水社会里，为了保障国家力量永久地大于社会力量，避免在社会上形成一种与王权抗衡的政治力量，统治者在军事、行政、经济乃至宗教信仰方面采取一系列的措施，巩固自己的专制统治。因此，东方社会一直处于专制主义统治之下。若没有外部强力的介入，东方专制主义社会是不能被打破的。[②]对于魏特夫的这一论调，1990 年代国内学界已结合古代中国、印度、埃及、希腊的历史，运用丰富的史料，从不同的角度全面深入地做了批判。近来有学者结合东方主义的形成背景，剖析了魏特夫东方专制主义理论的思想根源："魏特夫的研究潜意识中笼罩着浓厚的东方主义情结，尽管他对东方的研究不乏真知灼见，可由于骨子里的欧洲中心主义立场预设，使得其研究大打折扣，一些结论和认识经不起推敲和历史的检验。"[③]

对于水利社会史研究而言，尽管正确认识和把握魏特夫治水社会理论的核心观点和实质非常必要，但是当涉及水利社会史研究的具体问题时，魏氏学说中一些合理的成分还是值得研究者进行反思和讨论的。从水利社会史研究的角度来看，魏氏学说应当说是向今日的研究者抛出了一个颇有意味话题：虽然我们都明白水对于理解中国历史和社会有着至关重要的意义，但是在中国社会中，试图把握这种资源的势力种类很多，大到朝廷，小到农村村落、社区以至家庭。那么，朝廷到底有无可能通过水利的全面控制来造就一种魏氏所言的治水社会和暴君制度？这恐怕还是一个很有争议的问题。相比之下，水利资源与区域性的社会结合，可

---

① 马克思有关水利与东方社会的论述见《马克思恩格斯书信选集》，人民出版社 1962 年版，第 75—76 页；《马克思恩格斯选集》第 2 卷，人民出版社 1972 年版，第 64 页。
② 〔美〕卡尔·A. 魏特夫：《东方专制主义》，中国社会科学出版社 1989 年版。
③ 裔昭印、石建国：《如何在历史研究中超越"东方主义" —— 从魏特夫的〈东方专制主义〉谈起》，《史学理论研究》2008 年第 3 期。

能是一个远比"治水社会说"更为重要的论题。①换句话说，魏特夫的研究提醒学界注意，水不仅对于国家，而且对于社会中的广大民众来说，都具有重大意义，对于水与中国社会历史变迁的问题，值得下大力气好好探究。此当视为魏氏学说对中国水利社会史研究的最大启示。

2. 人类学谱系中的水利社会史研究理论

应当说，冷战背景下产生的魏特夫治水学说对于 20 世纪五六十年代以来的国际学界产生了极深刻影响。如今，人类学者在梳理人类学系谱中的水利社会理论时，发现直接影响当下中国水利社会史研究的很多西方人类学、社会学理论，大多数与魏特夫有着或直接或间接的关系。在此，不得不提的是格尔茨、弗里德曼及其弟子巴博德、杜赞奇等人在水利社会研究方面的创作及其与魏特夫的对话。②

尽管格尔茨并没有直接针对中国水利社会的研究，但他对中国学界的影响却是无法否认的，而且，他应该算是西方学界与魏特夫治水学说对话最为直接的一位学者，因此很有必要对他的研究进行讨论。在《尼加拉：19 世纪的巴厘剧场国家》一书中，他力图通过 19 世纪巴厘岛的案例来展示一种基于表演而非专制主义强权的国家形态，这种国家形态迥异于魏特夫的东方专制主义和亚细亚生产方式。他的研究发现，具有高度自治性质的灌溉社会乃是全巴厘岛权力的核心，通过不同层次特定的仪式体系和稻田崇拜，实现了国家的象征性领导，在没有国家权力干扰的条件下，自动实现了灌溉社会体系内部的合作与沟通。这就为魏特夫的东方治水专制主义理论提供了一个反例，进而将对水利社会的研究转移到对社会组织、祭祀仪式及其象征性的研究上来。不过，对于格尔茨的这一学术见解，张亚辉提出了中肯的评价："不应忽视的是，格尔茨毕竟是在尼加拉这样一个从上到下都注重表演而非实力的国家观念内来考察灌溉体系的，当地人对核心的想象，对社区与国家间关系的看法都完全不同于一个有着坚强的权力中心的文明。因此，他成功地捍卫了典范中心的国家观念，但对治水社会说的回应却仍旧是不

---

① 王铭铭：《水利社会的类型》，《读书》2004 年第 11 期。
② 这几个人的名字在中国人类学者王铭铭、张亚辉、石峰有关水利社会研究的评论和学术梳理中都被提到了。本文在检讨这个问题时，受他们的影响和启发很大，特此注明，以表敬意。

全面的。"①

再来看弗里德曼的"村落—家族"分析模式。20世纪五六十年代，弗里德曼因在特殊历史条件下无法进行田野调查，利用文献完成了名著《中国东南的宗族组织》，被称为"摇椅上的人类学家"。弗氏的研究可以看成是当时西方人试图认识中国真实面貌的一个代表作品，客观上对魏特夫的治水学说也有所否定。他发现中国东南地区其实是一个"村落—家族"占据核心，天高皇帝远，国家力所不及的社会。这里由密集的水利网络支撑的稻作经济，既能养育大量的人口，又能成为人口稠密地区公共设施的核心组成部分。于是水利和稻作经济就成为地方化家族之间争夺的资源。华南地区为争夺水利和稻作经济进行的家族械斗，与通婚一样，是汉人区域社会形成跨村落联系的核心机制。张亚辉认为，由于弗里德曼主要关注的是宗族组织，对水利问题只是侧面触及，但他对围绕分水形成的区域自治的论述，对于进一步研究水利社会或可有所启示。

作为弗里德曼的弟子，巴博德以其在台湾乡村的水利调查为例，对弗里德曼"水利灌溉系统促成宗族团结"的假说提出挑战，进而阐述了他的水利社会学思想。他最感兴趣的问题是"一个社区的水利系统怎样影响到该地社会文化的模式"。通过研究发现，在依赖雨水和小规模灌溉的时期，冲突和合作较少。随着灌溉规模的扩大，冲突和合作也随之增多，于是就出现了跨地域的联合组织；在出现大规模的灌溉前，劳力比较紧张，人们更喜欢组成联合家庭。之后，劳力需求相对缓和，大家庭的数目也随着减少。最后他总结说："在其他条件相同的情况下，我们会发现依赖雨水的地区比依赖灌溉的地区更可能维持大家庭。至少，我已表明不同的灌溉模式能导致重要的社会文化适应和变迁。"② 应当说，巴博德的这一观点，对于类型学视野下的中国水利社会史研究，无疑具有重大的理论支撑意义。他的研究和弗里德曼一样，对于魏特夫的治水学说已构成了挑战并已有所超越，值得关注。

在这一谱系的最后，我们再讨论一下杜赞奇的理论贡献。《文化权力与国家》

---

① 张亚辉：《水德配天——一个晋中水利社会的历史与道德》，民族出版社2008年版，第14页。
② 有关巴博德的相关研究均转引自石峰：《"水利"的社会文化关联——学术史检阅》，《贵州大学学报》2005年第3期。

是杜赞奇中国研究的成名作，他提出的"权力的文化网络"概念对于中国学界影响甚巨。该书中，他以河北邢台水利组织"闸会"的研究为案例，指出闸会作为超村庄的水利联合组织，有不同的层级。不同层级的闸会组织对应着不同层级的龙神祭祀体系。国家通过对龙神的认可和敕封，将权威渗透到乡村社会。当龙神祭祀体系无法协调和处理不同组织之间的矛盾冲突时，往往会产生诉讼，这就是"权力的文化网络"这一概念的内涵。我们知道，杜赞奇直接对话的施坚雅的"市场体系理论"，力图以前者取代后者来建构更适合于中国的理论解释体系。但是，他的研究对于解构魏特夫的治水学说也有积极的意义，"与格尔茨相比，在杜赞奇的研究中，国家政权的角色更为明确和重要，他将水作为地方文化网络得以建构的一种媒介"①。

究其实质，人类学谱系中的中国水利社会史研究理论，带有强烈的反思和批判的色彩，这就在客观上使得魏特夫的治水社会理论不攻自破。然就其共同的指向来看，研究者其实是在努力摆脱"欧洲中心论"的思想桎梏，通过对水的社会性的研究，来揭示中国社会与历史的真实面目。

3. 日本学界以"水利共同体论"为中心的讨论

日本学界对中国水利史的研究早在二战前就已开展。同样，20世纪三四十年代，日本学界已受到魏特夫"东方社会停滞论"的影响。魏氏"亚洲社会停滞论"的言论无疑为当时急于发动侵华战争却缺乏理论依据的日本军国主义国家提供了理论武器。于是，魏氏学说在日本大受欢迎。与之相应，以研究东洋史著称的日本东京与京都两大学派在对中国社会性质问题上的认识也与魏氏学说不谋而合，两大学派均认为：中国社会是一个停滞不变的社会；同时代中国政治、社会的混乱状况是中国历史中传统的继续。这些观点均或有意或无意地容忍并支持了日本对中国的侵略战争。由于魏氏学说是基于中国水利史研究本身展开的，因而当时日本国内的中国水利史研究便首当其冲地为亚洲社会停滞论提供实证依据。由池田静夫、冈崎文夫、青山定雄、玉井是博、天野元之助、和田保等人进行的水运、水利地理学，农田水利及农学（农法史）的实证性研究最为典型。其中，池田静

---

① 张亚辉：《水德配天——一个晋中水利社会的历史与道德》，民族出版社 2008 年版，第 16 页。

夫《中国水利地理史研究》（生活社，1940），冈崎文夫、池田静夫《江南文化开发史》（弘文堂，1940），和田保《以水为中心的北支那农业》乃是日本学界早期的中国水利史研究著作。应该说，"停滞论"支配下的中国水利史研究是日本学界在二战前的主要特征。

二战后，日本史学术界开展对军国主义史观的批评和反思，强调亚洲历史自身的特点，批判"亚洲社会停滞论"。水利史研究领域首先展开了对魏特夫"治水理论"的批判。中国农史专家天野元之助教授在一系列论文中指出：华北农业的特点是利用雨水和许多小规模水利工程——陂进行灌溉，国家在这些水利工程上并没有以此批评魏特夫的治水理论。[1] 佐藤武敏认为江淮地区的陂有国家经营"大型"的和豪族经营的"小型"两种，但国家经营的陂也依存于豪族所提供的劳动力。[2] 好并隆司指出，东汉时期地方官府所经营的治水灌溉事业，是与豪族的地方势力互相结合的。[3] 随着讨论的不断深入，日本中国水利史学界在 20 世纪五六十年代发生了持续十年之久的水利共同体论战。因前文在述及共同体理论时，已有详细说明，兹不复言。但是，值得注意的是，当时参与论战的很多学者，大多利用了日本侵华期间的满铁农村调查资料，有些研究者本人就是满铁调查员，因而讨论是非常深刻的，其影响一直延续至今，成为中国水利社会史研究中无法绕开的话题。中国学界在对此进行吸收、借鉴的基础上，也积极开展了对话，指出了共同体论的不足，如钱杭、钞晓鸿、谢湜、张俊峰等人都针对森田明的水利共同体论提出不同意见。面对中国学界的质疑，年事已逾 80 岁的日本中国水利史研究的杰出代表森田明教授对钞晓鸿、张俊峰的论文进行了译介和评论，并再次撰文介绍五六十年代的这次学术论战，希望能引起更为广泛的讨论。[4] 与此同时，从事中国华北农村社会研究的内山雅生教授，最近也发表了他对日本学术界以"共

---

① 〔日〕天野元之助：《中国农业技术史上的若干问题》（《东洋史研究》）、《春秋战国时代的农业及其社会结构——华北农业的发展过程》（《松山商大论集》）、《春秋战国时代农业的发展》（《历史教育》）、《中国古代农业的发展——华北农业的形成过程》（《东方学报》）等。

② 〔日〕佐藤武敏：《古代江淮地区的水利开发——以陂为中心》（《人文研究》）。

③ 〔日〕好并隆司：《汉代的治水灌溉政策和豪族》（《秦汉帝国史研究》1965）。

④ 〔日〕森田明、孙登洲：《中国水利史研究的近况及新动向》，《山西大学学报》2011 年第 3 期。

同体论"为中心的争论，颇为忧虑地指出："关于中国农村社会中的'共同体'问题，虽然提出除了一些包括从封建史到近现代史的若干时代和区域中的实态像，但包括'平野、戒能之争'在内，时至今日在理论方面仍然没有得到解决，这就是现状。无视这一状况，没有任何历史的媒介，就飞跃到现代的东亚来讨论'共同体'，笔者担心这样的讨论会演变成缺乏实际内容的'东亚共同体'的讨论。"[①]由此可见，受中国学界有关共同体理论质疑和批评的影响，森田明、内山雅生等重新审视共同体理论，并为此开创了良好的国际互动和交流局面。可以想见，中外学界对水利共同体的讨论必将成为将来研究中需要继续探讨的课题。

日本学界的中国水利史研究自 20 世纪八九十年代以来又有新的突破，这种突破与中国学界当前正在进行的水利社会史研究可以说是相得益彰。该方面代表人物还是森田明。继 1974 年的《清代水利史研究》一书之后[②]，1990 年，他出版了《清代水利社会史研究》[③]。2002 年，又出版了《清代水利与区域社会》[④]，近来，他还积极向日本学界译介中国水利社会史研究的最新成果，以其一己之力推动着日本的中国水利史研究，具有突出的学术贡献。此外，日本筑波大学的长濑守教授在其代表作《宋元水利史研究》中还提出了"水田社会"的概念，他指出：

> 亚洲历史中最具特征性的，就是所谓"水田社会"，它以水稻栽培为生产的基础，牵动全部政治、经济、社会和文化领域，形成一个有机的互动地区。因此，其中既有受传统价值体系支配的技术（水利技术、农业技术及相应的工具）、思想（水利思想）、法制社会（水利习惯法）、集团伦理（水利共同体），又发展成更大范围的生活形态、文化意识形态和经济形态。这是一个与

---

① 〔日〕内山雅生：《批判と反省近现代中国華北農村社会研究再考 —— 拙著『現代中国農村と「共同体」』への批判を手がかりとして》，《歴史学研究》2004 年第 12 期。
② 〔日〕森田明：《清代水利史研究》，日本亚纪书房 1974 年版。
③ 〔日〕森田明：《清代水利社会史の研究》，日本东京国书刊行会 1990 年版。
④ 〔日〕森田明：《清代の水利と地域社会》，日本福冈中国书店 2002 年版，该书中文版于 2008 年由山东画报出版社出版。

水相关的、具有类似性及共通性的社会存在。[①]

此外，日本学者小野泰和井黑忍的研究也值得注意。小野泰的著作《宋代の水利政策と地域社会》[②]以宋代浙东水利社会为中心，第一部《宋代の水利政策》由上而下分析了政治、财政和军事等因素对朝廷水利政策的影响，包括以运河为中心的漕运制度，以黄河为中心的水患治理，以及宋室南迁后面对的一系列新问题。第二部《地域社会と水利》则由地方出发，分别探讨了明州（今宁波）地区围绕废湖置田的湖田化风潮中各方势力的角逐，东钱湖周边地区农业开发与区域社会的发展，黄岩县由水利设施建设带来的政治和社会问题，台州城在人口密集的城市地区的治水对策等。作者在第二部中多次注意到乡党社会的存在，是将宗族研究引入水利社会史研究的一次有益尝试。井黑忍则关注山西地区的灌溉方式及水利纠纷，通过对翼城和河津发现的碑刻进行解读，借以反映政治、地域、水利等要素并存的地方社会。[③]

这些研究显然与当前国内开展的水利社会史研究有异曲同工之处。它既反映了日本学界有意识地开展水利社会史研究的学术自觉，也清晰地表明水利社会史研究乃是包括水利史在内的历史研究的一个必然趋向。这种学术共识是继续推动今后中国水利社会史研究的重要基础。

（二）国内水利社会史研究的方法论与理论创新

与国外水利社会史研究的理论成就相比，目前中国学界尚未形成所谓的水利社会史理论谱系。所取得的学术成就，最多只能视为对国外学界有关理论的响应、实践、反思、批判和证伪。然后在此基础上，通过总结中国的本土经验，尝试建

---

① 〔日〕长濑守：《宋元水利史研究·序章》，日本国书刊行会 1983 年版，第 25 页。转引自钱杭：《库域型水利社会研究》，上海人民出版社 2009 年版，第 2 页。
② 〔日〕小野泰：《宋代の水利政策と地域社会》，汲古書院 2011 年版。
③ 〔日〕井黑忍：《山西翼城乔泽庙金元水利碑考》，《山西大学学报》2011 年第 3 期；井黑忍著，王睿译：《清浊灌溉方式具有的对水环境问题的适应性 —— 以中国山西吕梁山脉南麓的历史事例为中心》，《当代日本中国研究》2014 年第 2 期。

构一些本土化的理论解释。换句话说，中国学界的水利社会史理论，在一定程度上受西方学术话语的影响较深，这是比较明确的。

从中国水利社会史研究的学术史来看，最早做出响应的应是民国学者冀朝鼎。他的著作《中国历史上的基本经济区与水利事业的发展》用英文写就，成书于 20世纪 30 年代。他试图阐明治水—基本经济区—王朝兴衰三者间的内在关联，分析中国历史是如何围绕治水组织起来的。有学者评论说，如果说魏特夫是根据世界历史的横向比较得出了东方治水社会结论的话，冀朝鼎则侧重于从中国历史内部来分析治水与治国之间的对应关系。二人的共同点在于均过于夸大了治水对于中国政治、经济的重要性，忽略了治水之外其他要素的作用和影响，从而掉入了强行将政治与水利挂钩的逻辑陷阱中。尽管如此，冀朝鼎提出的水利与基本经济区的概念对于宏观把握水利社会的历史变迁还是富有启迪的。然而，对于冀朝鼎之外的国内大多数水利社会史研究者而言，尽管对于魏特夫的治水学说均或多或少有所涉及，但是鉴于其理论的宏阔和意识形态因素，目前并未真正出现堪与之进行直接对话的学术论著，实现从宏观理论与微观研究相结合的角度对魏氏学说彻底否定。在此意义上，中国的水利社会史研究任重而道远。

可喜的是，中国学界在近十余年来的实践中，在理论建构方面也取得了一定的突破。比如郑振满与丁荷生在华南区域的研究中，通过整理福建宗教碑铭，发现极其丰富的闽南地区水利与地方社会的资料。这些资料表明民间水利资源管理，往往与宗教庙宇的组织有紧密关系，研究者可以从民间宗教的研究入手，推进对水利与区域社会联盟形成的历史机制的理解，从而实现对弗里德曼村落—家族理论模式的发展，建构起"村落—家族—水利—区域社会联盟"之理论框架；钱杭对水利共同体与水利社会概念的区分，扩大了水利社会史研究的范围，进而超越了水利共同体论；张小军的"复合产权"理论体系则是受到布迪厄的复合资本理论的启发，对区域社会历史水权的特点、水资源的分配和地方社会秩序的建立与变迁做了很好的解释，实现了产权理论的本土化；行龙、张俊峰、钱杭等从类型学视野出发，提出泉域社会、库域社会、淤灌社会等概念，丰富和深化了学界对于水利社会的认识，值得进一步关注。

此外，学界还通过大量的实证研究，继续探讨国家与社会、大传统与小传统、地缘—血缘水权圈的问题，并呈现出了由"以类型为分野"向"以要素为导向"的转变趋势。比如张崇旺以类似"库域型"水利社会的淮河流域为背景，通过历史时期苟坡地区水事纠纷处理的研究，展现了地方社会的危机处理机制[①]；张景平等对河西走廊地区的水利事务管理系统进行研究，认为从明清时"龙王庙"到建国后"水管所"的转变其实是国家力量由幕后走向前台的过程，而国家的意志甚至决定了具有强烈弥散性的民间信仰的命运[②]；谢继忠2011—2014年连续发表7篇"河西走廊水利社会史研究"，分别以水利开发、治水思想、民间信仰、生态环境等不同要素为侧重点，试图勾勒出这个西北地区典型水利社会的图貌[③]；陈隆文等依托于新发现的"朱仙镇新河记碑"，揭示了贾鲁河流域水运变迁与开封乃至整个中原地区社会经济，尤其是商业贸易兴衰的深刻关系[④]；张继莹从水利规则的变动与社会、环境变迁之间的冲突与整合出发，通过对河津三峪地区水利规则的研究，展现了水利对社会层面的因应之道[⑤]；张俊峰则关注山西水利社会中的宗族势力，希望通过将宗族研究引入北方地区水利社会史，突破以往宗族史、水利史各说各话的现状[⑥]。

受学界"长时段"理念的影响，水利社会史的研究也突破了明清两代，视野开始拓展到宋元和民国。如鲁西奇、林昌丈所著《汉中三堰》[⑦]，就由宋元时期汉中堰渠水利的发展谈起；陈曦所著《宋代长江中游的环境与社会研究》[⑧]，则聚焦到宋代两湖尤其是江陵地区的水利建设、民间信仰和族群活动；冯贤亮所著《近世浙西的环境、水利与社会》则对民国时期浙西太湖周边的地域社会做了细致入微地研究。[⑨]同时由于各方面原因，明清时期的水利与社会仍是当今水利社会史研究的

① 张崇旺：《论明清时期苟陂的水事纠纷及其治理》，《中国农史》2015 年 2 月。

② 张景平、王忠静：《从龙王庙到水管所 —— 明清以来河西走廊灌溉活动中的国家信仰》，《近代史研究》2016 年第 3 期。

③ 谢继忠：《明清时期河西走廊水利社会史研究刍议》，《河西学院学报》2011 年第 1 期。

④ 陈隆文：《从〈朱仙镇新河记碑〉看贾鲁河水运的历史价值》，《中原文物》2014 年第 1 期。

⑤ 张继莹：《山西河津三峪地区的环境变动与水利规则（1368—1935）》，《东吴历史学报》2014 年第 32 期。

⑥ 张俊峰：《神明与祖先：台骀信仰与明清以来汾河流域的宗族建构》，《上海师范大学学报》2015 年第 1 期。

⑦ 鲁西奇、林昌丈：《汉中三堰》，中华书局 2011 年版。

⑧ 陈曦：《宋代长江中游的环境与社会研究》，科学出版社 2015 年版。

⑨ 冯贤亮：《近世浙西的环境、水利与社会》，中国社会科学出版社 2010 年版。

热点和主流。

在笔者看来，这一切恰恰呈现了处于上升阶段的国内水利社会史研究的纷繁状态。有理由相信，通过进一步的实践、讨论与提炼，中国学界有能力建构出一个系统、全面的水利社会史理论体系。

当然，对于国内水利社会史的学术成就，如果从方法论的角度来说，具有三个显著的特征。首先是在研究方法上，多学科交叉、融通的色彩愈益浓厚。从国内水利社会史的学术队伍来看，有历史学、人类学、民俗学、经济学、历史地理学、水利学，呈现出文理交叉，多学科并存的局面，充分说明水利社会史研究是一个相当综合的学术领域，能够吸引多学科学者的关注。其次是在研究领域上，开辟出许多新的领域，如旱区与涝区、丰水区、缺水区与水运区的划分；泉域、库域、海域、江域甚至沟域的提法；城市水治与民间水治的分野；等等，都提醒研究者要注意不同区域水利社会的差别，分门别类地进行细致的研究。再次是在研究视角上，紧随国际前沿的发展趋势，既有社会史、社会经济史，又有生态环境史、文化史、疾病史、公共卫生史等，呈现出多元一体的特点。此外，一些研究者在应用民间文献资料开展研究时，通过质疑资料、文本、话语来发现文本、话语背后的历史真相，这种略带后现代意味的研究方法也给人深刻印象。最后还要提到的是山西大学行龙教授从整体史角度开展山西水利社会史研究的设想。在山西水利社会多种类型的经验研究基础上，他提出了"以水为中心"的山西区域社会史研究框架，很有启发性。最近，他又提出今后山西水利社会史研究应当着力探讨的四个方面：

> 第一，是对水资源的时空分布特征及其变化进行全面分析，并以此作为划分类型和时段的基本依据。第二，是对以水为中心形成的社会经济产业的研究。第三，是以水案为中心，对区域社会的权力结构及其运作、社会组织结构及其运作、制度环境及其功能等问题开展系统研究。第四，是对以水为中心形成的地域色彩极浓厚的传说、信仰、风俗文化等社会日常生活的研究。[1]

---

[1]　行龙：《"水利社会史"探源：兼论以水为中心的山西社会》，《山西大学学报》2008 年第 1 期。

这一提法，实质上是将水利社会史的研究扩展到一个更为广泛的层面。通过对历史时期中国不同区域的水资源、水环境、水组织、水政治、水经济、水权利、水争端、水信仰、水文化等多方面专题的认真探究，不仅可以勾勒出不同区域社会水利社区的共性和个性特征，而且对于认识区域社会差异、区域社会文化类型的形成具有重要参照价值，进而提出富有解释力的区域社会历史变迁理论体系。这是否可作为中国水利社会史研究未来发展的目标，值得期待。

（三）中国水利社会史研究的未来展望

总的来看，当前中国水利社会史研究发展势头良好，倘假以时日，则有望取得学界瞩目的成就，诞生更具实用价值的理论解释体系。在此，我将就其未来发展谈一点个人的看法：

第一，中国的水利社会史研究要有国际视野、全球视野。要重视对欧美学界、日本学界有关研究成果的译介、吸收和借鉴，进一步展开国际学术交流，进行充分的学术对话，推动水利社会史研究的国际化。这同时也要求研究者不能仅仅局限于区域的、本土的水利社会史研究，更要熟悉国外的有关学术成果和研究动向，能够自觉进行水利社会类型的比较研究，提炼更具推广性和使用价值的本土化理论体系。

第二，就研究对象来看，用类型学的方法研究中国水利社会史依然有着很大的潜力。诚如巴博德所言，不同的灌溉模式能导致不同的社会文化适应和变迁。通过对不同类型的水利社会的实证研究，不仅能够深化和丰富我们对水利社会的认识，而且能够揭示出中国文化的多样性特征与区域差异，有利于认识中国社会。目前，依然有很多水利社会的类型尚未开展研究，或者研究还不够充分，总体呈现出北方强南方弱，乡村强城市弱的特点。同时，现有研究已经揭示出传统观念所认可的水利社会类型，还存在进一步细分的可能，比如长江流域的圩田水利类型，中游垸的类型与下游圩的类型就存在着很大的差异，不可等同视之。

第三，在水利社会史的理论创新方面，还要充分借鉴、吸收人类学、社会学、经济学等学科的思维方式和研究方法。相比之下，人类学、社会学、经济学等学科在理论建构方面表现出比历史学、民俗学更强的学科优势。这就要求研究者尤其是社会史研究者要具有多学科的理论和知识储备，充分涉猎、掌握水利社会史研究所涵盖的主要学科的学术优长，打破学科畛域，做到优势互补。同时，研究者还要充分利用中国学界的传统资源，吸收已有的基础研究成果，尤其是水利史、历史地理学这些传统学科的相关成果，做到兼收并蓄，相得益彰。

第四，要重视新资料的发掘、整理、出版和研究。十余年来的研究经验表明，中国水利社会史之所以能取得突飞猛进的进展，与新资料的发现和利用有着莫大的关联，尤其是民间水利文献资料，其资料范围包括水利文书、档案、碑刻、契约等类型。其中，山陕地区近年新发现、整理公布的水利碑刻、水册、文书资料，如《山西四社五村水利簿》等令学界纠正了华北地区缺乏水利资料的"偏见"；萧正洪、钞晓鸿发现并利用了关中《刘氏家藏高门通渠水册》、《清峪河五渠受水时刻地亩清册》；行龙在山西发现刘大鹏的《晋水志》、《晋祠志》，文水县《甘泉渠沿革始末志》以及大量的水利碑刻和地方水利志书；台湾学者王世庆统计了现存台湾的水利古文书达600多件[1]；杨国安发现并利用了湖北地区华阳堰陂水利簿，等等[2]。这些民间水利文献资料的发现，为我们深入了解民间社会的学术构想提供了可能。因此，发现并利用新资料，解决新问题，提出新观点，将会成为未来水利社会史研究的一项重要任务。可以预见，今后的水利社会史研究必将越来越要求研究者重视田野调查，走出象牙塔，走向田野与社会。这也理应成为研究者的学术自觉。

---

①　周翔鹤：《清代台湾宜兰水利合股契约研究》，《中国经济史研究》2000 年第 3 期。
②　杨国安：《国家权力与民间秩序：多元视野下的明清两湖乡村社会史研究》，武汉大学出版社 2012 年版。

第一章　明清时代山西泉域社会的水资源环境

一、明清山西水环境总体特征

明清以来的山西水资源，无论在类型、数量和总量上来看，均较历史时期有极大的减少，生态环境确实发生了极大的变化，这一点已经为多数前辈学者所证实[①]，不再赘述。然而，明清时期山西甚至包括华北地区在内的水环境总体特征，未必就是一些研究者所运用的"恶化"、"极度缺乏"等词语所描述的那样[②]。与历史时期相比，明清时期山西广大农村社区更为常见的是县与县、渠与渠、村与村之间为争水而不断发生的水案，数量骤增。水案的频发和绝对数量的不断攀升固然与水资源的短缺存在内在关联，但是分水技术、水利组织管理制度、土地占有方式以及村社宗族等因素导致的水资源无法合理有效配置可能是导致水案发生的直接因素。退一步而言，水案的频繁发生至少表明当时仍然存在相当数量的水资源可以争夺。如果河水断流，泉水枯竭，湖泊湮废，那就根本不可能谈及对水资源的利用，更毋庸论及争水了。

[①] 参见韩永章、解爱国：《论古代山西湖泊的湮废及其历史教训》，载《山西水利史论集》，山西人民出版社 1992 年版；田世英：《历史时期山西水文的变迁及其与耕牧业的关系》，《山西大学学报》1981 年第 1 期；张荷、李乾太：《试论历史时期汾河中游地区的水文变迁及其原因》，载《黄河水利史论丛》，陕西科技出版社 1987 年版；靳生禾：《从古今县名看山西水文变迁》，《山西大学学报》1982 年第 4 期；史念海：《黄土高原主要河流流量的变迁》，《河山集》第七集，陕西师范大学出版社 1999 年版。

[②] 应当承认的是，笔者在以往的研究中也经常有意无意地陷入这种逻辑思维陷阱：明清时期山西由于人口增长，人类活动增加导致土地开垦、森林砍伐、植被破坏、水土流失、旱涝灾害等一系列的问题出现，并以此作为生态环境、水环境恶化的依据。严格来说此类分析方法并不科学，缺乏综合分析。此种结论根本无力解释明清以来山西乡村社会水利开发利用中出现的很多现实问题。对此下文中即将讨论，姑且不谈。

　　换个角度言之，明清时期山西的水资源状况与现在相比，仍然要优越许多。山西省境内最大的汾河，直至 20 世纪三四十年代，仍有通航能力。处于晋南地区的绛州，明清时期就有"北代南绛"之称，工商业相当发达。来自晋东南地区制铁基地阳城、晋城和荫城的铁货就是经陆路运送至该地后装船，通过水路输送至陕西关中等地进行交易的。汾河自山西中部地区一路南下，在汾河谷地两岸自古就有引水灌溉的传统。直至清末光绪年间，尽管汾河水文条件已发生很大变化，来水量减少且沙化严重，但是"八大冬堰"灌溉晋中盆地四十余万亩良田的状况表明直至清末引汾灌溉仍然是山西省水资源开发利用的一种重要形式，在地方社会生产和生活中发挥着重要作用。遗憾的是，一些学者在研究中常常对此视而不见，一味从气候干旱、森林植被破坏的角度来强调明清以来人类活动对生态环境破坏造成的水资源匮乏，生态环境恶化的状况，将问题绝对化、夸大化。似乎明清时代的山西甚至华北的水资源已经严重匮乏到无以复加的地步，以致水稻种植、水磨加工业不得不面临衰退的命运，这与实际情形并不相符。

　　据调查，直至 20 世纪 60 年代，汾河水量依然很大，沿岸有渔民专靠捕鱼为生。汾河两岸的水稻种植也保持着较大规模。大槐树移民的故乡洪洞县，有"水包座子莲花城"之誉，表达的就是洪洞县历史上所具有的田园风光。直至 20 世纪 80 年代初期，笔者故乡阳城的获泽河（沁河的支流之一）仍然有河水四季长流，孩提时在河畔嬉戏、洗澡的那派和谐与情趣至今犹历历在目，河水断流也只是最近短短二十余年间才出现的。据地方水利人士介绍：河水断流是由于打深井、挖煤窑，乱采乱挖导致水源补给破坏所致。20 世纪 60 年代创作并广为传唱的"人说山西好风光，地肥水美五谷香……汾河水哗啦啦地流过我的小村旁"恐怕也并非溢美夸大之词，而是实际情况的真实反映①。这些回忆和歌曲使我们很难想象明清时代山西的水资源环境究竟会恶化到何种地步？笔者以为：尽管明清时期山西水

---

① 山西大学历史系郭卫民副教授就多次向笔者讲述他对山西生态环境变化的切身体验。20 世纪 60 年代他从北京来山西插队的时候，山西境内不论大小河流四季都有河水常流，并非现在河断泉涸这种情况。河流干涸无水只是近十来年才出现的。同时他提醒笔者应注意从地理、气候、自然规律的角度观察明清以来山西水资源的匮乏这一问题，并将其与人类活动对水资源环境的人为破坏综合起来加以考察，颇具启发。

资源不如历史时期丰富①，但是各地人口、资源与环境的关系仍能够维持起码的平衡。民国年间汾河沿线诸县的引汾灌溉仍相当普遍，并未因水量的减少及泥沙化现象就不再发展水利。不同的只是发展水利所消耗的社会成本较以往更高，对水利技术、水利管理的要求也提高了而已。这种生态环境与现在相比仍是非常良好的。

事实上，明清两代山西的水资源开发利用已达到封建时代最全面、最发达的程度，境内主要河流及其泉水资源普遍得到程度不同的开发利用。据冀朝鼎《中国历史上的基本经济区和水利事业的发展》统计，明代山西共兴修水利工程 97 项，清代 156 项，共计 253 项；而毗邻的陕西省明代只有 48 项，清代 38 项，共计 86 项；河南省明代为 24 项，清代 84 项，合计 108 项。两省总和较山西一省仍有差距。

引泉灌溉是明清时期山西另一种重要的水利形态。顾炎武在《天下郡国利病书》山西卷中有"山西泉水之盛，可与福建相伯仲"之语，足见山西泉水数量之多之盛。明末著名地理学者顾祖禹在其《读史方舆纪要》一书中记述了山西境内 191 处泉水，其中约 62 处泉水有"溉田之利"。境内太原晋祠泉、兰村泉、介休洪山泉、洪洞霍泉、临汾龙祠泉、翼城滦池泉、新绛鼓堆泉、曲沃沸泉等泉域的水资源利用史均很古老，大多在唐宋以前（有些更早）就得到了开发利用，在地方社会发展中起到了重要作用，发挥着无可替代的功能。但凡有大泉出露并引以灌溉的地区，向来冠有"米粮川"、"小江南"之类称谓。明清两代，山西引泉灌溉全面兴起。据统计，至同治年间，当时有引泉灌溉之利的县达 52 个，超过全省总县数的一半。从引泉的地域分布上看，已大大超越了汾河中下游地区，而是遍及全省许多州县。泉水是各种水源中流量最稳定的，受气候、环境等自然条件影响较小的。1965 年山西全省大旱期间，曾有专家测量过 179 处泉流，总流量还有101 立方米每秒，占当时全省地表总清水流量的一半，折合年径流总量 31.85 亿立方米。在 179 处泉水中，流量大于 0.1 立方米每秒的泉水总共 52 处，总流量为84.95 立方米每秒，而其中流量大于 1 立方米每秒的泉水则有 19 处，总流量为 74

① 据历史地理学界和气候环境史研究证明秦汉、隋唐和明清时代是一个躁动期，平均气温低、降水少，干旱比较多，因此水资源总量相对较少。

立方米每秒。[①]

　　遗憾的是，这些曾经在山西传统农业社会经济发展中发挥巨大作用的著名泉眼，在新中国成立以后的三十多年时间里，随着工农业发展对水需求量的极度膨胀，煤矿排水、大量凿井等对地下水资源的过度开发，导致地下水位下降，一些岩溶大泉相继出现干涸的局面。笔者在调查中了解到，兰村泉已于 20 世纪 80 年代干涸；晋祠泉也于 1993 年干涸；介休洪山泉出水量由 20 世纪五六十年代的 2—3 立方米每秒减少到现在不到 0.1 立方米每秒，而且有干涸的趋势；翼城滦池灌区，也面临同样的命运，2002 年笔者在该地实地调研时，看到古池依旧，泉水全无，在深达十余米的池底置放水泵抽水灌溉。据了解，这种情形也是近十来年才出现的。如何实现对水资源的可持续发展利用已成为当前中央和地方政府必须面对和解决的迫切问题。

　　综上所述，尽管明清时期山西水资源状况较唐宋时期可能已有所下降，但这种变化只是一种量的积累，远未达到质变的程度。与前代相比，明清时期山西对水的利用不是减少了，而是增加了。处于帝制晚期的明清时代，在传统农业经济框架内，无论技术水平还是管理水平都达到了封建时代农业生产力条件下的最高峰。因此，在电力时代尚未来之际，作为最能代表当时生产力水平的水磨业的发展在山西并未像论者所言的那样已经彻底衰退，相反，但凡有水力条件的地方，水磨的数量不但没有减少，反而更有增加。

二、明清以来山西水力加工业的数量、规模和效益

　　明清时代山西境内水磨（碾、碓）数量相当惊人，分布也极其广泛，并非彻底衰落。明人王世贞《适晋纪行》中有"三十里抵清化镇，山西之冶器集焉。渡清河，田禾盖茂，嘉树翁郁，居人引泉水为长沟以灌，有水碓、水磨之属"，记述了他在山西清水河源头观察到的水磨情形，但是明清时代山西的水磨数量及分

布远远不止于此。明清时代，山西一些具有悠久水利开发史的泉水灌区在充分发挥水利灌溉效益的同时，水力加工业的发展也相当迅猛，在地方社会产生了良好的社会经济效益。如太原著名的晋祠难老泉，其水利开发利用史可上溯至春秋战国时代，晋祠水磨则大约形成于宋嘉祐五年（1037）南北二河分水之时。据清末民国时期当地名绅刘大鹏先生所撰《晋祠志》记载，直至光绪末年，晋祠正常生产的水磨共 74 盘，其中北河 20 盘，中河 28 盘，南河 11 盘，陆堡河 15 盘。至于水磨的生产能力，有"北河水磨共二十盘，每盘一日磨粟一二石至三四石"①的记载。另据当地人回忆：一盘水磨一日可加工两担面（一担168 市斤），碾三担米，大磨一日可磨面四百斤到五百斤。由于晋祠水磨坊发达，甚至影响到太原地区粮、面的价格。晋水南河王郭村 75 岁的任海生老人提到本村民国时期一位外号"蚕相公"的王姓财主，拥有三盘磨，九百亩土地，得意地宣称"三盘连夜转，九顷不靠天"。晋祠一带风俗，富者以有水磨为美产，商人以守水磨为良业，昔日商贾林立，车水马龙，水磨旋转，市场繁荣，晋祠遂成为米面交易中心。每天都有一批送面队伍到晋阳城和清源等地，河东刘家堡、北格等村的粮食多运到晋祠加工。西山煤矿众多，拖煤用大量青壮年，是粮食和米面的主要消费区。②良好的经济效益和市场网络，加上"源泉混混不舍昼夜"的难老泉水，保证了晋祠水磨业的长盛不衰。遗憾的是，20 世纪 60 年代后期晋祠泉水流量出现下降趋势，七八十年代水量锐减，1993 年竟至干枯。随着水量的减少，加之 50 年代电磨的应用和普及，晋祠水磨才逐步退出历史舞台，永远停留在人们的记忆中。

与晋祠类似，20 世纪 50 年代以前水磨在介休县洪山泉地区也相当普遍，是村民从事制香与粮食加工的主要机具，分布于洪山、石屯、磨沟等地区。有资料显示，由洪山源神庙至石屯沿河磨坊计有：武家磨、桑树底磨、宋家磨、玉皇桥磨、上南崖底磨、乔家磨、三河磨、水碾磨、老磨、桃沟磨、梨园磨、圪洞磨、下南崖底磨、贾磨、下新磨、刘家磨、枣园磨、王大磨、小磨、花椒树底磨、华

---

① 《晋祠志》卷三十四《河例五》。
② 郝润川：《晋祠水磨》，载杜锦华主编：《晋阳文史资料》2001 年第 9 期，第 247 页。

严寺磨，共 21 盘；驾岭河至东狐村计有：龙头磨、龙家埠磨、水平磨、上水碾磨、下水碾磨、罗家磨、侯家磨、梨树园磨、头盘磨、二盘磨、窑窑磨、十二盘、十一盘、十盘、九盘、八盘、七盘、六盘、五盘，共 19 盘；由东河桥往磨沟至洞儿磨，共计 13 盘。20 世纪 60 年代后，由于当地开始大量使用电磨，水磨才逐步被淘汰。但直至 20 世纪 90 年代，当地仍保留着 5 盘水磨用于加工神香面料。[①]

　　水磨业在洪洞、赵城二县的霍泉灌区也极为普遍，是当地一项重要的产业门类，效益极高。据道光《赵城县志》记载："东乡水地居半。侯村、耿壁、苑川间多高阜；胡坦及广胜地皆平衍，得霍泉之利，居民驾流作屋，安置水磨，清流急湍中，碾声相闻，令人有水石间想。"[②] 由于水磨数量庞大，地方政府专门设立了磨捐一项，如民国《洪洞县志》记载："水磨戏捐共有若干，前知事未据声明也。知事查历年账簿，磨捐一项，每年平均约收钱贰百千文。戏捐一项，每年平均约收钱一百五十千文。"[③] 有关霍泉灌区水磨的数量，各代记载多有不同，但从总体上呈现出不断增长的趋势。金天眷二年《都总管镇国定两县水碑》记载了庆历五年洪、赵二县争水时涉讼双方所提供的霍泉河水浇灌数据，"霍泉河水等共浇溉一百三十村庄，计一千七百四十户，计水田九百六十四顷一十七亩八分，动水碾磨四十五轮"。雍正三年《南霍渠渠册》则记载："道觉村磨六轮，兴一十二夫。辊二轮，兴二夫。东安村磨三轮，兴六夫，西安村磨四轮，兴八夫，辊二轮，兴二夫。府坊村磨二轮，兴四夫，辊一轮，兴一夫。封北村磨二轮，兴四夫。南羊社并南秦村磨一轮，兴二夫。封村磨二轮，兴四夫，辊一轮，兴一夫。"可见，雍正时期南霍渠水磨总计共 20 轮，水辊 6 轮。同治九年南霍渠《泰云寺水利碑》则有："南霍十三村分上下二节，上管五村，下管八村，上节浇地二十八顷，水磨三十五轮，系上节掌例所辖也。下节浇地四十二顷，水磨二十一轮，系下节掌例所辖。"自雍正三年至同治九年，南霍渠水磨已发展到 56 轮，增加了 36 轮。另据洪洞县《广胜寺镇志》记载："本镇水磨最早始于 1218 年，当时在南北霍渠及古小霍渠流域

---

①　《介休市志》第八编《水利水保》，海潮出版社 1996 年版，第 226 页。
②　道光《赵城县志》卷六《坊里》。
③　民国《洪洞县志》卷九《田赋志》。

开始利用自然落差建造水磨。""解放初期，水磨的发展迅速，据说在 10 年之内南北霍渠畔就发展水磨 45 轮。1958 年间，仅本镇小小的严家庄就有水磨 7 轮，道觉、圪垌俗称 38 盘磨。""据不完全统计，北霍渠有水磨 25 轮，南霍渠有水磨 41 轮，小霍渠有水磨 16 轮。""广胜寺镇利用得天独厚的水利和地理优势，水磨发展曾一度兴盛，延续时间相当长，达 750 余年。全镇共计水磨 82 轮，每轮日产值 30 元，年值 5000 元，全镇水磨年产值 41 万元。"[1] 这已是新中国成立后的情形。

　　笔者在霍泉灌区的调查也证实了水磨对地方社会中的持久影响，据霍泉水利管理局张海清先生（56 岁）讲："过去北霍渠水磨很多。其中，后河头村解放初一个村就有 32 盘磨。水磨主要用来轧花，把籽棉磨成皮棉，也可以利用水力弹花、碾米、磨面等。北霍渠东太吉、西太吉等下游村庄也有水磨，但主要集中在上游和中游。安置水磨受地势落差影响，比如南家庄因没有跌水就无法安设水磨，后河头村和南家庄隔一条沟，有落差，因此磨很多。过去磨主都是有钱人家，好光景。""有磨的人家一般都很富裕，是好家，有闺女都愿往这些人家嫁。"[2] 从民国《洪洞县志》人物志中记载的一位水碓主的事迹中，也能看到水磨为业主带来的重要经济收益，据载："孙世荣，马头村人，乡饮耆宾。嘉庆间岁饥，以积粟百余石，贱值出售。家置水碓数处，有载糠秕赁舂者，荣怜之，易以嘉谷。后岁熟，人归偿，辞不受。"此外，霍泉灌区一些村庄还因水磨而得名，说明水磨对地方社会的重要意义。如磨头村，原名凤头村，因该村的水磨是霍泉七分渠下游的头一盘磨，遂更名磨头村；王家磨村也类似于此。清初，该村吴、王两家以广胜寺水源为动力，在七分渠旁建了三盘水磨，附近村里百姓常到这里磨面，故称"吴王磨"，后来，吴家迁移，便改名为王家磨。[3]

　　再看一下临汾龙祠泉的水碓情况。龙祠水利开发始自西晋。早在唐、五代时期，当地人就已开始利用泉水的落差，使用水磨、水车，用来磨面、碾米、提水和榨油。由于泉水流量的基本稳定，不但保证了临汾、襄陵数万亩水田的灌

① 李永奇、严双鸿主编：《广胜寺镇志》，山西古籍出版社 1999 年版，第 89、90 页。
② 2005 年 3 月 21 日访谈记录，地点：霍泉水利管理处副主任张海清办公室。记录人：张俊峰。
③ 《洪洞村名来历》，分见第 31、206、220 页。

溉，而且各河上鳞次栉比的水硙也成为该泉域一项重要产业。直至 1952 年，全渠 93 盘水磨仍然保持着经常性转动，平均每盘磨一日磨麦六石，共可磨麦子五百五十八石，供给临、襄二县汾河以西十几万人民食用。在夏季灌溉用水较多、磨面也较多的时期，很多水磨将水量减少，把水集中到磨河沿渠二十余盘水磨上，仅十余天时间即可把二十万石麦子磨成面，可见斯时水磨运行效率依然十分显著。

由此可见，对于该泉域内任何一个村庄而言，平均拥有 3 盘—5 盘水磨是很正常的现象。前述山西其他泉水灌区的情况也同样如此。这就表明：明清以来山西水力加工业在广大泉水灌区并未因河湖演变、人口增长、土地增加、森林植被减少、气候干旱等影响走向彻底衰败。恰恰相反，上述地区的水磨业在明清时代仍保持着相当的规模和数量，在地方社会发挥着重要作用。

明清时期山西境内南北诸大河如桑干河、滹沱河、汾河及其支流涧河沿河也有为数不少的水磨，一些地区甚至自明代以后才开始发展水力加工，这至少可以表明：明清时代的山西地区仍有保证水力加工用水需求的基本能力。以位于桑干河源头的朔县神头泉为例，自明万历末年才由当地名宦、受魏忠贤迫害而赋闲在家的八府巡按霍英提倡始得利用，水磨油坊先自霍家庄办起，随后在神头、司马泊、小泊、马邑、水磨头等沿桑干河源头的村庄陆续兴起。最多的时候，水磨达万座，油坊 150 多个，兴盛达 360 余年。由于油品质量高、信誉佳，内蒙古集宁地区、河北张家口地区和山西雁北地区所产的胡麻，大多运来此地加工。每年农历七月至次年四月加工期内，空中油香弥漫，相当兴旺。一个油坊日平均榨 300 多斤胡麻，150 个油坊每年能榨 1500 万斤，可产油品 450 万斤。当地有民谣称："桑干河源泉水清，水磨油坊似春笋。此地胡油名气大，保你吃来香又纯。"所产油品大多销往内蒙古、河北和山西本省。清代，还销往北京，进入皇宫[①]，成为皇室贡品。

平定县娘子关附近村庄使用水磨水碾的历史也很久远。元中书左丞吕思诚的《五渡河磨诗》描述了当时水磨桔槔遍布河滩的状况，诗云：

---

① http://www.sz.sx.cei.gov.cn/government/szcity/wyl/sangganhe/sghcs4.htm.

满塍曲屈水淙淙，喜听罗声自击撞。笑我贫家无麦垒，看君高堰筑桃江。

不须著力身还转，政使乾坤气未降。说与汉阴痴老子，桔槔功利胜罂缸。

　　至清光绪刊本《平定州志》中仍载有"州东九十里娘子关下磨河滩有水磨，夫水资灌溉，通舟楫，而粤、楚、予、章、闽、浙间溪流湍急，多堰水激机，设水磨、水碓，更有筒车代桔槔，兹亦间有此，固水利之一端也"。1992年新版《平定县志》对当地水磨、水碾的状况还做了历史性回顾，"新中国成立前，水磨、水碾多系有钱有势人家傍泉修渠引水，于近村安设，这种水磨俗称河磨，均在每年秋末开业磨面，次年立夏停磨避洪，秋末重建，再行开业。每盘水磨昼夜可磨面650公斤，碾米5000公斤"。20世纪50年代后期，随着电力事业的发展，电磨、电碾逐步发展和普及，但水能条件好的地方，水磨水碾尚保留有一些，"据1990年底统计，娘子关镇坡底、城西、河滩、河北、娘子关等村，仍有水磨、水碾27盘"[①]。从90年代末期尚存27盘水磨、水碾的数字来推断，清代和之前的水磨、水碾数量应更为多见。

　　处于滹沱河流域的晋北繁峙县也有关于水磨的较早记载。该县沙河镇东南12公里天岩村，现存全国重点文物保护单位岩山寺文殊殿壁画，系金大定七年（1167）宫廷画师王逵等人绘制。其中位于东壁中部的《水推磨坊图》，就真实地反映了当时本地社会生活的一个侧面。山前水畔的一处磨坊，片石为基，茅草覆顶，周设栅栏，机轮、磨盘装置其中，水推磨旋，磨眼中放入的果实一会儿就变成磨缝里磨出的面粉，一旁的舂米机与水磨相连充分利用水流驱动而工作。一幅水碧山青、逐水而居、充满生机的生活画面。古老的建筑与绘画文本仍在向后人展示着八百多年前的水磨生活。可见，金代繁峙县在水流经处设置水磨并非什么不同寻常的风景。据1995年版《繁峙县志》记载："利用水流落差，冲击原理，配套涡轮式传动装置，带动石碾石磨，日磨面千斤以上。峨河、羊眼河、青羊河、老泉头一带村庄，自唐时已开始使用水碾水磨。"[②]对于当地水磨业衰退的

①　《平定县志》，社会科学文献出版社1992年版，第140页。

②　《繁峙县志》，今日中国出版社1995年版，第58、59页。

时间，缺乏进一步的田野调查资料，暂且存疑。由于水磨业相当兴旺，当地一些村庄以"磨"来命名，如羊眼河下游的"水磨村"、青羊河上游的"碓臼村"、峨河下游的"碓臼坪"、"南磨村"，等等。以上系明清以来晋北地区水力加工业的大体状况。

明清时代晋中与晋南地区沿河设置水磨、水碾也不在少数。位于吕梁山区的汾州府峪道河沿岸过去曾有水磨数十盘，其消失年代距今不远。1934 年营造学社的先哲们调查晋汾古建筑时，在调查报告中记载了当时水磨已去、风光尚存的情景："自从宋太宗的骏骑蹄下踢出甘泉，救了干渴的三军，这泉水便没有停流过，千年来为沿溪数十家磨坊供给原动力。直至电气磨机在平遥创立了山西面粉业的中心，这源源清流始闲散的单剩曲折的画意。辘辘轮声既然消寂下来，而空静的磨坊，便也成了许多洋人避暑的别墅。"[①] 这次古建筑踏查，梁思成、林徽因与美国学者费正清、费慰梅夫妇同行，住在由旧磨坊改成的"别墅"里。林徽因为此留下了散文《窗子以外》，其中有一段关于磨坊的描述：当地磨坊伙计闲话道，"那里一年可出五千多包的面粉……这十几年来，这一带因为山水忽然少了，磨坊关闭了多少家，外国人都把那些磨坊租去做他们避暑的别墅"[②]。不难发现，民国时期峪道河水磨的衰落主要可归因于两个方面：一是汾州大量使用现代机器磨面，取代了水磨的传统地位；二是山水突然减少。但有一点可以肯定：峪道河水磨的衰落只是在民国初期才出现，此前的明清两代曾一度相当兴盛。

洪洞县是晋南地区水磨数量最多，水力加工业最为发达的地区。前已述及洪洞县霍泉灌区为数甚众的水磨业的发展情况。该县境内汾河及其支流泉涧流经的地区也大量安设水磨水碾，蔚然大观。据光绪三十四年重修《通利渠渠册》记载，处于通利渠上游的石止村有磨一轮，马牧村磨 6 轮。其中，自清代乾隆年间起发家的马牧村巨富许家即占有四轮，此外在北霍渠后河头村还置买水磨十余轮。[③] 光绪十二年，通利渠上游赵城瓦窑头村新开式好、两济二渠，"浇地为数不多，专认

---

① 梁思成：《晋汾古建筑预查纪略》，见《梁思成文集》第一卷，281 页。

② 《大公报》1934 年 9 月 5 日。

③ 《洪洞文史资料》第六辑，第 143 页。

转磨盗水"，令通利渠"数十年来水不敷用"，双方兴讼。据载，式好一渠"共设水磨三十余盘，非厚用水力莫能动运其磨"，两济渠水磨数目不详。但是为保证水磨正常运转，二渠不惜截夺通利渠水利，于是造成光绪末年长达十余年的水利纠纷。另据调查，古代通利渠建有水磨34轮，丽泽渠建有水磨27轮，润源渠建有水磨23轮，其余各大河流沿河建磨共117轮，全县水磨共计246轮，每轮日产值30元，年值5000元，全县水磨年产值147.8万斤。[①]为了缓解农田灌溉用水与水磨水碾用水的矛盾，经官裁断，出台了下述用水办法："各渠水磨有碍水利，关乎万民生命，春夏秋三时概行停止，以便溉地。惟冬月水闲，准其自便转用，以示体恤，并此后不许再添水磨。"[②]由于清末汾河水流无常，对二者矛盾的调节中，历来就遵循传统时期以农为本的原则。值得注意的是：水力加工与农业灌溉争水的矛盾并不只是水资源不足的条件下才发生的现象，同样的规定早在唐代《水部式》中就有专门条款。例如，处理灌溉用水和航运以及水碾、水磨的用水矛盾。一般来说，它们的用水次序是首先要保证航运、放木的需求，尔后是灌溉。而一般只在非灌溉季节，才允许开动水碾和水磨。在灌溉季节里，水碾和水磨的引水闸门要下锁封印并卸去磨石，而如果因为水力机械用水而使渠道淤塞，甚至渠水泛溢损害公私利益者，这座水碾或水磨将被强迫拆除。总的精神是："凡有水灌溉者，碾硙不得与争其利。"[③]在这一点上，确实如王利华先生指出的那样："水利加工和水田灌溉及其他用水之间的矛盾并不始于唐代，也不止于唐代，而是差不多贯穿于华北水力加工发展的全部历史过程。"尽管如此，清代汾河各渠水磨仍在一定程度上得以保留，不同的只是上下游分布格局上发生的变化。

汾河在洪洞境内的支流之一——洪安涧河沿岸引水灌溉、发展水磨的历史也较久远。康熙《平阳府志》山川卷中仍有"临河居民多引溉田，洪邑之人文盛盖赖此云"的记载。与此同时，水磨业与灌溉争水的矛盾也常有。金贞元三年，沃

①　郑东风主编：《洪洞县水利志》，山西人民出版社1993年版，第5页。
②　光绪三十四年重修《通利渠渠册》，"通利渠在稽村拟开新口一案"。
③　《大唐六典·尚书工部》。

阳渠长状告润源、长润二渠"创建水磨拦截了天涧河水，不得浇溉民田"[①]，经官断定，润源渠只许用梢石添堰，不许用泥土垒堰。长润渠自润源渠石堰下一百步内，同样也只能用石头梢草截涧河置堰，以便有透流水供下游的沃阳渠使用，"如此三渠水户子孙相继，今数百年，不为不久；五谷百草转磨所获之利，不为不多"。时"润源渠口阔七尺二寸五分，其渠历经八村，浇地一百四十四顷三十三亩，动转磨二十五轮"[②]。有关元代长润渠水磨的数量，虽未见资料记载，然而嘉庆年间重修《长润渠渠册》记载各村使水名夫中兼有水磨的信息，据载"董寺村三十夫，合使水四十时，古县村六十夫，合使水八十时，外有磨一轮。蜀村三十一夫，合使水四十一时，外磨一轮。东西师二十二夫，合使水二十八时，外窝磨。苏堡村九夫半，合使水一十一时，外磨一轮，下鲁村八夫半，合一十时，磨三轮，外小窝磨一所"。合计有磨7轮。由此来看，金元时期润源渠已有25轮水磨，处于该渠下游的长润渠在清代嘉庆时期仍有水磨7轮，因上游用水较下游便利，因此可以推测：清代润源渠水磨数量应不会减少太多。这一点，在康熙三十九年重修的《润源渠渠册》条例中可略见一斑，如渠例第十五条规定："本渠各村磨碾聚水漏坏渠身，磨主不时修理。磨上以百五十步以内，透漏渠水者，磨主罚白米一十石。"第十九条规定："本渠磨碾原有者，磨主及时淘浚渠身，不得用板栈堰有碍浇地，如有创修者，许递供状，各村公议无碍于渠，准其修建。若有豪强之家，不递供状强建磨所有碍于渠者，许八村人即时拆毁，仍罚磨主白米五十石。"以上有关洪安涧河水磨数量及其使用条规的记载，至少表明明清时代即使是汾河的支流，设置水磨也是相当普遍的。

由此可见，山西省的水力加工业在明清时代仍然保持较大数量和规模，尤其在出水量较大的传统泉水灌区，直至解放初期水力加工业仍然大量存在，仍然是乡村社会极为重要的动力机械，发挥着重要的作用，与论言所言华北水力加工业"在明清文献阙载"、"明清时期已经彻底衰退"[③]的观点形成了鲜明的对照。

---

① 大定五年《官断定三渠条例古碑》，民国《洪洞县水利志补》。
② 至元十八年《重建润源等渠碑记》，民国《洪洞县水利志补》。
③ 王利华：《古代华北水力加工业兴衰的水环境背景》，《中国经济史研究》2005年第1期。

三、山西水生态环境的恶化问题

尽管学界对于明清时代尤其是明中叶以来华北地区生态环境恶化、水资源日益减少等问题的研究结论[①]毋庸置疑，但对于明清时代生态环境恶化的地步，水资源减少的程度并没有明确的指标，由此极容易形成一些简单化的推断，从而违背历史真实。本篇对明清时代山西水力加工业数量、规模和效益的分析，证明了明清时代水力加工业在山西大量存在的事实，纠正了论者对于明清时代华北地区水力加工业业已彻底衰退的错误判断。

由于水力加工业完全依赖的是水能，遍布山西南北各地河流泉畔的水磨（碾、碓）也充分说明明清时代山西的水资源环境并非如论者所言的那样恶劣，明清时代的山西不但具有发展水利灌溉和水力加工的能力，而且是封建时代生产力条件下水利发展最快，社会经济发展最为迅猛的阶段。20 世纪 50 年代以来，随着电动机械的广泛应用以及水库建设、挖煤采矿、过度抽取地下水导致河、泉干涸等原因才使得传统农业社会中这一重要动力机械退出了历史舞台。

环境史作为近年来一个新兴的学术研究领域吸引了多学科学者的关注，反映了当前学术发展的新趋势和现实社会在实现可持续发展目标过程中对史学研究成果的迫切需求，历史学、历史地理学等学科迎来了一个良好的发展契机。然而，对唐宋时代人口资源环境尤其是气候、水资源环境的过分美化和对明清时代人口

[①] 例如史念海先生《历史时期黄河中游的森林》中指出："明清时代是黄河中游森林受到摧毁性破坏的时代，尤其是明代中叶以后更是如此。"在《黄土高原主要河流流量的变迁》中，他又进一步指出："汾、沁、渭等河流流量的减少的原因并非地震和气候，而是来自森林的人为破坏。""黄土高原森林破坏，大致是唐代中叶开始的，到了北宋，破坏程度更为严重，最严重的破坏是明代中叶以后。经过长期的残酷破坏，黄土高原几乎没有大片森林。森林破坏了与河流有关地区由于失去了森林覆盖，降水就难得受到含蓄，一遇大雨、暴雨与骤雨，洪水便倾斜而下，了无余存，常水位的流量因而不能不有所减少。森林破坏不仅使这些河流流量减少，而且更会促使地形侵蚀趋于严重，被侵蚀掉的泥沙，顺水流下，随处沉淀，抬高河床，就是流量没有减少，航行也会遇到困难，流量减少了，就根本不可能再有风帆上下了。"参见史念海：《河山集》第二集（生活·读书·新知三联书店 1981 年版）、第七集（陕西师范大学出版社1999 年版）。

资源环境关系的严重恶化似乎已成为一些论者研究时的预设前提，不假思索地将水资源匮乏、生态环境恶化等结论性词语运用到明清环境史的研究当中，在此基础上实难得出令人信服的结论，也有悖于史学严谨、客观的学术风格。在开展历史时期类似问题的研究中，这一点理应得到高度重视。为此，本文也提出了一个问题，即是否可以对历史时期生态环境演变做一个科学合理的度量并使之成为衡量不同时期生态环境优劣与否的重要参照，这个问题有待于环境史研究者的回答，也成为我们在山西泉域社会研究中，首先值得重视的一个命题。

第二章 太原晋水：山西泉域社会的个案之一

在山西，鉴于水资源的匮乏和在传统农业社会中的重要价值，在广大农村社区历史地形成了一套以水为中心的社会关系体系，我们姑且称之为"水利社会"。由于水资源类型的多样性，围绕河水、湖水、泉水、洪水等资源的开发便形成各类特征迥异的社区。其中，泉水资源的开发利用在山西这个水资源极度匮乏的省份显得非常突出。围绕泉水资源的开发利用形成的一个个少则数村、多则数十村的微型社区在山西各地区星罗棋布，并在地方社会经济中发挥着极其重要的功能。我们将这些各自独立的微型社区称之为"泉域社会"。作为泉域社会，通常具有如下特征：一是必须有一股流量较大的泉源，水利开发历史悠久；二是基于水的开发形成水利型经济，诸如水磨、造纸、水稻种植、瓷器制造等；三是具有一个为整个地区民众高度信奉的水神，如晋祠的水母娘娘、洪洞的明应王、翼城的乔泽神、曲沃的九龙王、临汾的龙子祠以及本文所研究的介休源神庙等；四是这些地区在历史上都存在激烈的争夺泉水的斗争，水案频仍；五是在一定的地域范围内具有大体相同的水利传说，如跳油锅捞铜钱、柳氏坐瓮等传说就遍及山西南北。

晋水流域广为流传的争水传说和道光《太原县志》[①]与清末民初晋祠镇赤桥村名士刘大鹏所著之《晋祠志》、《晋水志》[②]中对明中叶以来直至清末的数百年间晋水流域所覆盖的三十余村庄所发生的争水历史皆有相当详细的记载。水资源匮乏是山西乡村社会在明中叶以来就一直面临的严峻问题，选择晋祠所在的晋水流域

[①] 道光《太原县志》卷十七《渠案》。该卷中记载了明清时期晋水诸渠发生的四次水案。

[②] 刘大鹏遗著《晋水志》是我们在田野调查中搜集到的，并申报1999年国家古籍整理项目。该书仅存上册四卷，原书有十六卷，下册遗失，甚为遗憾，但本书上册与《晋祠志》相结合，仍为我们的研究提供了重要的史料，具有重要的参考价值，该书已经点校，不久将出版。

作为个案研究正是对此问题的一个深化。

一、晋水与区域经济的发展

在对本文展开论述之前，首先需要解释晋水及其晋水流域这两个名称。《汉书·地理志》言："晋阳晋水所出东入汾"，说的是晋水在晋阳（今太原），乃汾水之支流。至于其具体位置，刘大鹏在《晋水志》中做了这样的说明：

> 晋祠在悬瓮山麓而晋水之源发于祠下，其泉不一。水最旺者曰难老泉，若善利泉之水微细无多，极旺不及难老泉三十分之一，至圣母殿前鱼沼之水则又次之。
>
> 晋水始出之处，难老泉、善利泉、鱼沼泉是也[①]。

此当视作对晋水源流之考。

至于晋水流域的范围，《晋水志》中有这样的描述："晋水行达之处，小者暗溪八角池玉带河，大者北河南河中河陆堡河是也。""泉出之处，瓮石为塘，分南北渎。又分为四河，溉田凡三万亩有奇。沾其泽者，凡三十余村庄。流灌垂邑之半，东南会于汾。"[②] 由此可知，晋水流域指的是晋水流出发源地分水后四河各自覆盖到的区域。从资料中来看，这一区域共计三十六个村庄。本篇所要研究的对象正是晋水所及的这些村落。

（一）晋水流域之地理形势

从地图上看，晋水流域村落背靠西山九峪，东濒汾水，依山傍水，分布于山水之间。往西群山耸立，自南而北依次有苇谷山、蚕石山、尖山、象山、悬瓮山、

---

① 《晋水志》卷一《源流》。
② 同上。

天龙山、龙山、卧虎山、太山、蒙山等，众山皆为东北西南走向。群山结合部也因此形成九条大致呈东西走向的山峪，俗称九峪，自南而北呈线形排列。其中，柳子峪、马坊峪、明仙峪、风峪四峪正对着晋水流域村落。每逢雨季，山水自高处奔腾而下，携石带沙，经晋水流域后汇入汾河。往东汾河自北而南擦着本流域边缘地带流过，利害交相而至。

（二）晋水流域之传统产业与明清以来之新兴产业

晋水流域有着悠久的水利发展史，据史料记载：

> 太原水利昉自汉元初三年春正月甲戌修理太原旧沟渠，溉灌官私田。郦道元《水经注》所谓因智伯遏晋水灌晋阳之遗迹而蓄以为沼者也。其渎乘高，东注于晋阳城以灌溉，东南出城，注于汾水。至宋时知县陈知白分引晋水教民灌溉而利斯溥焉，公乘良弼作记美之。神宗八年七月，太原草泽史守一修晋祠水利溉田六百余顷。明冀宁道苏君立水利禁例而其法始密。国朝以来屡加修葺，申明条例，则利愈溥而法愈密矣。①

由于有着充沛的水源和发达的渠灌系统，以及严密的水利规约，使得农业尤其是水稻种植自古以来就是本地最为发达且颇具特色的传统产业。"晋省山多而水少且水性湍急，稻田尤非所宜。惟原邑稻田差多而他禾亦因之并溉焉。"② 其中的"稻田"即是指晋水流域的水稻种植。从宋神宗八年有关晋祠灌溉地亩数的最高纪录"六百余顷"来看，其大多为稻田，可见晋水流域稻田种植之广，关系一邑民生之重。除稻田外，晋水流域之田地还有三种类型。"其田分为四等，曰稻田；曰藕田，即水田也；曰蓝田；曰禾田，俗呼白地也。"③ 等级不同，用水规则也不同：稻田口，常开不闭；水田口，细水长流；蓝田口，时时用水；禾田口，开一口以

---

① 道光《太原县志》卷二《水利》。
② 道光《太原县志》卷二《水利》。
③ 《晋水志》卷四《总河》。

闭众口，旁竖放水巡牌。[①]

　　本区域农业之外的其他传统产业包括水磨加工业和洗纸业。在晋水流域诸河，利用水磨加工粮食与农田灌溉一样具有悠久的发展史。水磨大约形成于宋嘉祐五年（1037）南北河分水之时。据刘大鹏《晋祠志》记载，直至光绪末年，晋祠正常生产的水磨共 74 盘，其中北河 20 盘，中河 28 盘，南河 11 盘，陆堡河 15 盘。水磨由木轮和两石盘组成，上石盘固定，悬挂在空中，上有一小眼为粮食的加工入口；下石盘与木轮连在一起转动。由于晋水水量充沛，利用流水速度和势差冲击木轮旋转，再由木轮带动石盘转动，两石盘通过摩擦挤压，把粮食粉碎，形成各种粮食制品。[②] 至于水磨的生产能力，"北河水磨共二十盘，每盘一日磨粟一二石至三四石"[③]。由于晋祠磨坊业发达，甚至影响太原的粮面价格，利益颇厚。晋水南河王郭村 73 岁的闫慧说："水磨都是有钱人家的。"该村 75 岁的任海生老人提到过去本村一位外号"残相公"的王姓财主，拥有三盘磨，九百亩土地，得意地宣称"三盘连夜转，九顷不靠天"，就是说即使在大旱之年，依靠水磨的转动，仍能获得丰厚的利润；即使老天不下雨，他家的田靠晋祠水也能丰收。晋祠风俗，富者以有水磨为美产，商人以守水磨为良业，昔日商贾林立，车水马龙，水磨旋转，市场繁荣，晋祠遂成为米面交易中心。每天都有一批送面队伍到晋阳城和清源等地，河东刘家堡、北格等村的粮食多运到晋祠加工。西山煤矿众多，拖煤用大量青壮年，是粮食和米面的主要消费区。[④] 正因为如此，晋水流域水磨业得以长盛不衰。由于水磨的大量存在，对水量的需求也相当大，这样在水磨业与灌溉业之间就存在潜在的利益冲突。

　　洗纸业虽不似水磨业一样普遍，却也是晋水流域颇具特色的传统行业。洗纸业在赤桥村最为发达。在赤桥村从事农业者十分之一二，十分之二三以制造草纸来维持生计。"赤桥村数十百家均赖造纸为生，一日无水则生计有碍。每岁春秋二

---

①　《晋水志》卷四《总河》。

②　郝润川：《晋祠水磨》，载杜锦华主编：《晋阳文史资料》，晋阳文史资料委员会 2001 年版，第 246 页。

③　《晋祠志》卷三十四《河例五》。

④　郝润川：《晋祠水磨》，载杜锦华主编：《晋阳文史资料》，晋阳文史资料委员会 2001 年版，第 247 页。

季，决水挑河，赤桥水涸，村人均诣石塘洗纸，返造成纸易金钱，以养身家。"①洗
纸业起于何时虽无从考证，但在光绪时就有"历年久远"的记载，说明已兴起很
久了。洗纸虽需水无多，且不妨碍灌溉用水，但因水权归属问题，也多与其他用
水者起争端。

　　此外，晋水流域背靠的西山九峪富含矿藏，尤以煤、矾等矿居多。在平地河
谷开发罄尽后，晋水流域及本区域以外之人多赴深山，或开荒垦田，或攻窑开矿，
坐享资源之利。山中小村落多是围绕某一水源及可耕之田形成的，人户较少，多
为十余户；一些山村的形成则与煤矿、矾矿开采有关，如《柳子峪志》记载，下
舍村"村人夏秋耕田，冬春采煤，风俗朴陋"；平地窑村"村人半资耕种山田，半
资采取煤矿"；山泉头村"家则二十余户，人则百十余口。风俗以俭朴为媺，人民
以耕（田）凿（采煤）为业"；西窑"窑商、矾工居驻之室，多借占村人之舍宇，
村之气象借此壮旺"；李家窑"窑之左右，建造舍宇，连接不断"②。湾子里，"昔
年老窑兴旺之时，山人作家于此者尚多"③。

　　开垦耕田是以森林植被的破坏为代价的，很多土地纯粹采用粗放式的开发经
营。首先，人类活动在深山地区的增多随即带来对山地生态环境无止境地破坏。
如木林沟，原来"一沟深邃，树木成林"，后"峪人恐有恶虫凶兽，潜伏其身，致
遭其害，将木渐次砍伐，俾树凋零，今不成林矣"，有诗曰"昔日成林今不林"④；
杨树坪，"在昔杨树成林……于今无一杨，仅有桃杏数株而已"。究其原因，用刘
大鹏的话说就是："《战国策》曰：'夫杨横树之则生，倒树之则生，折而树之又
生，然十人掐之，一人拔之，则无杨矣。且以十人众，掐易生之物，然而不胜一
人拔者，何也？掐之难，而去之易故也。'杨树坪之无杨，其斯之谓欤？"⑤其次，
山中凡可耕之处，几乎开发殆尽。如猫儿沟，"峪中山田，层层叠叠，不一其亩"；

①　《晋祠志》卷三十《河例一》。
②　民国《柳子峪志》卷一、卷五、卷六。
③　民国《明仙峪记》卷一。
④　民国《柳子峪志》卷六。
⑤　民国《柳子峪志》卷五。此外，乾隆三十八年《下舍村柏树坡碑记》（见民国《柳子峪志》卷一）所记的
　　也是山人趋利，滥伐山林致兴讼的事情，同样反映了西山九峪在明清之际遭过度开垦，森林植被不断遭
　　受破坏的情况。

下舍村，"下舍村北高处山半，田辟无多，名曰小坪。再上田多者，曰大坪。村人耕此两坪田亩，藉以粒食。其田层叠，俨若鱼鳞"；饭台峰，"峰周畎亩层叠，参差，虽无粳稌即有稷黍"[①]；席坪，"明仙村人并各窑户多取汲于斯，井泉以上土田层叠，可种可耕。其再高处为上席坪，畎亩纵横，重重叠叠，阡陌衔接，约有数顷，较下席坪为多。厥土黄壤，厥田上下，荒芜者不少"[②]。土地的复种率不高，经过几次耕垦后即丧失肥力，成为荒田。不止限于明仙柳子二峪，其他几峪亦类似于此。

西山九峪以煤为主的矿产资源开发最盛，大小煤窑矾场星罗棋布。据统计，咸丰同治年间仅柳子峪一峪即有煤窑 73 处。[③] 西山九峪之煤矿开采起于何时，笔者不甚详悉。《柳子峪志》关于攻窑（即开煤窑）的最早记录是清乾隆年间。因此，本地煤窑的开采不应迟于清初。需要指出的是，采煤业作为明清以来本区域新起的一种新兴产业，确实为本地和外来开发商带来了不菲的利润，以致清代和民国期间绅民仍竞相开采，蔚然成风。但是，采煤的负面效应是巨大的。采煤需要在山中造屋建矿，这就需要消耗大量木材，山中木材虽多，却也经不起这样长久的砍伐。同时，无规划无节制地挖掘，不但不利于矿产资源的有效开发，使山中遍布荒弃的废窑，而且导致地下水层被破坏，影响水源的循环。人们在为生计而垦荒与攻窑的过程中，西山九峪的生态环境默默发生了变化。

二、晋水流域水利社会的形成与运行

（一）晋水水系与村落分布

晋水水系包括晋水总河与晋水四河。

---

① 民国《柳子峪志》卷一、卷五。
② 民国《明仙峪记》卷二。
③ 该数字系根据《柳子峪志》中相关资料统计得出。

总河名称始于雍正七年的一起水案[①]。其地域包括晋水发源地所在的晋祠镇、纸房村和赤桥村。据《晋水志》记载：

> 晋祠镇纸房村赤桥村为总河。北河至薄堰子，南河至邀河子，中河陆堡河各至晋祠堡东墙，均属发源地界，晋水流及远村，必由三村镇田畔经过，故三村镇之田随时浇灌，不计程限。[②]

也就是说，从泉源往南四里，东北三里的范围即为总河地域。其中，晋祠镇在晋水南总河用水，纸房赤桥二村在北总河用水。

晋水四河及其村落。晋水四河指北河、南河、中河、陆堡河。北河、南河又都分为上河与下河。从晋水灌溉村庄图表可以清楚地看到各河灌溉村落的分布状况。

晋水四河灌溉村庄表

名称	村庄数	村庄名称
北河上河	12	西镇、花塔、硬底、南城角、沟里、壑里、杨家北头、县民、古城营、罗城、金胜、董茹
北河下河	5	赤桥、硬底、小站营、五府营、马圈屯
南河上河	3	索村、东院、枣园头
南河下河	2	王郭、南张
中河	7	长巷、西堡、南大寺、三家、东庄、万花堡、东庄营
陆堡河	4	纸房、塔院、北大寺、东庄

此外，南河下河末梢的新庄村以及作为四河退水的清水河畔的濠荒村、野场村虽无水例却能沾得晋水灌溉之利，因而将其也归入晋水流域。这样，晋水可流及的村庄总共为36个。

---

① 位于晋水发源之地的晋祠、纸房、赤桥三村向来用水有例无程，此为旧行惯例，也是该三村的用水特权。雍正七年，晋水南河王郭村渠长王杰士试图剥夺三村之水利特权而导致水利纷争。在这次诉讼中，官府惩罚了王杰士，使不成文的特权法制化，并在晋祠镇设立总渠长，使之统辖整个晋水水系，从此遂有总河之说。

② 《晋水志》卷四《志略》。

（二）晋水流域的村庄类型

笔者根据在晋水流域进行的两次田野调查并结合相关文献资料，发现该流域内村庄具有不同的特点，以下是对经过筛选后的一些村庄的介绍①。

花塔村，属北河上河。该村"过去有 80 余户，人口约 400 多人"；"村中张姓人数最多，其次是任姓，但任姓是从外地迁移来的，不是本地人"。花塔村张姓虽多，宗族力量却不强大。村民多靠租佃土地为生，大多数是佃农。"我村的地过去都是住在太原城和晋源镇里地主的，自己有地的不多，有也就是个二三亩。村里人一般都租种地主的地"。村人普遍认为晋水南北两河三七分水处之张郎塔下所葬之人为张氏祖先，每逢清明及其他重大节日必祭之②。

小站营，属北河下河。该村与花塔村规模相差不大，且基本上为佃农。"过去有六七十户人家，几百口人"；"村里的土地都归城里财主所有。400 元一亩地，贫苦农民买不起，只能租种"③。需要指出的是，晋水流域凡村名中带有"营"、"屯"字样的村庄，如小站营、马圈屯等等皆与明洪武初年的洪洞移民和大兴军屯、民屯有关。这类村庄的历史较其他村庄要短，但是由于明代属晋王府、宁化王府所有，因此在用水方面一度享有特权，长期以来特权演变成惯例，从而在水程上远较一般村庄为多。如古城营，"古城营水程之多，为北河之最。灌溉入例田畴，实足其用。其不敷者，在渠甲卖水之弊"④。由于有多余的水程，遂成为渠甲人员渔利之源。

金胜村，又称大佛寺，是晋水北河最末端的村庄。过去人户不多，用水常常不足。不过，村民普遍认为本村是晋祠庙内水母柳氏娘家，逢节日必赴晋祠拜祭⑤。

---

① 文中所介绍的村庄与后文中即将阐述的水利组织的形成、水权的分割以及不同类型水案的发生均有联系，故而专门加以介绍。

② 本段中加引号的部分出自 2002 年 3 月 8 日—3 月 12 日晋祠田野调查报告。

③ 同上。

④ 《晋祠志》卷三十五《河例六》。

⑤ 引自 2001 年 5 月晋祠田野调查报告。

长巷村，属中河。中河村庄共 7 个，诸村在人口和村庄规模上相差不大，多为 600—800 人，皆以耕种为业。所有中河村庄中，本村处于中河最上游，距晋水源头最近，晋水一出晋祠镇东墙即入该村。西堡村本位于该村下游，同治年间水灾后西堡村不复存在，所有河务及土地归并于长巷村[1]。

王郭村，属南河下河。该村是晋水流域三十余村庄中规模最大，人数最多的村庄。即使在整个太原，王郭村也是相当有名的。村民说了一句顺口溜："头辛村，二马村，圪底旮旯王郭村。"说的是本村过去在太原县是第三大村。"本村过去有八九百户，4000 多人"；"村中张姓、王姓最多"；"本村过去土地共 4000 多亩，80% 以上集中在地主手中，其中外地地主占多数，本村只有三四家。之所以这样，是因为本村不缺水，所以外头人都来此买地"[2]。由于土地多为地主所有，故本村人也多为佃农。

北大寺村，属陆堡河。同长巷村一样，该村也紧邻晋祠，用水较便宜，水量充裕。村庄规模不大，人数也不多，但本村是太原县为数不多的宗族势力较强的村庄之一，在晋水流域诸村中独此一家。该村武氏宗族势力强大，自明洪武初年移民至今，家谱记载已传至二十三世。村中建有宗族祠堂且有族田，内聚性和亲和力很强[3]。

（三）晋水流域水利体系的形成与水权的分割

在晋水流域水利组织的构成上，总河及四河各水利组织之间既相互独立又存在一定的隶属关系。渠甲制是各河水利组织的基本形态。"晋水四河而分之为五，曰总河曰北河曰南河曰中河曰陆堡河。各设渠长以统辖之，又设水甲以分理之，则水利因之而溥，水例水程亦因之不紊矣。"[4] 水系内各个村庄一般都有 1—2 名渠长和若干名水甲，但也有些村庄只有水甲而无渠长。

---

[1] 2002 年 3 月 8 日—3 月 12 日晋祠田野调查报告。
[2] 本段中加引号的部分出自 2002 年 3 月 8 日—3 月 12 日晋祠田野调查报告。
[3] 引自 2002 年 3 月 8 日—3 月 12 日晋祠田野调查报告。
[4] 《晋水志》卷三《水利》。

先就总河而言，前已提到总河水利组织的形成始于雍正七年水案之后。此前，并无总河之说。总河三村因属水源地界，向来在用水上享有特权，"有例无程，随时浇灌"①。雍正乾隆年间，可能是出于晋水流域水利冲突增多的缘故，遂借雍正七年水案之便在总河设立总渠长，"经管南北总河溉田事务兼管晋水全河事务"，并限定只能由晋祠镇人轮流充当。其下设水甲七名，皆隶属于总渠长，水甲名额按照各村土地多少进行分配，水甲分管各村具体水利事务并传达和实施渠长之号令。其他四河之隶属关系与此类似。

北河虽河分上下，但设有都渠长一名，"为北河之首，总辖北河全河事宜"，由花塔村张姓轮流充应，他姓不得干预。其下设渠长六名，其中上河四名，下河两名。水甲七十二名，各村各有配额。各村水甲皆隶本村或附近村庄渠长管辖。其中，北河下河水利事务又归小站营渠长节制。

南河也分上下两河，设经制渠长一名，"为南河之首，综辖南河全河一切事务"，由王郭村人担任，他村不得干预。下设渠长五名，其中上河三名，下河两名。水甲三十六名，各村也各有配额。

中河渠长一名，"长巷村张氏轮流充应，他姓不得干涉。中河全河事务归其节制"。下设水甲二十一名，同样下辖各村皆有配额。

陆堡河，额设渠长二名，"北大寺村武氏东西两股，轮流充应，总辖全河一切事务，他村不得干预"。其下水甲一名，由"北大寺村杨氏轮应"。

晋水流域本身是一个区域范围内的大系统，该系统又分别由一些略低一级的子系统构成，通过系统中各个要素的运行形成一个具有层级结构的水利组织体系，由此也完成了系统中各个组成部分对水权的分割。

（四）影响水权的因素分析 —— 乡土社会水权意识的各种表现

在对晋水流域之结构体系的分析中，可以明显地发现这样一个问题，即在各河各自的管理上一律地围绕某一中心村落展开，也就是说存在水利关系的村落中，

① 例指用水之例，程即水程，一日一夜为一程。引自《晋水志》卷三《水利》。

有着中心与边缘的区别。比如：为什么只有花塔村张姓才能担任北河都渠长的职务；小站营、王郭村、长巷村、北大寺等村在各自水利体系中的支配性地位是如何形成的；影响水权分割的因素有哪些；明清以来又发生了什么样的变化。上述一系列问题需要我们对晋水流域之水利社会加以深入剖析。

研究表明，晋水流域水利体系中的这种中心—边缘态势的形成与下述诸方面因素有关。第一，村庄在水系中的位置相当重要。如晋祠镇坐落在晋水发源处，不但在用水方面有特权，而且其在水利体系中总辖南北全河事务之权的获得也是天经地义，毋庸置疑的。从花塔、长巷、北大寺诸村的位置上也能看到，该三村各扼北、中、陆堡河之咽喉，水若流下游必先经三村而后，地理位置的重要性在此凸现。相反，处于水系末端的村落不但在水权的使用上受制于人，而且在水量的分配上也常常处于不利地位。北河的金胜、董茹（水源距该村 20 里），南河的枣园头（水源距该村 12 里）等即是如此。不过，位置关系充其量只能算作影响水权分配的一种重要因素①。

第二，水系中村庄势力的大小也非常重要。如王郭村距水源虽有六里之遥，但是总辖南河全河事务的"经制渠长"却只能由该村人士担任，这与王郭村村大、人多、地多的特点有关。据该村 75 岁的任海生老人说："我们村大而且人多，周围村太小，在管水和用水上不敢跟我们争。"②北大寺对陆堡河支配权的获得则与该村武氏强大的宗族势力有关。

第三，很多村庄用水权的获得甚至对水利的支配权得益于流传已久的传说和神话。在田野调查中，令笔者感触最深的就是在晋水流域诸村庄中关于"跳油锅捞铜钱"之分水传说的普遍流传。几乎所有的被调查者都提到当年的分水英雄是花塔村张姓青年，张姓族人也以此自豪，每逢清明及晋祠祭祀之日，由都渠长率众水甲赴晋祠张郎塔下隆重拜祭。花塔村张姓对北河都渠长职务的垄断地位正是根据这一历史渊源形成的。与此相反，王郭村任海生老人讲述了"跳油锅捞铜钱"

---

① 位置因素对于水利体系中差别不大的村庄而言才显得重要，中河长巷村即是如此，而花塔、北大寺则另当别论。

② 引自 2002 年 3 月 8 日—3 月 12 日晋祠田野调查报告。

传说的另一版本①，他提到的枣园头村是南河上河末端距水源12里远的一个村庄。不管哪一版本的传说，刘大鹏在《晋祠志》中都予以否认："夫北渎之水，虽云七分，而地势轩昂，其实不过南渎之三分。南渎虽云三分，而地势洼下，且有伏泉，其实足抗北渎之七分，称物平施分水之意也，传言何足为信？"②我们不必费心地追究传言是否属实，从南北河两种不同的说法中可以强烈地感受到"水权意识"在人们心目中的重要地位，为此不惜杜撰荒唐的传说以为各自的水权寻找历史依据。至于陆堡河之北大寺村武氏宗族水权支配地位的获得，刘大鹏在《晋祠志》中记载了这样的说法："传言：旧名邓家河，系东庄营邓姓经管河事。不知何年邓家有孀妇再醮，将《河册》③随至北大寺村武家，遂凭《河册》自为渠长，东庄营争之不得。"④北大寺83岁的武夺星老人讲述的该村获得水权的途径则更有意味："当初南北两河因水争执不下，武氏先人出面调停纠纷，南北两河为感谢武氏调解之恩，专门分给武氏陆堡河水，归武氏宗族专用，管理者自然要由武氏族人担当。"⑤此种说法较前面两种传说更具合理性。据《晋祠志》记载，雍正七年的一起水案中，晋祠镇人杨廷璇⑥铲除南河河蠹有功，"群以为德，共议于杨公宅侧开口，俾杨公家易于汲水，以酬之，因名之曰人情口"。因此，赋予调停水利纠纷的人以一定程度的用水特权是极有可能的。另外，关于晋祠庙内之水母娘家在晋水北河末端的金胜村的传说，在晋水流域村庄内也很流行。金胜村人以水母娘家人的名义，为自己争得了水权。至今在晋水流域仍保有这样的习俗：每逢祭祀水母

---

① 2002年3月8日—3月12日晋祠田野调查报告："当初跳油锅的人是南河枣园头村一位挖煤的张姓青年。张某听说南北两河争水，就前往晋祠观看。到了晋祠，听说县官定下油锅捞钱分水的规矩，并且北河一青年正脱衣服准备往下跳。张某便不由分说，径直跳入油锅，为南河捞到三枚铜钱，分到三眼水。"此一传说知之者甚少，比不上前一传说的广泛性。

② 《晋祠志》卷三十一《河例二》。

③ 在晋水流域《河册》是管理水权的象征物。刘大鹏《晋水志》中对河册有这样的记述："晋水村庄各有河册，渠甲视为秘宝，谨密珍藏，不令人阅。"

④ 《晋祠志》卷三十九《河例十》。

⑤ 摘自2002年3月8日—3月12日晋祠田野调查报告。

⑥ 杨廷璇，清代著名书法家杨二酉之父。杨廷璇乃地方乡绅，刘大鹏《晋祠志》中有关于杨家的描述"明末清初之际，乡人称为杨百万，以其家有一百余万金之产也。前代科名不甚发达，则仅一吏目，科则惟一武举。迨至清代则文武孝廉接踵而起。雍正年间有翰林杨公二酉，官至台湾道兵科给事中"，说明杨家在当时的晋祠镇乃是名门望族。

之日，金胜村人不到，不得开始祭祀。

第四，水利惯行在水权分配中也起着重要作用。晋水流域还存在一种类型的村庄，如小站营、五府营、马圈屯、古城营、东庄营等，作为明初大兴军屯时，围绕土地开发而形成的村落，因属明代晋王府和宁化王府所有，故在用水方面享有特权，其在明代用水时，与民间用水是分开的，即每次用水需王府优先，待其灌毕方准流域内村庄用水。至清代这种用水惯例仍未打破，该五村在水量分配上向来比较充裕，不容他村分享。水权的不平等占有多造成流域内有水村庄与缺水村庄间的争水纠纷。从上述水权运行的状态中可以发现：晋水流域之水利社会无论在对水的所有权、支配权还是管辖权方面，处处都体现着一股浓厚的水权意识。

研究陕西关中地区环境与水利问题的萧正洪先生在论述乡村社会中获取和分配水权的途径时提出了他的三原则："水资源合法灌溉使用权的取得一般要遵守有限度的渠岸权利原则、有限度的先占原则和工役补偿原则。"[1] 萧氏所述三原则是获取水权的基础，在晋水流域水权取得与分配过程中不仅遵循了该三项原则，而且受前段所述四个方面因素的强烈影响。晋水流域水利社会用水和管水秩序的形成，乃是前述四个方面因素交相作用的结果，只不过这四个因素在不同水系内所起的作用有强弱之分罢了。

（五）水利事务的管理、运行与近代变迁

国家对水利事务的管理。明清两代国家对水利事务的管理包括两种方式：其一是设置专门的水利官员。明初曾设主簿三员，其中一员专管水利，至成化间裁撤。[2] 清代水利官员的设置，则如《晋政辑要》记载："查太、汾二府各有同知，向系兼衔水利，毋庸查议。惟冀宁道尚未兼衔，应请遵照原议，将分守冀宁道加

---

① 萧正洪：《环境与技术选择》，中国社会科学出版社 1998 年版，第 297 页。对引文中所述三原则仍用萧氏文中的话来解释，"有限度的渠岸权利原则是指所拥有的土地在渠道两侧的一定范围内，其所处的地形和位置又符合引水灌溉的技术条件。有限度的先占原则是指首先利用特定水资源的人有理由有限获得合法使用权。所谓工役补偿原则主要是谁出力谁受益"。

② 《晋祠志》卷十《主簿重立碑》。

衔兼管水利。"① 可见，明清两代国家的所谓水利管理机构其实只是一种宏观层面的设置，其对基层社会多不直接进行管理。恰如韦伯所言："除了赋税上的妥协外，帝国政府向城外地区扩展的努力只是短暂的成功，基于自身的统辖力有限，不可能长期成功。这是由统辖的涣散性决定的，这种涣散性表现为现职的官吏很少，这决定于国家的财政情况，它反过来又决定了财政的收入。"② 那么，国家又是通过怎样的方式进行间接管理呢？黄宗智先生认为："清政府正式的官僚机构实际上到县衙门为止。统治者深知县级以下的官方指派人员，缺乏操纵地方本身领导层的机关组织，不易任意执行职务。他们必须在政府权力薄弱的实际情况下执行事务。基于此，县政府从来不单方面指派乡保，而是让地方及村庄内在的领导人物提名，然后由县衙门正式批准。"③ 不仅对乡保，在乡村水利事务上也奉行这一原则。乡村水利事务完全依靠由乡约保甲④ 等半官方人员会同当地真正的领导共同推举出来的渠甲来管理。"渠甲由乡地保甲举报到官，令渠头投递连名水甲认状，官给印照。"⑤ 经过这一程序后，渠甲的身份就似乎具有双重性，成为介乎国家与村庄之间的媒介。

　　事实上，在乡村水利事务中，国家介入的机会很少。乡村社会的水利管理一直处于一种自治或者半自治状态。

　　渠甲人员的选用。前文已提到晋水流域水利管理的基本形态是渠甲制。关于渠甲人员的选用，注重以下三个方面的要求：首先重德行，必须是村庄中素孚众望，公正、明达、廉干之人；其次是财产的限制，即地多者充渠长，田少者充水甲；再次是必须熟悉且热心渠务。以晋水总河为例："岁以惊蛰前，值年乡约会同

---

① 《晋政辑要》卷三十九《工制·水利一》。

② 〔德〕马克斯·韦伯：《儒教与道教》，江苏人民出版社 1996 年版，第 110 页。笔者也很同意韦伯所提出的与此相联系的一个观点："城市就是官员所在的非自治地区，而村落则是无官员的自治区。中国的治理史乃是皇权试图将其统辖势力不断扩展到城外地区的历史。"

③ 〔美〕黄宗智：《华北的小农经济与社会变迁》，中华书局 2000 年版，第 236 页。

④ 关于乡保，黄宗智先生认为，"乡保实际上是最基层的半官职人员"，"在理想的情况下，乡应由殷实的地方显要担任。这样，国家便可以透过他们的关系而发挥最大的力量"。"在一般情况下，乡保其实只是地方上的小人物，由当地真正的领导人物推举出来，作为地方领导层与国家权力之间的缓冲人物。"笔者非常同意黄先生的这一观点。

⑤ 《晋水志》卷三《水利》。

合镇绅耆秉公议举，择田多公正之农，若所举不孚舆论，许另举他人。至身无寸陇者，非但不得充应渠长，即水甲亦不准冒充。"[1] 北河《河册》中也有类似规定："除绅士公衙有护符者不许充应渠甲外，地多者充渠长，田少者充水甲。"[2] 联系笔者对晋水流域村庄土地状况的调查，不难发现其中的问题。在笔者调查过的晋水流域的 9 个村庄中，至少 90% 以上的土地都掌握驻村或不常驻村的地主手中，而且在村地主比例较少，多数为不在村地主。地主的土地多以租赁的形式交由村农耕种，因此晋水流域 90% 以上的农民皆为佃农。[3] 佃农租种土地，自然要向地主交纳地租。但是，地主却不承担与土地相应的摊派和夫役，而是将此负担转嫁到佃户头上。传统社会中强调"地水夫一体化"的模式，根据这一原则，只要占有晋水流域内的土地也就相应地拥有水权，水权的所有者应该是土地的主人而不是租种土地的佃户。这样一来，在水利组织管理者的人选问题上就产生了两种选择：要么由土地所有人来承担，要么由土地耕种者来充应。不管担任渠甲职务能带来多大的利益，作为土地所有人的地主是不会也不愿去亲自充任这种费力差事的，那么只能由作为土地使用者的佃农来担任。因此极有可能的情况就是地主将对水利事务的管辖权让渡给某位与之关系密切，听其指挥的村农，作为其在乡村水利事务上的代理人，而实际的支配权则由土地所有者本人来操纵。当然，不可否认也存在一部分在村地主亲自担任渠甲职务的情况。鉴于明清时期晋水流域土地集中化较强这种状况，水利体系内作为水权支配者的最高"长官"——渠长，应该说会操纵在大土地所有者手中。

渠长的任职方式多采取轮应制，严格规定不得连任。关于此也很容易理解。毕竟，村中土地不仅归某一户或某几户地主所有，大土地所有者之间由于力量的对比很可能存在矛盾。采用轮应的形式，比较容易协调各土地所有者之间的关系，避免地主之间的利益冲突尖锐化。轮应制刚建立之时也许会有效执行，但时间一久，便会产生混乱，如《晋祠志》中记载："迩来此例不明，率多混举，殊多不

---

[1] 《晋祠志》卷三十二《河例三》。
[2] 《晋祠志》卷三十五《河例六》。
[3] 2001 年 5 月、2002 年 3 月笔者在晋水流域的两次田野调查报告。

便。"① 明清时期的晋水诸河中已经出现霸占渠长职位的人物，常常导致渠规紊乱，水案频发。这种违背旧规的情形不仅发生在晋水流域，在本流域之外的汾水诸渠中，也有类似情形出现，如县东渠渠长职位自明末至清雍正七年，就被段姓一家霸占达八九十年之久②。永利渠自清道光年始直至1937年，本村水权一直由史、刘两家掌握，成为世袭。③

渠长的权力。渠长是乡村社会专管水利的人员，享有很大的权力（至少在清以前如此）。在晋水流域社会中，水占据着最重要的地位，这是与当地传统的产业结构相适应的。晋水流域不但盛产水稻、蓝靛，而且种植莲菜。北大寺的一通有关莲菜的碑文表明：明清时期该村的莲菜是作为贡品大量种植的。④ 本地的农业与其他副业皆是用水大户，因此水在本区域显得尤其重要。从传说中也能体会到这一点，如北河都渠长的职务向来是由花塔村张姓来担任的。前文已说过，张姓担任都渠长的最大原因是张姓先人的分水之功，北河民众感激张姓先人的义举，遂将北河水利事务的管理权交由花塔张姓世代担任。如果说渠长职务仅仅是一种费力不讨好的差役，恐怕不会如此。从这一角度来理解，渠长在乡村社会中应该有较高的权威和地位，除非身任渠甲者滥用权力，营私舞弊，破坏了社区正常的水利秩序而遭受谴责和弹劾。

1. 渠长的职责—乡村水利事务的运行

从《晋祠志》显示的资料来看，渠长相当繁忙。首先是调剂水程，晋水流域诸村庄的用水，分作正程用水与额外用水两种形式。正程用水指的是每年阴历三月初一至七月三十之间河册规定的渠系内村庄的合法水权，额外用水分作春水、秋水。⑤ 渠长的职责之一就是要尽量做到使水系内村庄间用水均平，不出现此村有

---

① 《晋祠志》卷三十五《河例六》。

② 雍正七年立《县东河碑文》。

③ 张育文主编：《小店村志》第六章，山西古籍出版社1999年版，第145页。

④ 此碑已残缺不全，保存在北大寺武某家中，笔者2002年3月赴晋祠调查中曾见到。

⑤ 春水和秋水是用水中的一种特例。其中，春水在每年阴历三月初一日前一个月；秋水在每年八月初二以后。其实行主要考虑到正程用水结束后，正程内有些村庄水量不足，有些村庄水多而无用，为了不致浪费和实现水系内配水的合理化，遂增加了春、秋水例。一开始是不成文的，后随着用水要求的增加而被制度化。

水彼村无水的现象，破坏水利秩序的正常运转。

其次是组织水系内集体劳动。由于渠道经常被淤塞、损坏，所以各河均要组织挑河；挑河后渠岸两旁堆积的泥渣需要及时清理，谓之担河渣；渠内生长有藻类植物，影响水速和水流，遂有"割河草"之役。值得注意的是，晋水流域这些劳役活动总是预先在某种系列的祭神活动后才开始的。如春秋挑河，有破土行礼仪节：

> 祭之日，花塔都渠长率水甲暨古城营渠甲并金胜、董茹、罗城三村渠甲，挨次北面序立，俱就位鞠躬跪读祭文毕，焚化神纸祭文。初献爵，亚献爵，终献爵，叩首，兴，鞠躬礼毕，然后入渠内破土开渠。①

此外还有破土口诀、破春土祭文、破秋土祭文等。原本平常的劳动沾上神秘的神灵信仰色彩而显得意义非凡。在这种庄严隆重的气氛中，广大民众感受到的恐怕只剩下意识中对水权的无比膜拜与维护。

渠长除要承担领导挑河、水程分配、监督用水等日常性工作外，还要领导祈雨、祭祀，排解纠纷、征收摊派、完纳水粮，必要的时候还要出资垫付等。乡村社会水利秩序的运行正是在各河渠甲独立或合作进行上述活动中完成的。

2. 渠长在近代地位的降低与变化

清末民国以来（19世纪后期—1949年），渠长不再像往日一样显赫与受人尊敬。相反，其在晋水流域水利事务中的地位开始下降，权威也开始瓦解。《致古城营认摊公费函》中反映的情况就是一个重要标志。"所有应摊之款，他村全行摊出，惟贵营却步，抑且喷有烦言。北河都渠长张二钮进退维谷，乃不得已请鹏转圜，以祈求水乳交融，不至另生别枝。"② 作为都渠长的张二钮为筹集晋祠摊费而向北河诸受益村庄征收，却遇到了阻碍，甚至对其管辖范围内的一个村庄之抵抗行为也无可奈何，不得已求助于声名卓著的乡绅刘大鹏，足见其权威已丧失到何种

---

① 《晋祠志》卷三十三《河例四》。
② 《重修晋祠杂记》，载《晋祠志》。

地步。

渠长成为无人愿意承当的苦差。[①] 花塔村 78 岁的张某讲道："渠长一职无人愿意充任，以前采用推选的方法，后来改成轮应制，挨到谁家谁承当。有的张姓族人为了逃避渠长差役，举家搬迁到东里解（该村不在晋水流域内）；有的通过改姓避免摊派，如姓张的改成姓杨的。"老人还饶有兴致地念了一句顺口溜："娶了老婆当渠长，当不好渠长卖老婆。"就是说渠长由成年人担任，当渠长要冒很大的风险，干不好不但赔钱，甚至连老婆也要搭上。这一时期在渠长的选用上已不再奉行以前的推选制，而是演变成为带有某种强制性质的行为。"轮到张姓哪户就由哪户充当，不得推脱"，这样一来便产生了老人们所说的另一种情况，"有脑子聪明点的人才留下来应付渠长这种差使，老实巴交的当上渠长自己还得倒贴钱，要么忍气吞声，要么举家搬迁"。

至于渠长与作为乡村基层权力代表的村长、乡约的关系，花塔村人说："渠长只管水利，村长统管全村事务。""当村长、保正、乡约的人都是村里有办法的人"，王郭村 75 岁的任海生说："在村人眼里，村长、乡约才算官，渠长不是官，渠长得听村长的。"在访问曾当过王郭村村委书记的闫慧（73 岁）时，在回答其祖上出过什么大人物这一问题时，闫讲道："我的曾爷爷当过村长、乡约。"至于渠甲，"我村过去总共十三个水甲子，村长直接管水甲，水甲子受乡约、村长的控制"[②]。上述口述资料反映了两方面的实际情况：一方面，渠甲权威下降，已不再是乡村社会的权威核心；另一方面，水利事务的管辖权力落入乡村基层权力组织手中，作为基层权威代表的村长、村长副成为水权的支配者，在这个意义上，渠长与乡村基层权力组织出现了部分重合。这一点在刘大鹏《退想斋日记》中也得到了证明：

> 晋祠、纸房、赤桥三村之村长副犹且藉祭祀晋源水神向农民敛费肥己，每亩按一角七分起费，则三村之村长副其胜可谓大矣。[③]

---

① 渠长职务由职役制向差役制转变，本身就说明其地位的日益没落。
② 本段连同上段中的引文皆出自 2002 年 3 月 8 日—3 月 12 日晋祠调查报告。
③ 刘大鹏遗著，乔志强标注：《退想斋日记》，山西人民出版社 1990 年版，第 529 页。

原本属渠长专责的祭祀水神的活动在民国时期已完全落入乡村基层权力组织手中，渠长本身却变成附属于村长、村长副的无足轻重的小人物，其对水利事务中的巨大利益已无权分享。

这种情形与传统水利社会中渠甲制的基本模式是相悖的。清末民国以来，渠长的地位急剧下降，已无法与村长、乡约相提并论。[①] 如果结合民国以来晋水流域社会发生的变化，不难理解上述现象。随着清政权统治的日益衰败和列强的入侵，特别是庚子赔款之后，国家强加在民众身上的负担愈益加重。腐败的清政府为扭转颓势，在各地推行新政，其中一个主要方面就是试图将政权的触角更深地伸入乡村社会，以获取最大的统治利益。同时，国家也不愿意看到由地方有势力者控制乡村水权进而牟取巨大利益的现实。为此目的，国家试图将地主阶级主宰的村庄与水权相分离[②]，并由其本身通过制度、机构的设置取而代之。

民国时期连年的军阀混战不但成为地方社会造成稳定因素，而且导致了大土地所有者的迁移和亡失，进而导致乡村社会的水利秩序无法正常运转。射利之徒也乘隙掺杂其间，使乡村水利秩序更加混乱，加上乡村社会内部丧失了对渠甲权力的制约，使渠甲形象也大打折扣。

可以说，水利事务的支配权此时已完全落入劣绅痞棍之手。兹举两例以说明之。据刘大鹏《退想斋日记》记载：

> 民国二十一年九月二十二日　昨日往牛家口看戏者言：牛家口村演剧赛会，系一渠头名曰"二毛捻"独主其事，阖村民众都不愿意，以势局纷纭，秋收已劣，无力演唱好戏，而该渠头乃违众办，竟向商号贷六百元大洋以备戏价，待后再按亩起费，乡长副亦不与闻其事……[③]

---

① 当然，即使是充当乡约、保正职务的人，在此时期也发生了变化。可能既不是乡村民众利益的代理，也不完全属于国家。

② 日本学者好并隆司在《山西近代分水之争——晋水、县东两渠》一文中也认为"官府鉴于地主阶层对农民的控制，直接影响再生产的发展，因而介入水利组织，力图明确村庄与水利组织之间的区别，不使地主阶层直接控制并图谋私利"，文见《山西水利》1987 年第 3 期。

③ 刘大鹏遗著，乔志强标注：《退想斋日记》，山西人民出版社 1990 年版，第 459 页。

外号"二毛捻"的渠头不顾民生艰难，违众意斥巨资演戏酬神，一意孤行，而乡长副对此也熟视无睹，俨然形成一派。毫无疑问，这位唤作"二毛捻"的渠头必定是该村无人敢惹的地痞无赖之徒。

再以重修晋祠杂记所记载的民国时期的事例分析。本来，即使是晋祠庙宇的修建也应该是众渠甲领导进行的分内之事。奇怪的是，此时却成立了一个由18人组成的所谓修理晋祠工程局，十八人中非乡约保正即地方绅士。作为成员之一的刘大鹏在记述这件事时写道："予以晋祠习惯，无论何项公事均由主持村事者把持，往往藉公侵渔，致腾物议。"① 其本人作为工程局内的一分子，难免要为设立修祠工程局之必要性多方辩护，因而不免有意歪曲过去惯例之嫌。四河民众反对布施事件就是民众不满修祠工程局人员"藉公索费，中饱私囊，挥霍布施"的行为才发生的抵抗行动。刘大鹏算是当地社会一位有声望且开明的乡绅，对局内成员的舞弊行为，也愤愤不平，将其骂作"庙贼"、"渠蠹"。尽管如此，渠务被劣绅痞棍掌握的事实却不容否认，对此刘大鹏也有记载：

> 重修晋祠经理者，十有八人，心术品行良莠不齐。局中有三人焉，一蠹二兽，意在侵渔布施，竭力排挤同人出局，希图使其私念。蠹则无廉无耻，一味营私；兽则能力毫无，惟是助蠹肆行，分其余润。三人之举动十分笨拙，令人一望而知其弊之所在。其余多懦弱庸流，莫敢偶为违抗，令人可悯可叹！②

三、晋水流域的水神崇拜与祭祀

与水权相关的乡土社会中带有神秘色彩的祭祀体系也是我们研究中最为关注的内容，因为它是水权意识的最突出表现。对水神的崇拜和祭祀构成了乡村社会

---

① 参见：《重修晋祠杂记》中"经理人"、"设立修祠工程局"两节，载《晋祠志》。道光二十四年的《合河修晋祠水母楼及亭榭池梁碑记》也说明修祠事务是由四河渠甲经理的事实，与民国时期的这种情况是不同的。

② 《重修晋祠杂记》中"修祠工程局蠹害"一节，载《晋祠志》。

民众物质与精神生活的重要组成部分，在乡村社会占有极重要的地位。或许也是中国乡村社会不同于国外乡村社会的一个重要方面。美国学者杜赞奇对中国民间社会的神灵崇拜和祭祀的象征意义研究表明："直到十九世纪末，不仅地方政权，而且中央政府都严重依赖文化网络，从而在华北乡村中建立自己的权威。这些文化网络又攀援依附于各种象征价值上，赋予其本身以一定的权威。"[1] 杜氏研究的侧重点在于考察 20 世纪三四十年代国家权力向地方社会渗透过程中所采用的途径问题，这当然也是我们研究的一个方面。不过我们同时也很关注乡村社会支配者阶层是如何利用这些象征价值以获取和提高其政治经济权威的。

（一）晋祠主神的历史变迁及水母的两种类型

晋祠是晋水流域 35 个村庄的中心，也是广大民众心目中最圣洁的地方。民众感念圣母的佑护，对之时加拜祭，历代王朝也迭加封号。然而考察晋祠的历史，却让我们发现其中存在的一个问题：晋祠庙内所供奉的主神原本并不是圣母而是唐叔虞。[2] 晋祠因祀晋国第一代诸侯唐叔虞而得名。《史记·晋世家》载：叔虞姬姓，字子于，周武王子、成王弟。武王崩，成王立，平唐乱而遂封叔虞于唐，称唐叔虞。子燮徙居晋水旁，改国号为晋。后人在晋水源头建祠纪念。原祀叔虞为主，后因"祈祷有应"，演变为今圣母殿为主，叔虞祠反居侧位之状态。[3] 那么，这一历史变迁究竟起于何时呢？宋太平兴国九年（984）赵昌言奉敕撰《新修晋祠碑铭并序》记载叔虞正殿"前临曲沼，后拥危峰"，有如今日方位及规模宏伟的圣母殿，说明至少在北宋初晋祠之主神仍为唐叔虞，尚无圣母之祭祀。另据《山西通志》记载：

---

[1] 〔美〕杜赞奇：《文化、权力与国家——1900—1942 年的华北农村》，江苏人民出版社 1995 年版，第 32 页。

[2] 关于晋祠主神变化的这个细节是中国人民大学清史研究所的夏明方先生在同我的导师行龙先生探讨问题时指出来的，行老师将夏老师的这个问题告诉了我，使我倍受启发，在此向夏老师致谢。

[3] 参见丹英、魏金山：《晋祠风景区》，载杜锦华主编：《晋阳文史资料》第五辑，晋阳文史资料委员会 2001 年版，第 21 页。

晋源神祠，在太原县西南十里晋祠内。宋天圣间建女郎祠于水源之西。熙宁中守臣请号显灵昭济圣母，庙额曰惠远。宣和五年，宣抚使姜仲谦撰晋祠谢雨文。明洪武初，加封广惠显灵昭济圣母，四年改称今号，岁七月二日致祭。景泰二年，成化二年胥遣官致祭。①

以上说明晋祠主神最迟在宋天圣年间（1023—1031）已改成圣母邑姜，一直延续至今。②

上述有关圣母殿的情况也说明宋以后历代官府是将晋祠圣母视作晋源水神而加以崇拜的。但是，晋祠四河民众却于嘉靖四十二年（1519）在圣母殿的南侧另建水母楼，内塑敷化水母神像，饰为栉纵笄总状，神座为瓮形。晋水流域广泛流传的柳氏坐瓮的传说即是关于本地水母的神话故事。究竟圣母与水母中，谁是晋源水神呢？对此问题的不同解释反映了官府与民间社会的两种不同指向。刘大鹏评论说：

晋源昔无水神庙，人恒目圣母为水神。明嘉靖末创建重楼于难老泉上，中祀水母，欲人知为晋源水神，而圣母非水神也！自明迄今三百余年，考古之家聚讼纷纭。至《通志》、《邑志》修已数次，仍名圣母庙为晋源神祠，是皆习焉不察，莫知楼中所祀者为晋源之水神也。③

看来，民众心目中认同的水母与官方认定的水母是完全不同的两回事。嘉靖年间水母楼的兴建充分表明民众否认了国家所认定的神灵，坚持把赋予他们无限惠泽的"水母"另行供奉，以示区别。尽管在官府眼里，将水母楼视作"淫祠"，

---

① 《晋祠志》卷一《祠宇》。

② 参见丹英、魏金山：《晋祠风景区》一文，载杜锦华主编《晋阳文史资料》第五辑，晋阳文史资料委员会2001年版，第22页。有关圣母殿与唐叔虞殿主次关系的争论还很多，有的认为圣母是叔虞的母亲，母为尊，且古以孝治天下，因此圣母殿要占据正位。不过，笔者坚持认为这种格局与宋以后尤其是明清以来水资源日益匮乏的环境状况有关，因为自宋以后历代王朝对晋祠圣母殿的加封越来越多，加封的原因就在于将圣母敷化一方，有求必应，尤其是在祈祷雨水方面。

③ 《晋祠志》卷一《祠宇》。

却也只得听之任之，无可奈何。久之，在水母正统地位的认定上，不是民众屈服了，而是官方让步了。

（二）晋水流域其他类型的水神信仰

台骀是传说中的汾河之神。晋水流域紧邻汾河，既享汾水灌溉之利，也受河水冲决之害。故本流域对台骀神的崇拜也是水神信仰的一种类型。据雍正八年高若岐《重修台骀庙碑记》记载，本流域台骀庙有二，"一在王郭村昌宁宫，此县中之公庙。每岁端午日，有司祭之；一在晋祠，居于广惠祠难老泉之间，此则东庄高氏之所独建也。其不建于东庄，而建于此地者，因台骀泽为水之东汇，故建于其源也。创始于嘉靖之十二年"①。关于台骀神的祭祀活动，王郭村的任海生说："过去皇帝还派人来祭祀汾神，后来主要是省级官员，再后来主要是县级官员，到民国时候主要由村长、乡约组织，逐渐衰落下去。"②台骀庙祭祀活动的日渐衰败与明清以来汾河水情日益恶化的情形是有联系的。因此，与晋祠水母祭祀的规模和影响相比，无论王郭村还是晋祠的台骀神祭祀都要逊色得多，这是与晋水带给本流域民众的巨大惠泽分不开的。

对为给本流域之水利事业做出突出贡献的官绅及乡民的崇拜与祭祀是晋水流域水神信仰的又一类型。清雍正七年后，总河渠甲每逢致祭水母时，"将有功于总河之官绅，设木主于献殿，以配飨之"③。到同治十三年，陆续纳入此类祭祀中的官绅共计九人，其中包括雍正年间勇斗渠蠹的乡绅杨廷璇，整顿渠规的县令龚新，倡议筑堤的杨二酉以及道光年间秉公审理赤桥村洗纸案的三名官吏。世代担任晋水北渠总渠长的花塔村张姓，还在每年清明节"设祭品于石塘东岸致祭"当初舍身夺水的先人"张郎"④，这种形式的祭祀活动，也成为花塔张姓理所当然地占据总

---

① 《晋祠志》卷一《祠宇》。需要说明的是晋祠内之台骀庙乃明嘉靖年间东庄营人高汝行出资所建，故此庙为高氏之产。高氏所以如此，传言东庄高东庄号汝行，仕江浙日，渡江遇险，有人拯救得免。询姓名不答，再询，则曰："台骀"，飘然而去。东庄曰："救我者，台骀神也。"致仕，归乃立庙于晋祠。
② 2002年3月8日—3月12日晋祠田野调查报告。
③ 《晋祠志》卷八《祭赛下》。
④ 同上。

渠长职位的最佳理由。"在天人合一的信念下，对地方或整个国家有贡献的英雄亦被神话，这种现象在社会各阶层极为普遍。正如加里西曼（Gary Seaman）所说，神位如同官位，只是由那些已故去的文臣武将充任而已"[1]。

此外，晋祠旧例农历六月二十四日，为河神圣诞，届时"凡沿四河人民均于河神庙陈设祭品以祀之"[2]。同样，每岁三月初，纸房村人赴天龙山迎请黑龙王神至其村真武庙以祀，各村自是挨次致祭，迨至秋收已毕，仍送归天龙山，名曰抬搁，参加这一活动的村庄就多达十三个[3]。

（三）晋水流域的祈雨活动

祈雨是乡村社会中一件非同寻常的大事，尤其在干旱缺雨的年份。据笔者掌握的资料看来，太原一百余村庄，不论是否享有水利，均有祈雨活动的记载。事实上，就山西整体状况而言也是如此，笔者在山西数个县份的田野调查中，得到的最详细的口述史料就是对于求雨活动的描述。被访问者甚至对求雨活动的各种细节，包括组织者、人员、仪式、求雨路线、经费开支等方面的内容都能详细讲述出来。

民间的祈雨活动常常是相当庄重的，规模虽有大小之别，但规矩甚严。据被访问者说："祈雨时全村男子都必须参加，谁要不参加，就会受到严惩，成为众矢之的。"至于祈雨活动的组织者，渠长是必须要参加的。此外，村庄权力结构中的头面人物，像村长、乡约以及有威信、财富和学识的乡村绅士。社会学研究者张静先生在研究中国乡村基层政权时，提到了传统乡村社会地方体权威的授权来源问题，她认为："地方权威的权力地位与三个因素直接有关：财富、学位及其在地方体中的公共身份。其中，财富与学位是基础，没有这个基础就无法进入地方体中的管理层，而是否具有公共身份则是决定因素。公共身份的获得需要介入地方公事，这突出地显示在地方权威的社会责任方面：第一，地方学务；第二，地方

---

① 〔美〕杜赞奇：《文化、权力与国家——1900—1942 年的华北农村》，江苏人民出版社 1996 年版，第 124 页。
② 《晋祠志》卷八《祭赛下》。
③ 同上。

公产；第三，地方公务。"①不用说，祈雨活动当然是地方公务的重要方面，这一点甚至连官方都相当重视。民间对龙王、水母、水神的信仰与其说是一种封建迷信，不如说是一种具有凝聚力、内蕴丰富的文化象征。"祈雨习俗虽未必能够收到什么实际效果，但是这种习俗作为中国'尽人力而后听天命'文化的延伸，作为民间与官方沟通的重要途径，在当时有着不可或缺的作用。"②乡村实力派只有通过参加并领导这些公共事务，才能获得乡村社会的认可和威望，并通过这些具有象征意义的民间活动，使自己的地位更加牢靠，从而便于其在行使职权时达到令行禁止的效果。对于官方而言，除了运用政权方式实现对地方社会的统治外，对于民间的神灵崇拜也是相当重视的。

需要注意的是，据笔者的调查，直到20世纪三四十年代晋水流域中的所谓中心村落还根本不存在缺水的问题，众口一词地说水足够用，且有剩余。而在边缘村落如金胜、董茹、枣园头等村庄总能听到"水不够用"的声音。这类村庄弥补水量不足的方法有三：一种是在水系外寻求其他引水途径，以补充水量。如北河之董茹村，"晋水而外，又有丰泉渠，自北引汾水溉田"③；一种是采用提水高灌技术，如水车、柳斗等，但效率低下。或者通过向有水村庄花钱购买的方式，争取尽量多的用水量；一种是寄希望于莽莽上苍，期望水神的沛泽。倘若祈雨不成，一种最消极的途径就是冒着违反渠规的风险去争水，改变现行的用水秩序，进而发生水案。因此，边缘村落在水神祭祀活动中应该说是最积极最主动的，这是由其在水系内的边缘地位决定的。

（四）晋水流域水神祭祀活动的开展

鉴于水在乡村社会中的重要地位，祭祀水神成为民间一项重要的习俗，引起地方头面人物和国家地方政权的高度重视。晋祠的水神祭祀年代久远，经过世代沿袭，已发展成具有固定日期的民间重大节日。据《晋祠志》记载："六月朔起至

---

① 张静：《基层政权——乡村制度诸问题》，浙江人民出版社2000年版，第19、20页。
② 张建彬：《唐代的祈雨习俗》，《民俗研究》2001年第4期。
③ 《晋祠志》卷三十五《河例六》。

七月初五日止，晋祠总渠甲暨四河各村渠甲致祭敷化水母于晋水之源。凡祭水神必兼祭水母。祭之日，水镜台必演剧酬神。"①祭祀之期长达一月之久，而且这种祭祀活动是分别进行的，各河各个村庄均被规定了相应的祭期。届时各渠、各村之渠长率领众水甲斋戒数日后，身着肃衣，虔诚拜祭于水母庙前。此外，由于每届"起水"、"决水挑河"、"轮水程"之时节以及苦旱年月，都要举行祭神活动，故此也成为渠甲们必须经常亲自组织、领导的重要渠务之一，不如此则难以确立其在乡村水利事务中的权威。

与此同时，明清以来国家不但默许乡村社会祭神和祈雨的活动，且亲自主持盛大的敕封和祭礼仪式，甚至有些祭祀活动已经成为地方官府每年都要例行的公事，因为代表全民举行最高级别的祭礼仪式是体现国家统治权威的最好方式。如每年"七月二日，有司斋戒沐浴，躬至晋祠，致祭广惠显灵昭济沛泽翊化圣母之神，于圣母殿神案陈设羊一、豕一，并祝帛行礼如仪，演剧赛会凡五日"。值得注意的是，晋祠圣母的众多头衔，正是历代王朝不断加封的结果。其中，"明洪武二年，太祖加广惠二字封号；四年，改号晋源之神；代宗景泰二年，复旧号。国朝同治八年，加沛泽二字封号；光绪五年，加翊化二字封号，皆因祷雨之应也"②。在本县的旧县志中，有关官方倡导祈雨的记载可谓司空见惯。明清两代《太原县志》的《艺文志》收录的官方在本县晋祠、窦大夫祠、风峪神祠等处的祈雨告文，都是国家重视乡村最具象征意义的文化网络的真实反映。

四、晋水流域的冲突与合作

老子曰："上善若水，水善利万物而不争。"晋水虽然带给晋水流域民众无限的惠泽，却无法避免水利社会中的用水冲突。尤其在明中叶以来，晋水流域的水事冲突和水权讼案日益增加。乡村社会不同利益体以水权为中心，围绕水利秩序

---

① 《晋祠志》卷八《祭赛下》。
② 同上。

的维持与重建展开了激烈的争夺，整个晋水流域也随之卷入。由此国家与地方社会各种力量之间也开始了真正的较量。有关这一时期水案的数目，《晋水志》中记载为19起[①]，笔者根据《晋祠志》和碑刻资料共收集到20通水利碑文，记载了晋水志中的所提到的15起。在所有15起水案中，最早的发生在明嘉靖二十二年（1543），最晚的则出现在光绪二十八年（1902）。其中，明代2起，清雍正间2起，乾隆间3起，道光间4起，光绪间4起。由此可以看出水案自明代后期开始发生，至清代连续出现，并日渐增多起来，贯穿于整个清代。恰如刘氏所描绘的那样："管水者乘间舞弊，用水者行贿紊规。彼绌此优，衅端频启，雀鼠相争，经年累月，甚至酿成命案。"[②] 本节即根据该20通碑文中所载的15起水案对晋水流域社会加以进一步的分析。

（一）晋水流域水利运行中的问题

渠甲专擅水权的问题。前文第二部分对渠长状况的叙述中已明确指出明清时期晋水流域的渠长在流域社会内具有很高的地位与权威，但也指出充应渠甲者不得连任的规定，其目的之一就是为了防止渠甲专擅水权。尽管如此，这样的问题还是出现了，而且一经产生就绵延数百年不得平息，渠甲借水渔利，给流域内正常的水利秩序造成极大的危害。据乾隆年间赵谦德所撰《晋祠水利记功碑》记载晋水南河王郭村人王杰士自康熙五十三年任南河总渠长后，霸占该职位长达十六年，南河之水利秩序已混乱不堪，出现"贿以金钱酒食者予灌，否则率众凶殴，人莫敢争"的局面。晋水北河也出现"司水以灵源之惠泽肆私家之邸，肆与夺惟财是视，高下一任其手"[③] 的状况。由于渠甲在水系内的特殊地位，出现了权力滥用的现象。雍正元年《板桥水利公案碑记》就记录了北河渠甲滥施淫威，欺压寺僧的恶行；光绪二十五年的"总河祀费案"是晋水总河渠蠹横行的最有利证据。

---

① 前文注中已提到《晋水志》下册已遗失，第十卷河案即在此部分。所幸的是与《晋祠志》相对照仍可基本恢复河案所录内容。

② 《晋祠志》卷三十《河例一》。

③ 嘉靖二十二年立《申明水利禁例公移》。

晋祠渠长借祭神摊费之名，借机多索，"始犹于定规外每亩增钱数文，既而派至百文。至光绪三年岁大祲，派至百六七十文，荒年后加至二百钱。自是以后有增无减。迄二十年后，每亩加至二百七八十文"①。渠甲对水权的专擅，一方面导致水利严重不均，影响了正常的农业生产，另一方面导致水案不断发生，劳民伤财。如嘉靖二十二年《申明水利禁例公移》记载，在晋水北河出现"膏泽已沃于连畛，涓滴未沾于邻区，致使尺陇有饶瘠之殊，一岁有丰凶之异"的状况。晋水南河也是如此，据嘉靖二十八年《南河水利公文碑记》记载，因南河总渠长冯天瑞一意孤行，致使南河"水利不均，强者多浇数次，弱者受害含忍，旱死田苗，亏苦无伸"。光绪二十五年的总河祀费案就是总河三村民众"苦于科派已久，不得已而讼之者也"②。渠甲为害水例的状况可以从《晋祠志》收录的一条逸闻中反映出来：

> 光绪己亥（二十五年）夏六月初十日，古城营渠甲至晋祠演剧，致祭晋源水神。祀毕而宴于文昌官之五云亭。席罢，渠长王姓之孙，年十二，出官游览，见官前河中水面浮一金莲，随波荡漾，径至岸边采取，失足而溺，立刻毙命，拯救不及。其祖抱尸哭之恸曰："天绝我也。"有人谓此渠长其子早丧，仅有一孙，孙既陨而宗嗣绝矣。故哭之甚恸。

王姓渠长之孙失足落水而亡本是一件令人同情且悲痛之事，然刘大鹏在文后却评论说："是童之溺，必其祖素行不善，及询其乡邻，果为该村之河蠹。"③由这一偶然事件，反映出渠长凭借对水权的操纵大权，横行专制乡里，为乡民所不忍，以至于对其家遭受不测之事亦拍手称快，更显示出清季渠甲为害地方社会水利之正常运营是不容争议的事实。

买卖水权的问题。出售水权是与渠甲专擅水权相伴随的。出售水权的村庄自

---

① 摘自刘大鹏《晋祠志》杂志部分，该文在山西人民出版社 1986 年版的《晋祠志》中没有收集，是笔者在 2001 年 6 月 27 日在赤桥村高继业家抄录到的。
② 《晋祠志》杂志部分。
③ 《晋祠志》卷四十二《杂编》。

然是水量充沛的中心村落，购买水权的村庄则相反，是水量不足的边缘村落或者水系外的村落。在晋水北河，处于中心地位的花塔村和享有水利特权的古城营都存在渠甲卖水之弊。如花塔村每岁"正程已毕，渠长不免卖水渔利之弊"[①]；古城营"水程之多，为北河之最。入例之田五十余顷，其例外之田，又一二十顷。入例者水钱有定限，例外田畴，非用钱买，则不能浇灌。渠甲渔利，即在于斯"[②]。在晋水南河，同样处于中心地位的王郭村也存在卖水问题。"道光八年，王郭村渠长许恭卖灌上河杀牛沟地亩六顷有奇，索村渠长控许恭，有案可稽。十一年许恭又卖灌杀牛沟地，且于晋祠总渠行凶。邑宰差役邀同外村人等理处，许恭受罚团棹二十张，椅子六十把。"南河上河索村无卖水之弊的原因有两个方面，其一"索村水程虽不匮乏，亦无余裕"；其二"即使有余，亦少售水之处，邻近者水皆饶多，下流枣园头村太远亦无所济"。是因为缺乏卖水的条件，否则也不能无弊。此外，还有将水权卖于水系外村庄的情形。如南河下河南张村："新庄在该村下流一里余，并无水例。欲以晋水灌田，必向张村渠甲买之。"[③]

渠甲借兴讼渔利。卖水是渠甲获利的一种方式，而借端兴讼更是渠甲渔利的惯用伎俩。在本流域的 15 起水案中，有八起与渠甲有直接的关联。其中有因渠甲霸占水权，任意营私，导致水利不均，危及渠众之生存而兴讼者；有渠甲借兴讼大肆摊派，借机渔利者，最典型者莫过于道光年间的赤桥村洗纸案和雍正元年的玉带河水车案。"河讼一兴，（渠甲）遂按田亩起派讼费，费一起十，费十起百，费百起千，费千起万。所费少而起派多，故不仅讼于县，而且讼于府，更讼于藩臬府院，经年累月而讼不息，案结而又讼，非其情之实不甘也，特欲藉讼以渔利耳！"[④]刘大鹏在《晋祠志》中将过去所发生的每一件兴讼案件一而再，再而三地归结到渠甲的头上，并向官府提出解决水案的办法："有司若遇河案，先禁其按亩摊钱，而讼费无所起，则渠甲自无一讼不已，讼至再三之心也。"[⑤]渠甲借兴讼

①　《晋祠志》卷三十五《河例六》。

②　同上。

③　《晋祠志》卷三十六《河例七》。

④　雍正元年立《板桥水利公案碑记》。

⑤　《晋祠志》卷三十《河例一》。

渔利，视之为利益渊薮。这也真实地反映了至少在 19 世纪中期以后，发生在乡村水利事务中的混乱现象，由此更加剧了水资源匮乏的危害和水案冲突。应该说，上述三方面的问题在整个晋水流域相当普遍，这一点从水案发生的范围上就能看出。

（二）地方社会不同群体间的互动关系

流域内村落之间的用水冲突

晋水流域内村庄间的用水冲突根据水系的不同可分作两种类型：同河村庄间与异河村庄间。前者主要围绕水程分配问题展开。最典型者莫过于北河边缘村庄金胜、董茹与中心村庄花塔、古城营之间发生在明清两代的两次水程争端。发生在明万历十三年的这次水案中，金、董二村由于水量不足提出恢复早些年在水系中执行过的旧水规，希望多得一些水程。久享优厚水利条件的花塔、古城营当仁不让，坚持现状，不愿恢复旧规。围绕旧日水利秩序的恢复与否这一问题双方屡讼不休，最终在这一回合的较量中边缘村庄败下阵来。乾隆四年，金、董二村为争取春秋水例与花塔村大兴水讼，其实质是争夺用水权。这一次金、董二村依靠官府的介入，依据"水利均沾"的原则获得了部分水权，二村在此次较量中获得了胜利[①]。两次不同结局的水案反映了晋水流域社会对水权的拉锯争夺是何等激烈。

后者则主要围绕买卖水权，利益分配问题展开。在此也列举两个典型的案例，两起案件都发生在道光年间，道光年间，赤桥村劣绅王良，网罗党羽，勾结古城营渠长某，于每年除夕前，将北河下河本属小站营之水，卖与古城营，"岁得古城营水钱数十百千，古城营渠长亦借此渔利"。小站营渠长畏其威名，未敢阻止，遂连续霸卖年水达十数年之久，至同治初年王良死后，其党羽仍欲继续借此渔利，被讼至官府后，才终止其霸水、卖水的行径[②]；道光二十五年王郭村渠

---

① 参见万历十七年《水利禁例移文碑》、乾隆七年《晋祠北河水利碑》。
② 《晋祠志》卷三十五《河例六》。

长刘煜因嫉恨晋祠总河渠长杜桀卖其二堰水与索村，得钱肥己，其不得分享，遂串通伊叔刘邦彦率领锹夫数百名，各带兵器，中有火铳数十杆。张村渠甲人等在后跟随者亦众。至晋祠南门外白衣庵大骂杜桀，专事行凶，声势汹汹，十分可畏。镇人魏景德挺身而出，理劝拦解。刘煜手持钩镰，创伤景德头顶腰手，当即倒地。杜桀闻知，纠众堵御。煜因景德伤重，逃命中堡恒和粮店。桀寻获，命水甲殴打，煜被伤亦重。到县堂讯，将殴煜之水甲四名，各管五十释放，桀与煜俱监禁，久乃开释。[①]

上述两种类型的冲突发生在农业用水者之间。此外，在本流域农业用水者与其他产业用水者之间围绕水的使用也是冲突不断。

前文已提过，洗纸业和磨碾业也是晋水流域的用水大户。两大产业与传统农业之间因利益不同时起冲突。[②]晋水流域磨碾业与农业用水者之间的冲突相当激烈，磨碾一般为村庄中富户所有，富户常常仗势欺压农户，陆堡河磨案就是对此的有力说明。"光绪十一二年间，元亨磨主于磨口之西跨河建墙，未曾会同渠甲，渠甲阻之，该磨主乃恃富凌虐渠甲，遂成讼。令祖磨主，因讼于省，二年乃结，墙仍拆毁。"[③]为了得到较大的水量冲转磨碾以加工更多的粮食，磨主不惜破坏农业水利设施。晋水北河孙家沟堤时常崩溃，但改修孙家沟堤之动议屡屡未能如愿，就与磨主的暗中破坏有关。"堤东一二百步外，为陆堡河，其间磨碾十数区，夏日水微，守磨者暗行贿于守堤之人，觅无赖偷溃以添水。"[④]

（三）乡村与国家对渠甲权力的制约

面对渠甲横行，用水秩序混乱的状况，乡村中的绅士阶层做出了各种反映。从本县水案所反映的情况来看，乡村绅士已经成为水案中的一个重要角色。绅士

---

① 道光二十五年《断令南河二堰水分程永行旧规碑记》。
② 详见道光二十四年《遵断赤桥村洗纸定规碑记》。
③ 《晋祠志》卷三十九《河例十》。
④ 《晋祠志》卷三十四《河例五》。

包含三种类型：仗义执言，以维护乡村传统秩序，实现本地社会安定，人民富足为己任，并因此在乡村中享有崇高威信的一部分人，可称作真正的乡村精英。自从有了水案，渠甲成为各种矛盾的中心，成为众多水案的发生的根源，该职位遂成为吸引部分乡绅的肥差事，担当渠甲的绅士和与渠甲勾结的劣绅两种人遂汇集到了一起，成为乡村水权的实际操纵者。

就此可以把绅士在水案中的作用分为两种，一种为揭露渠甲、劣绅的舞弊行为而伸张正义，维护传统的水利秩序。雍正年间本邑绅士，康熙之师杨二酉的父亲杨廷璇就是这样一位关心渠务，敢于斗争的一代名人。他共参与了雍正年间的两起水利讼案。一为铲除南河渠蠹的南河水利公案，一为制止北河渠甲挟势欺僧的玉带河水车案。由于杨公的行为维护了渠众的利益，赢得了本地民众的尊敬，在《晋祠志》南河河例中出现了一种所谓的人情口："雍正间，杨公廷璇除河蠹王杰士等，群以为德，共议于杨公宅侧开口，俾杨公家易于汲水，以酬之，因名之曰'人情口'。"不仅如此，同前文中曾提到的那样，南河民众更于每年祭水神之时，"设木主以祭之"。

十分有趣的是，笔者见到的《王氏族谱太原市南郊区王郭村》[①]中对雍正年间这件水案及其处理情形有完全不同的记载，尤其这件水案的主角杨廷璇和王杰士的形象与道光《太原县志》和刘大鹏《晋祠志》中的记载完全颠倒。据称："王杰士主办晋祠南河水利一十八年，为南河五村总渠长。在他经管南河水利事业中，南河五村的水利灌溉，秩序井然，从未发生过先浇、后浇、抢浇等纠纷现象。如遇天旱，他便日夜操劳，紧跟紧管，不能让水枉流。"由是观之，身任南河总渠长的王杰士可谓一位治水有方的好渠长。然而，在雍正七年由太原县令龚新发布的《晋水碑文》中，却将王杰士描述为："把持需索，无弊不做……不法之尤者也。"关于水案的原因，王氏族谱中记载说："一年北河总渠，在古城营满汉武举带领下，强行淘河，并无理垫高南河水平石。王杰士知道后，毫不示弱，终于在他唆使下，枣园头村民雷四奋勇当先，趁人不备，将武举推下河去，用镰刀砍死，

---

① 王树人、王锡寿主修：《王氏族谱太原市南郊区王郭村》，1992 年内部自印本。该资料系晋祠二中教师武炯生提供。

然后投案自首。事后南河五村共同出钱厚葬雷四，并赡养雷四老母直至百年。"可见，在王郭村王氏族人乃至晋水南河民众心目中，王杰士及其追随者被视作蔑视强权、敢于抗争的英雄。但在《晋水碑文》和刘大鹏的《晋祠志》中却将导致水案原因全部推卸到王杰士身上，说王杰士"强霸晋祠稻地水例"，试图强占晋水总河村庄水程，导致正常的水利秩序被破坏，引起具有正义感的乡绅杨廷璇等的不满，遂讼至官府。至于案件的处理，王氏族谱中提到："太原县知县，因惧进士权威，只听一面之词，修改晋祠水程……王杰士自感执拗不过，遂迁全家至介休县改名换姓，自后下落不明。"从王氏族谱所反映的情形来看，雍正年间的这件水案中，由北河武举和乡绅杨廷璇组成的乡村实力派在水案的处理上，凭借自身的势力对官府的断案施加了压力和影响，最终形成了符合这一集团意志的水利秩序。担任南河总渠长的王杰士，则愧于在水案中的失利，加以可能受到与其对立的北河实力派的排挤和迫害，遂愤而举家搬迁。官方与民间两种不同版本的说法令我们对雍正七年水案莫衷一是，尤其对乡绅杨廷璇在本次水案中的作用可能得出与前文完全不同的结论：作为晋祠镇富甲一方、声名显赫的杨公可能并不属于《晋祠水利纪功碑》中所描写的那类疾恶如仇，敢于"身冒矢石，上下鏖控者三年"的义绅，而是劣绅。但是，至少有一点可以确认：在以水为中心的晋水流域社会，不同利益体对水权的争夺曾经达到异常激烈的程度。由于更多的力量介入，使水案的处理显得扑朔迷离，非常复杂，水案审理的结果更多地体现了各方力量经反复较量后划分的新利益格局，其中的公平与合理成分也会大打折扣，这便造就了水案再次发生的隐患。

另一种乡绅则公然与渠甲相勾结，借兴讼大肆渔利，混淆黑白。最典型者莫过于道光同治年间的北河年水案，渠长与劣绅勾结，霸卖年水二十余年，势焰嚣张至极。更有甚者，渠甲之间因分赃不均也会导致水案发生，如道光二十五年南河水案发生的内在原因就是王郭村渠长愤恨总河渠长卖水渔利，其不能分享才借端兴讼的。

此外，水案中卷入的社会力量除了渠甲士绅以外，到清末还有新的力量卷入。光绪二十八年北河小站营与中河东庄营的争执中，为了赢得水权，小站营人甚至搬出具有教民身份的人物出面处理，借助教会的力量赢得了水案的胜利。

水案中乡绅力量的介入，反映了地方社会内部自发形成的一种制约机制，通过这种内生的机制可以在一定程度上使乡村水利秩序趋于平稳，达到自然平衡的效果。一位乡村社会学者研究指出："在农事上，灌溉水的分配是引起冲突的最大而又常有的事件。在传统的农村中，如有一位或两位族长兼乡董，为人开明公正、有能力、言行果决，有位很能干，而又能软能硬的村长，再有若干在街坊中人缘好，善于排难解纷的忠厚长者，就可使很多可能发生的冲突根本不发生，其不幸发生的也多能立即解决。"[①] 因此，我们可以将其视作地方社会内部的权力互动关系。

在乡村水利事务中，国家与地方社会之间的互动关系集中体现在水案本身以及水案前后围绕水权的授予与撤销而制定的水利法规方面。国家对乡村水利秩序适时的整顿，是其对乡村水利自治组织确定的用水规则进行认定与更正的过程，也体现了国家在乡村重大事务上的有限介入。

太原水案中的一个显著特征是很多本属简单的案件，虽经官府秉公断案，往往因为不符合渠甲所制定的用水规则而不能够被其接受，故而屡屡兴讼，动员其所有社会资源，试图推翻官府断案以恢复由他们确定的用水秩序。因此，在水案中经常可以看到，官府时而站在广大民众的一边，结合实际情形的变化，对往日的惯例进行修改，对渠甲的豪霸行为予以惩治；时而又依靠渠甲，对一些水案进行调停和处理，并与渠甲一道维护以往断案所确定的用水办法和旧规。治水是国家的重要职能，通过制定水利法规，处理水权纠纷这些方式实现了国家在民众中的统治权威。

（四）国家对晋水流域社会的整顿及其地方社会的回应

为了改变因地方实力阶层对水权专制而导致水利秩序紊乱，弊窦丛生的状况，明清两代地方政权都采取行动，介入到乡村水利事务中，试图使水权与村庄支配

---

① 摘自杨懋春：《乡村社会学》，台北正中书局 1970 年版，第 284 页。

者阶层相分离，以便进一步将地方政权的权力触角向乡村社会延伸。通过检索资料，笔者发现明清以来国家对晋水流域水利秩序的重大整顿共有两次，其中明清两代各一次。

明代国家对乡村水利事务的整顿发生在嘉靖年间。嘉靖二十二年晋水北河因渠甲专擅水利导致水利严重不均并发生买卖水权的现象，北河用水秩序一片混乱，北河居民张锦等因见水利不均，状赴巡按山西监察御使童处，要求官府出面整顿；与此同时，南河也出现同样问题。可以说嘉靖年间晋水流域四河无一不是弊端重重。为此，官府进行了一次严厉的整顿，斥退了不合格的渠甲，重新选择合适人选，重申了传统以来"地水夫一体化"的配水模式，要求晋水流域所有村庄均按此执行，并规定"敢有胡乱成规，仍前作弊，许渠长水甲执前帖文具实陈告，轻则照例治罪，重则申报上司，拿问发遣"①。经过这次整顿，使晋水诸河的用水秩序得以更正。但是，这次整顿还不够深入，对于渠道管理中心的渠甲的权责及其行为规范并未做切实的规定。这样造成的后果便是雍正七年晋水和汾水水利条规中所提到的，从明中叶以后直至清雍正初年二百余年，太原诸渠中所普遍存在的与渠甲密切相关的六个方面的问题：

（1）关于渠长的产生及任期问题。旧日实行渠长世袭制，不按年更换，不按地轮充，水权为渠长一人专擅，导致渠弊丛生。于是将渠长的任用改为一年一换的任期制、选举制。（2）充当渠甲职务者的身份问题。"本渠旧日各渠长倚恃护符，任意营私，下挟乡民，上抗官长，甚且连名具呈，纷纷生事"，要求"慎选良民（担任），生监吏员衙役一切身有护符者永不许混充"。（3）渠甲的酬劳问题。因过去渠甲没有报酬，只是免出夫役，渠甲"既沾免夫地亩，又有水钱、流靛、河礼之勒索"。为此，规定了渠甲固定的酬金，由用水户均摊，废除了免除渠甲夫役的惯例，切断了伪诈产生的根源。（4）渠甲任意派夫的问题。原来渠甲自由派遣零散夫役，将折款据为私有，针对于此规定"工多则派夫均多，工少则派夫均少，足用而止"。（5）渠甲卖水渔利问题。"旧日渠甲将水边地亩不许灌溉，引水流入远村卖钱肥己"，使本渠有地者不能灌溉，违背了地水相结合的原则。

① 参见嘉靖二十二年《申明水例禁例公移》、嘉靖二十八年《南河水利公文碑记》。

（6）渠甲恃势越界侵占别村水权，致使水利秩序紊乱；针对"渠甲无人钤制，因而肆无忌惮，公然作弊，稍不如意则聚众凌人，上下呈告"引起兴讼的问题，制定了"渠甲由乡地保甲举报到官，令渠头投递连名水甲认状，官给印照"的管理制度①。

官府这次整顿的力度大大超过明代，整顿的对象不只是晋水流域，而是扩大到整个太原县。官府所做的努力似乎已达到了极限。然而，这次整顿也未能彻底排除本县水利的种种弊端。相反，用水弊端经过一段时间的蛰伏以后，重新以更大的势头出现，成为贯穿于有清一代地方水利事务之中的恶瘤。清代太原地方官员为了解决不断发生的水案以及水利不均的状况，除了继续强调按水规办事外，还不断出台新的水规。光绪年间，太原县正堂某姓制定了南北两河放水巡牌制度，"南北两河各（设）一牌，岁以惊蛰后，总河渠长率三河水甲赴县具禀，恳出放水巡牌"②，用以保证水利均平。

从雍正年间颁布的晋水水利条规中很容易感觉到这一时期国家意志与地方意志的相互背离，而双方争执的中心就是水权问题。就封建时期的国家而言，它对基层社会采用的是间接控制的方法，将对乡村社会的实际管辖权交给其内生出的地方权力体，建立起一套地方权力体向国家负责的机制。这套机制在运行之初，还是颇为有效的。然而随着人口、资源与环境关系的日渐紧张，特别是作为农业命脉的水资源的日益匮乏，原本就与乡村社会结合紧密的地方权力体，如水利组织，从对水权的占有和使用中得到了越来越多的利益，故而与国家的分离倾向亦越来越大；国家做出的试图使水利组织与乡村相分离的措施，虽然起到了一时之效，但是因为遭到了地方权力体的强烈反抗，导致了水案的频频发生，从而使之经常处于崩溃的边缘。

显而易见，晋水流域社会水的地位和作用是相当突出的。水已成为影响和制约该区域社会政治、经济，乃至民众思想意识、行为规范、社会习俗形成与发展的最重要因素。有鉴于此，我们不妨将该区域社会称为"泉域社会"，以水为中心

---

① 参见雍正七年《晋水碑文》。
② 《晋水志》卷四《总河》。

的社会运行模式无疑是其最具特色的地方。

围绕水权的获取与支配，传统水利社会依据民众普遍认同的原则与惯行，不但自发形成了一套行之有效的管理、运行与制约机制，而且在民众的思想意识层面也形成了一套具有鲜明特色的水神崇拜与祭祀体系，晋水流域社会民众心目中的水权意识亦由此得以强烈凸现。可以说，晋水流域传统社会之水利事务基本上处于其本身高度自治的状态下，作为统治力量的封建国家在本流域社会处于支配性地位的水利事务上只有非常有限的介入。

明清以来，随着人口、资源与环境关系的恶化，水资源的日益匮乏使晋水流域社会发生了巨大变动，水利管理中的专制主义倾向越来越严重。围绕对水权的争夺而发生的大量水案不但造成了地方社会运行秩序的混乱，而且使传统水利社会的管理、运行模式受到冲击，处于崩溃的边缘，表现最明显的就是处于水利事务管理中心地位之渠甲人员的构成及其权威的变化。

同时，在水案的准备、形成与处理各个环节上，无不体现了国家与地方社会的互动关系。可以说，明清以来尤其是清末民国时期，晋水流域社会的管理与运行模式与传统社会已有明显不同，在传统水利社会内部制约机制逐渐丧失效能的条件下，地方社会的自治能力进一步下降，国家对地方事务的干预则越来越多。尽管如此，晋水流域社会的运行秩序并未完全按照某一方的意志来确立。体现在水案的处理上，国家与地方社会均试图按照各自的意志构建利益分配新格局，双方在斗争中也互有胜负，水利社会的秩序一会按照国家的意志建立，一会遵循地方社会的意志建立。在更多的时候，双方通过相互妥协与暂时调和，形成一套既不完全从属于国家，又不完全迁就地方社会的调和机制，由此也造成了乡土社会秩序的不稳定性。

需要注意的是，国家与地方社会的互动关系不只简单表现为国家与地方权力体之间。在各自内部不同集团、不同阶层之间也存在着斗争与妥协，其核心当然是利益的分配。特别是清末民国时期，随着民主、共和观念的广泛传播，在地方社会开议会、兴民权之潮流涌动下，传统社会那套运行机制再也不能适应新形势的发展而日益走向衰亡，国家在乡土社会的基层政权内部及地方社会不同利益体之间的斗争也越演越烈。

　　此外，在争夺水权的过程中，对具有象征意义的水神信仰等文化权力符号的利用也强烈地体现了国家与地方社会意志的背离与互动。综合言之，明清以来晋水流域社会正是在国家与地方社会各种力量复杂的交叉互动过程中逐渐发生了转变，由此也加速其向近代化前进的步伐。

第三章　介休洪山：山西泉域社会的个案之二

本章以介休洪山泉域社会为个案，通过对争水传说、水案、水利型经济、源神信仰等问题的研究，试图揭示出洪山泉域社会发展变迁的基本规律和总体特征。在这一个案研究的基础上，试图为山西、华北和华南具有类似特征的地域社会提供一个有效分析框架，以利于不同区域间的比较、交流和对话。

一、争水传说与水案

（一）鸳鸯泉与五人墓

鸳鸯泉即洪山泉，位于介休县东南二十里的狐岐山下。传言鸳鸯是凤凰的一种，在神话中是一种无宝不落的仙鸟。古时洪山民众正在求雨之时，见有凤凰落下，连叫三声后展翅飞去，人们在凤凰落过的地方挖出了泉水，洪山泉遂由此而来。此外，关于该泉的来历尚有"天神赐水"的说法："传说很古时候，绵山干旱，村民祈水感动了上苍，神灵通知兴地村（位于介休绵山附近）于某日三更派人接水。但天神引水至洞口时，村民尚在梦乡，天神等了一个更次，接水人仍杳无踪影。一怒之下引水沿山而东，见狐岐山麓的洪山村民已在挑水吃牛，就将水赐给了洪山，这就是至今尚涌流不绝的洪山源泉水。"[①] 美丽的传说表达了人们一种纯朴的意识：洪山源泉充满灵性，在当地社会与民众心目中占有相当重的分量，

---

① 《介休文史资料》第三辑，第79—80页。

是属于当地民众所有的神圣不可侵犯的生存资源。

与此相应，充满暴力色彩的五人墓传说更体现了民众心目中水权的珍贵。"传说洪山源神池的水原来没有统一管理，乱抢乱流，往往因为抢水，村与村打架斗殴，常常伤人损命。后来，人们想了个办法，用一口大锅，锅里盛满油，生火把油烧开，锅里撒了些铜钱，让各村的好汉在滚油锅里捞钱。谁家捞的钱多，就给谁家分的水多。有些村的好汉代表一见吓得跑了，而洪山的五位好汉伸手在滚油锅里捞钱，钱捞出后人也当即烧死于锅旁。为纪念他们的献身精神，人们便将五人厚葬在源神池的山顶上。"①

五人墓的传说广为泉域范围内众村民众所知，在实地调查过程中，我们发现相似版本还有诸如钻火瓮、五大好汉之类，大同小异。传说描述的争水情形始自何年代虽已渺不可考，但是联系山西其他泉水灌区也广泛流传的"跳油锅，捞铜钱"之类传说而言，这些古老的传说所反映的当是历史时期泉域内农业灌溉用水开始紧张，人们为争夺水资源不懈斗争生活的真实写照。传说中描绘的用于解决纷争的办法显然是具有浓厚民间色彩的"土"办法，没有国家的影子，也没有正统教化。这一办法的主要特征是强调勇猛、血腥和暴力，由此确定的水利秩序在维护和执行的过程中，导致了社会成本过大，对当地社会的正常运行带来许多负面影响。

征诸方志和碑铭，明清时期洪山泉域的争水和争讼事件可谓连绵不绝，代代有之。"水利所在，民讼阗休"正是该区域社会的真实写照。数量庞大的水案不仅构成该区域社会明清时期的突出特征，而且成为深刻影响该地域社会发展变化的主因。

（二）历代水案

洪山泉的开发可能始自唐武德年间。但是，唐宋之间的数百年内，并未形成严格的分水办法和用水规约。考其原因，应与当时优越的生存环境有关，土地、

---

① 介休民间文学集成编委会：《介休民间故事集成》，山西人民出版社 1991 年版，第 59 页。该传说是 1987 年 5 月由介休城镇文化中心辅导员王增华先生搜集整理的。

水等主要生产资料与人口之比例较大，不存在明清以来所面临的尖锐矛盾，民众尚无乏水之忧。洪山源神庙内现存最早的宋大中祥符元年"源神碑记"记载了北宋至道三年洪山泉域四十八村集体重建源神庙神堂之举。撰碑者描绘了当时洪山泉域因水利而兴的盛世景象：由于鸑鸒泉"泛淘一洞，分流万派。浩辟沧江，滋浓汾介"，不但使周围众村受益匪浅，而且成为民众消闲之所，正所谓"诗仙道伯，玩水看山；钓叟樵翁，寻溪绕涧"，"高士云集，兴船频届"。此时的文献记载中也尚未出现"因水争斗"的字眼。但是，和谐安定的局面在几十年后便频频出现混乱。北宋康定元年（1040），"文潞公始开三河引水灌田"，洪山泉域至此首次出现明确的分水方法和用水规约。文潞公即文彦博，介休文家庄人，北宋名臣，出将入相五十载。时在汾州府做官的文彦博亲自处理了家乡民众争执许久的水利纠纷，建石孔三眼以分水利，一源三河（按：源指洪山泉，三河指东、中、西河）的分水规矩自此形成。文潞公对洪山水利的有效治理，使他获得了"三分胜水，造福乡里"的美誉。随后因其仕途发达，历任四朝宰相，使得后世民众在口耳相传之间对此事附会了更多的内容，遂有"宰相治水"之说。文彦博"始开三河"之功不但成为后世介休官吏处理水利纠纷的断案依据以及效仿的对象，而且成为洪山泉域社会具有深远影响的重大事件，成为泉域社会发展变迁的一个分水岭。

　　自明中叶起，洪山泉域的水案明显增多，历任官吏对该地区也倍加关注。嘉靖二十五年，知县吴绍增申明水法，修筑堤防；隆庆元年，知县刘旁将现行水程立为旧管新收，每村造册查报，讼端稍息；万历十五年，知县王一魁清洪山水弊，平以息讼端；万历二十六年，西河百姓聚讼盈庭，知县史记事平其纷争；崇祯年间，三河民与洪山争讼，知县李若星易石平为铁平，定立水法。后东河民欲坏冬春水额，知县李云鸿及时制止。纵观明中叶直至明末的百余年间，争水事件层出不穷，使历任官吏疲于应对。万历十九年，治理洪山水利已达五年之久，平息水讼不久的介休县令王一魁在总结洪山水利问题时感慨道："介人以水利漫无约束，因缘为奸利，至不知几何年，积弊牢不可破。百姓攘攘，益务为嚣，讼靡宁日，坐是困敝者，不可胜言。而乱狱滋丰，簿牒稠浊，曾不可究诘。"[1]

---

① 万历十九年《新建源神庙记》，碑存介休源神庙正殿廊下。

沿至清代，洪山泉域的水事冲突更为频繁，争水斗讼事件更绵延不绝。据统计，顺治年间发生水案1起，康熙年间4起，乾隆年间5起，嘉庆年间1起，光绪年间1起，若加上未经官断的水利纠纷，其总数确实令人吃惊。浩叹之余，我们也发现这样一个悖反的现象：自宋以来水利条规可谓愈来愈严密，理应对水案起到预防和减少的作用。事实恰恰相反，水案非但没有减少，反而越来越多。制度性规约的屡屡失效表明：自宋以后尤其是明清两代，洪山泉域社会的生存环境已逐渐呈现出前所未有的巨大变化——随着社会经济的不断发展，水资源变得越来越稀缺；在生产力发展水平有限的条件下，社会经济的发展更多地依赖于资源禀赋，对于传统农业社会而言，水资源无疑是重中之重。笔者以为出现上述悖反现象的原因是：随着水资源稀缺程度的加剧，并没有与之相适应的配置水资源的方式出台。于是，水案频发也就是顺理成章的事了。以下将就明清以来洪山泉域社会所面临约束条件的变化加以分析。

二、水资源开发与水利型经济

（一）洪山泉的开发

洪山泉域位于介休县东南，是以洪山泉为主，包括七星泉、洪山河（该河上游称架岭河，下游称狐村河）、灰柳泉等水源在内的覆盖70余村庄的水利灌溉网络。泉水发源后分作洪山河、东河、中河、西河。其中，洪山河位于整个泉域上游，滋灌4村。东河与中、西二河则在洪山泉出水附近分水，中、西二河合流至石屯村后四六分流，此即宋文彦博分三河之大略情形，明清以来仍沿用此例。东、中、西三河是该水系的主体，受益村庄48个，灌溉面积代有增加：宋代分水之初，水地面积为一万余亩；万历十六年，水地面积达2.3万余亩；万历二十六年增加冬春水额后，受益村庄达72个①，灌溉面积升至5.2万余亩，此后未再发展。

---

① 该数字根据嘉庆《介休县志》卷二《水利》所载各河数字相加得出。

清初因干旱严重，尤其康熙五十九年，连续四年大旱导致洪山泉第一次断流，且持续达二十年之久，灌溉效益一度降低，尽管之后有所恢复，再未有新突破。

明清时期介休水利主要集中在洪山泉流域和境内汾河沿岸，如方志记载介邑"东南胜水，西北汾流，灌溉之利弥溥，可谓沃壤也"[1]，胜水即指洪山泉。另据乾隆十六年邑人张正任所撰《修石屯分水夹口记》道："余邑生齿既繁，非商贾生涯，即尽力于南亩，农家之水耨至重也。西北地势洼下，且滨汾河，灌溉之资甚便。东南率皆高阜，岁或愆阳，谷即不登，所利者惟狐岐之胜水，混混下注，足以润数十村之土壤耳。"此文指出了洪山泉与汾河在介休水利中所具有的突出地位，从中更能体会到洪山泉域周遭严峻的自然生态环境。相对于处在汾河两岸的低洼地区而言，洪山泉所在的东南乡地势高阜，上下游落差极大，达400米之数，进行水利灌溉极不便利，因此该区域农田多旱作生产方式，亩产较低；另一方面，洪山所在的地区草木向来不盛，恰如《山海经》所载"狐歧之山无草木"，生态条件很是恶劣，土壤肥力不高。在此条件下，以洪山泉为主的水源，无疑给该流域众村注入了生机和活力，成为民众赖以为生的根本，恶劣的气候条件、土壤条件以及传统的耕作方式，使水在该泉域社会生产中具有无可替代的作用，由此便形成了一个以洪山泉源为中心的特色鲜明的泉域社会[2]。

（二）水利型经济的发展

农业是传统社会的首要产业，从事农作物种植的人口也最多。在洪山泉域社会，充沛的水源使从事农田种植者更占多数。由于水源相对稳定，因此本区域内一些村庄如石屯、狐村、三佳、湛泉的水稻种植非常普遍，收益较显著。同时，似更应关注泉域内不同村庄用水不均的问题。万历二十六年之前，享有水权的村

---

[1]　嘉庆《介休县志》卷四《田赋》。

[2]　在山西，具有类似特征的地区还有太原的晋水流域、临汾的平水流域、洪洞的霍泉流域等，一定程度上可以认为这是明清时代山西水资源总体匮乏背景下区域社会的运行模式，具有普适性。

庄共 52 个；此后，为了更有效地利用水资源，解决一些村庄用不上水的问题①，知县史记事在以前单纯夏秋水额的基础上增加了冬春水额。规定原来享受夏秋水额的村庄仍有权使用冬春水灌地，新纳入水利体系的村庄则只享有冬春水额，在需水甚多甚急的夏秋之际则无权使水，自此遂有"周水地"和"季水地"之分。使用夏秋水灌地者，谓之"周水地"，属正程之内；使用冬春水灌地者，谓之"季水地"，不在正程之限。如此便形成完全享有水权与部分享有水权两种类型的村庄集合。水权占有上的差别直接导致了泉域社会不同村庄的贫富分化。以下将从农业和手工业两方面来加以分析。

首先是农业，以清代用于备荒的社仓储粮状况为例。清代仓储分官仓与民仓两大类，民仓又分社仓和义仓，二者均依靠民间捐输，数量的多少由捐输者自己衡量。为了激发民众捐粮的热情，官方出台了优厚的奖励办法。如介休社仓"设于雍正二年。各村富室捐输，凡三十石以上至四百石者，督抚暨牧令递给匾示奖，五百以上具题视谷数给衔，以荣其身。所捐之谷即储于各村，择殷实端方者掌其出纳生息"②。

清嘉庆年间介休县各区域社仓数量及储量统计表③

区域	村庄数（个）	有社仓村庄（个）	仓储量（石）	平均仓储量（石）
东乡	102	53	9143	172.5
西乡	22	12	1772	147.7
南乡	62	25	4267	170.7
北乡	25	18	1380	76.7

就介休村庄的分布来看。东乡即洪山泉域所在的区域④，村庄数量为 102 个，

---

① 另外，随着泉域内人口、土地数量的增加，用水需求量也不断加大，无水村经常为水与有水村发生冲突，万历十六年王一魁治水时存在的买卖水诸弊端可能重新浮现，村庄间存在争水的隐患。为此，万历二十六年担任介休知县的史记事才会有下列举措。
② 嘉庆《介休县志》卷四《仓储》。
③ 表中数字据嘉庆《介休县志》卷四《仓储》中记载的各村庄仓储数量计算后得出。
④ 洪山泉域并不包含东乡所有村庄，其本身包含在东乡范围之内。

西乡 22 个，北乡 25 个，南乡 62 个。源泉所在区域村庄多且集中，人口密度也最大。由于社仓之粮系由各村富户自主捐献，从社仓数目和仓储数量的绝对值中便能反映出各区域的富裕程度，展现各区域的贫富差别。从上表中可以发现，清嘉庆年间东乡的富户在介休全境来说几乎相当于其他三乡的总和。就东乡本身来说，53 个有社仓的村庄多数属洪山泉域。超出该泉域范围的东乡其他村庄即使有仓储，其仓储数量也多在平均数以下。[①]

当然，西、南、北三乡内也有仓储数量较大的村庄。如西乡的郭壁村，贮谷342 石；南乡的河底村，贮谷 395 石；兴地村，贮谷 420 石。从地图上可以发现，郭壁村在汾河畔，有引汾灌溉之利；河底村有涧河之利，兴地村则有利民泉可资利用，故该三村在各自区域也都最为富足。然汾河时有河涨之患，利民泉则受流量之限，不能泽及更大的范围。与之相较，由于洪山泉流量颇大，泉域内可以享受水利的村庄数量远高于前者。

在满足农业用水的前提下，自古以来本区域还发展起众多与水密切相关的其他产业。这些产业的兴起，更拉大了泉域社会与周边地区、泉域社会内部不同村庄间发展的差距。这些产业主要包括四大类：水磨业、制香业、造纸业和磁器业。在介休民间歌谣"数村村"中就唱到："洪山的柏香和磁器，国内国外也有名。"[②]方志中一些相关记载也表明：明清时期这些远近闻名、颇具经济效益的产业为该地区经济的繁荣与发展做出了重要贡献，嘉庆《介休县志》卷四"物产"项中就记载："北乡芦苇，西南煤炭，辛武盐场，义棠铁器，洪山磁器，一邑之利溥矣"，"杂产"项中亦有"磁（瓷）器，出石屯、磨沟、洪山等村；香，出洪山"的记录。

充沛的水力和优越的地势条件，使水磨业在洪山地区相当普遍。在实地走访中，笔者在洪山村、石屯村、三佳村的古河道上仍能看到很多废弃了的水磨坊，废旧的石碾在这些村子随处可见，记录了当地逝去的繁荣。据有关文献记载，由洪山源神庙至石屯沿河磨坊计有 21 盘，主要利用洪山泉及洪山河水；由架岭河至东狐村，计有磨坊 19 盘，主要利用洪山河水；由东河桥往磨沟至洞儿磨计有磨坊

---

① 这一点可进一步参考嘉庆版、民国版《介休县志》有关仓储的记载。
② 介休民间文学集成编委会编：《介休民间歌谣集成》，山西人民出版社 1991 年版，第 122 页。

13 盘，主要利用东河水流。直至解放初期，洪山泉域的水磨坊仍在发挥作用，介休县的大部分粮食主要在此加工，逃荒者和移民来介后多在这一行业打工。在没有电力的时代，水磨无疑在乡村社会生产和生活中具有重要地位，水磨的拥有者从中也可获取相当丰厚的利益，在经济上比一般农户富足。

制香业是洪山镇传统的家庭手工业，康熙《介休县志》载："香出洪山。"品种有神香、梅香、寿香等，主要原料为杂木材，配以柏材、榆皮等。1944 年，洪山制香业 400 余户，从业人员 1200 人。[①] 明清时期洪山香即远销各地，远至东北，近至五台山，介休全境所需之香也全赖本地供应，故该行业颇为兴盛，成为当地的一大特色产业。需要说明的是，对制香的木料初加工时也主要依靠水碾和水锤来完成，因此该行业的兴起与水也有很紧密的联系。

利用土法造纸，也是当地一大产业。造纸的原料主要有稻草、秸秆、植物根茎等。主要工序有四：石灰沤制 —— 碾压成碎漠 —— 捣纸浆 —— 腌制。其中，中间两道程序需要充足的水力推动磨碾和其他特殊装置来完成。《中河碑记》记载了嘉庆九年因上游村庄造草纸导致水质污染，严重影响下游八村灌溉和饮水的事件。该事件说明在洪山泉域造草纸这一行业在清代已有较大影响。正因为有水才使这一行业在该地繁荣发达。据调查，洪山村几乎家家户户均有一套制造草纸的设备，掌握造草纸的基本技术。造草纸是当地人民农业之外用以贴补家需的一项重要收入来源。

洪山周围陶瓷原料质量上乘，洪山泉水力资源丰富，为陶瓷生产提供了动力，在唐宋时期，这里陶瓷业就相当发达。在洪山源神庙附近，已发现一处古瓷窑遗址。源神庙内现存北宋大中祥符元年"源神碑记"记有"丹灶炊频，洙风扇眂，高士云集，兴舡频届，陶剪翠殊，名彰万载"等语。碑阴题名有"磁窑税务任韬"、"前磁窑税务武忠"。立碑人中有两任磁窑税务，说明大中祥符年以前这里的烧磁业已经相当兴盛，以致官府专门委派官员征收磁器税。需要指出的是，陶瓷业的命脉就是洪山泉水。调查中笔者了解到：制造磁器的主要原料是矸石，将大块矸石运来后，首先要用水碾将石头粉碎，转动水碾完全依靠洪山泉水，非人

---

① 《介休县志》，海潮出版社 1996 年版，第 153 页。

力可以代替。占据泉域上游的洪山村、石屯村和磨沟村，海拔高出下游村庄200米—400米，落差极大，水流湍急，便于置放水轮。这一得天独厚的条件，使三村的磁器制造相当发达，并且共同缔造了介休磁的美名。光绪十八年"公同义合碗窑行公议规条碑记"记载，旧日从事该行业的共17家，民国五年新添两家，共19家。除瓷窑外还有碗窑、盆窑、瓮窑等在明清两代相当兴旺。现在去洪山考察时，仍能见到当地家户用粗瓷堆砌的院墙，可见造瓷传统在当地之久远。

前述四种产业加上农田水利灌溉，使洪山泉域社会成为明清时代直至解放初期介休社会经济最为繁荣富庶的地区。据调查，直至解放初期，介休洪山镇的工商税额占到全县一半以上，号称"晋中小江南"。

社会各行业的发展都离不开水资源，谁可以廉价地取得水资源，谁就有成本优势会在竞争中得利，最终对收入分配和福利水平产生影响。洪山泉域社会的经济状况生动地证明了这一点。

（三）人口、土地及其他要素

明清时期介休人口呈现不断上升之势，尤其康雍乾时期人口更是经历了激增的过程。万历年间人口为60952口，乾隆三十一年已增至308828口，是明代的5倍。自乾隆三十一年至嘉庆十八年，人口数量进一步攀升至595432口，37年中增加了286604口，增幅接近100％。需要注意的是，嘉庆时期介休县的这个人口数字即使在山西全境来看，也是相当高的。人口增加固然是经济繁荣的表现，然人口的再生产必须与物质资料的再生产协调发展，在技术人力资本没有很大进步的情况下，单纯的人口增长必然造成对资源和环境的巨大压力。明清时代晋中地区经商之风颇盛，介休亦不例外。为了生存，一些人撇下贫瘠的土地，走上经商之途。嘉庆《介休县志》中即有"介邑土狭人满，多挟资走四方，山陬海澨皆有邑人"的记载。洪山泉域作为介休境内富庶之地，村庄众多且密集，水地稻田和各种产业能养活的人众自非"山冈硗瘠"之地可比，故而该区域的人口应在介休人口总量中占有相当比重。由于缺乏村庄级人口统计资料，在此无法展开深入分析。但是，人口密度大肯定是该区域的一个突出特征，在人口压力之下，该区域民众又是如何选择生存途径的呢？提高资源的利用效率和尽可能多地争夺有限的资源恐怕是他们在外出经商甚至迁出之前最有可能的选择。万历二十六年冬春水额的增加，使具有使水权的村庄由 52 个增加到 72 个，足以说明当时官方和当地绅民为提高水资源使用效率所做出的巨大努力。为了争取到更多的水权，村庄与村庄、河与河、泉域内外不同利益集合之间的关系变得日益紧张起来，矛盾冲突愈来愈多，水案也开始频频出现。

关于这时的人地关系，可以做这样一个粗略计算。以嘉庆十八年介休土地总量 614753 亩为基准，除以乾隆三十一年的 308828 人，得人均土地最多为 1.6 亩左右。如果除以嘉庆十八年的 595432 人，得人均土地仅为 1 亩左右，可见清代介休人均土地占有量不但少，而且呈现逐渐降低的趋势。洪山泉域内土地因有水利灌溉，其亩产出可能较其他区域为高，但如此紧张的人地关系比例，仍然会对泉域社会农业生产造成莫大的压力。

就干旱发生频率而言，据明清《介休县志》记载统计：五百年间，本地共发生特大旱灾 6 次，平均 83 年发生一次；大旱灾 20 次，平均 25 年一次。20 次大旱灾几乎全部是连续旱年，连旱平均三年，有的长达 4 年之久。康熙五十九年的大旱直接导致洪山泉水干涸断流，20 年后始恢复灌溉效益。十年九旱是介休县的自然气候特征，也是洪山泉域社会民众无法选择的生存环境。

上述分析表明：明清时期介休的人均水资源占有量有不断下降的趋势。这一趋势必然对当地社会生活产生负面影响。

（四）一对矛盾

稳定的水量是泉域社会经济富足的重要保证。然而自明万历以后关于洪山源泉流量的记载中却多次出现水量减少甚至干涸的情形，灌溉效益也不断下降。历史上洪山泉曾三次断流，均与连年大旱有关。如康熙五十九年池水干涸，至雍正元年，始有一二分水流出，此后二十余年，池水出口铁孔未满，这是洪山泉历史上第一次干涸；光绪二十六年（1900）天旱缺水，次年池水小至六七成，两三年中渐渐回涨；延至民国十年，水又偏小。至民国十八年池水小到一二成，到民国二十年大小池竭，三河水地全部变成旱地。1933 年夏季雨涝，秋后池水复出，月余之间流水出池，数年之后池水复原。[①]另据洪山水利管理处长期对洪山泉水观测分析后认为：泉水流量有明显周期性，大体八年出现一个峰值，从整体变化规律来看，呈下降趋势。

另一方面，日益增加的用水需求使泉域社会出现用水紧张的局面，呈现出由"流派周遍"向"源涸难继"转变的特点。明万历十六年王一魁在为该地制定水利条规时比较了古今之异："揆之介休水利，初时必量水浇地，而流派周遍，民获均平之惠"，"是源泉今昔非殊，而水地日积月累，适今若不限以定额，窃恐人心趋利，纷争无已，且枝派愈多而源涸难继矣"。[②]可见，万历时期已不能按地亩多少浇水，只能施以定额，水量不足和需水量加大的矛盾至清代更为尖锐。

（五）寻找新的有效的配置水资源方式

自宋代"始分三河"之后，洪山泉域社会即开始从资源共享型社会逐步向资源竞争型社会转变。宋以前，无论人口、土地、水资源还是气候生态环境，均不同于宋以后尤其是明清时期。如前所言，宋以前泉域社会的人类活动没有超过资源的承载能力，这就使民众在用水时可以尽其所需，没有限制，《介邑王侯均水碑记》就描绘了往日的承平景象"惟时田有顷亩，粮有额，设水有程限，地获利而民易足，刑不烦而赋易完"；明清时期水资源利用方面却因人口资源与环境关系的恶化而日益紧张起来。立于明清不同时期的源神庙水利碑中就有很多这方面的记载，有碑文中提到："且该县水地，如此其多也，用水之人，如此其众也，一旦而更正之，或加或革，又如此其骤也。""是源泉今昔非殊，而水地日积月累，适今若不限以定额，窃恐人心趋利，纷争无已，且枝派愈多而源涸难继矣。"[③]"四河纵横，灌田几四十里，介邑百万生齿之众，咸取给焉。"[④]由于水地增加，人口增加，

---

① 续忠元撰稿，王融亮修订：《介休县水利志》（初稿），介休县水利水保局 1986 年 5 月。

② 万历十六年《介休县水利条规碑》。

③ 万历十六年《介休县水利条规碑》。

④ 乾隆二十七年《重修源神庙碑记》，存于正殿廊下。

手工业的发展，导致水量不足的问题不断涌现。为了协调不同村庄灌溉用水的矛盾，缓解农业用水与其他产业用水的矛盾，水利规约自宋代起日益严密。即便如此，不同群体、不同村庄对水资源的争夺却更为激烈，成为明清时期洪山泉域社会发展变迁的一条主线。水案乃是明清时期洪山泉域社会的突出特点。

三、修庙与治水 —— 泉域社会发展中的两条主线

源神庙是洪山泉域一个重要的公共场所。庙内现存最早的宋大中祥符元年"源神庙碑"中已有"民希献贺，官遽祷赛。奠酹紫袍，跪炉金带"的记载，意即是说民间老百姓信仰源神，要献上供品致祭，官府也急速地举办祭祀活动，向神灵献酒的都是达官显宦，跪在香炉前面上香的也都是些级别很高的官员。这段描述表明早在北宋初期洪山源神庙祭祀活动已具有相当级别和规模，能够吸引上至达官显贵，下至普通黎庶的广泛参与。另据洪山水利博物馆首任馆长续忠元先生介绍："源神庙的始建者为唐代尉迟恭，当时创建该庙的动机是为纪念大禹治水和尧舜的功德，故而庙内主祀尧舜禹。源神庙非佛非道，实际上是历代政权及当地群众管理水利、保护水源的指挥中心。北宋至道三年重新修建，此后经元、明年间再修，至明万历十六年介休县令王一魁在治理洪山水利时将该庙迁址重建，遂成现在的形势。"[①]

现存源神庙 32 通碑文中，在时间上以明清两代为主，在内容上则以修庙和治水为主。概括地说，明清时期的洪山泉域在用水纠纷不断的情况下，修庙与治水构成了该区域社会生活中的两个主要方面。在修庙与治水的过程中，社会各阶层均活动其间，表现各异。因此，这两种活动乃是我们进一步透视以源神信仰为主的洪山泉域社会发展变迁问题的主要线索。

现存最早的修庙碑刻记载的是宋至道三年（997）重建神堂的事情。此次修庙在文彦博分水之前，主事者为已去职或在职的地方官、乡绅、县衙中充当职役者

---

① 2003 年 6 月采访续忠元笔录。

以及僧官等，正是这些人构成了洪山地区社会中的上层。洪山地区在当时商品经济甚为发达，因此在这里驻扎着许多官方的派出机构，如磁窑税务、商税务、酒务等。这次修庙活动还吸引了很多附近寺庙的僧人前来支援，说明此时源神庙已经处于相当显要的地位。既然有这么多官方和社会名流不遗余力地参与修庙之事，自然有其特别的用意。据《源神庙记》描述的情况来看，此时洪山泉域完全是一幅太平盛世，并不存在对水资源的争夺。但是源神信仰在该地区已处于至高无上的地位，不能不引起官府的重视。官府和地方名流主持修庙，包含多重意义，一是对强化民众对源神的信仰，二是暗示现有水利秩序的合法，三是展示各方势力的存在。

自宋代的这次修缮后，元至大二年、明洪武十八年又两次重修，然后直到明万历十九年（1591）一直再未修缮。比起宋代的那次修庙行动，万历十九年的这次修庙显得更有意义。发起和主持此次修庙活动的是万历十五年到任的介休县令王一魁。王一魁来介之时，正是洪山水利争讼最激烈的时期。自嘉靖二十五年（1546）起，开始有水案发生，历经县令吴绍增、刘旁的整顿，至王一魁时水利弊病仍未根除，反有愈演愈烈之势，"初为民间美利，今为民间之大害矣。纷争聚讼，簿牒盈几。且上官严督，不胜厌苦"[1]。面对如此情形，王一魁对洪山水利进行了彻底的整顿，根治了"卖水不卖地，卖地不卖水"的弊端，通过清丈地亩，使赋役均等。在洪山水利秩序恢复正常运转之后，王一魁见源神庙"基址狭隘，垣宇倾颓"，提出让扰乱水利秩序的"兼并豪党"出资修庙，以示惩罚。这个一举数得的主张得到上官和地方人士的支持和响应，"各输钱谷为助"[2]。此次修庙仍由当地最高官员发起，而且是在刚刚平息水讼之后，通过修庙所要表达的乃是由官府确定的水利秩序的权威性。由于新的水利秩序符合泉域社会大多数人的利益，因而引起了广大民众的支持。《介邑王侯均水碑记》就是由四河水老人、渠长、纠首共同委托"赐进士出身嘉议大夫奉诏进二品阶前四川按察使"孝义人梁明翰为这位很有作为的新县令撰写的记功碑。新的用水秩序通过修缮源神庙的活动得到了

---

① 万历十九年《介邑王侯均水碑记》。
② 万历十九年《新建源神庙记》。

表达，使广大民众在心目中对源神庙更加尊崇。通过修庙就是要明确国家在思想层面对地方社会的控制，并且借助民间信仰，加强对现有水利秩序的维护。在此意义上，王一魁完全达到了其修庙的目的。

明代有记载的修庙活动只有王一魁这一次。王此次修庙动作甚大，不但迁了庙址，而且动员了泉域内所有的力量参与其中，工程可谓空前。八十年以后（康熙八年）当地文士所撰"重修源神庙碑"中回顾此次工程时评价说："明季万历十九年，邑令王公狭小前人之制，而始迁建于此焉。构正殿五楹，左右庑各三楹；面造砖窑五眼，上起崇楼，题曰'鸣玉楼'，左右构钟鼓楼若翼；外建三门，砌以崇台，左构轩云'趋稼'；官亭、祠宇及其厨舍靡不具备。其规模弘畅，较昔倍甚。是役也，始于戊子之夏，成于庚寅之秋。其经始之艰且难盖如此。"由介休县令发起组织的这次大规模的修庙工程，不但使源神庙庙貌空前壮观，而且加入了更多官方色彩。它向泉域社会民众明确昭示：国家对洪山水利已经是高度重视，现行水利秩序是由官府确定的，不容许再有随意破坏这种秩序的行为发生。

明清王朝鼎革之际，因时势混乱，地方官员未能按惯例于每年三月三日前来祭祀源神，使源神庙遭遇了一段时间的衰败和冷遇。如康熙八年《源神庙置地碑记》载，庙内住持石守初曾于顺治八年间"募众重修，功将成而物故。其徒宋太成苦守二十余年，衣食不足，众思欲安全之而莫之为也"。没有官府的倡导，再加上时局动荡和没有适当的激励机制，修庙之事竟无人响应。时人洪山村府学增生张化鹏议论说这次修庙不成的原因是"好义乐输者固有，而饮流忘源者不少，是以功将成而中止，过往君子莫不慨焉"。按理说，即使没有官府出面，单凭源神爷的影响力，募集修庙资金应不成问题，现在非但凑不齐修庙的经费，甚至连庙内住持的生计都成了问题，足见源神信仰对泉域民众的影响力已今非昔比。之后发生的一连串事情证明事实的确如此：

顺治十八年（1661），生员张化鹏、乡人张嘉秀等提出修庙之事，县令李公鲁委县尉蒋董理其事。正动工期间，"李公陟秩，工亦中弛"。康熙元年（1662）新县令吕某继任，次年三月按例前往源神庙致祭，"观其庙貌摧颓，

询知其故，爰令纠首张嘉秀等复续前工"，始完成修庙工程。(《重修源神庙碑记》)

康熙八年三月初三 (1669)，县令潘某前往源神庙祭祀源神，睹庙宇颓败，悯道士贫寒，命令渠长水老人等："从公布施，以奉香火。于是纠首张嘉秀等募于乡众，或照地输资，或任便捐金，置地若干亩。庶足乎瞻仰而焚修有赖。"(《源神庙置地碑记》)

值得注意的是，康熙年间两次修庙活动中，除了县令的大力提倡成为修庙事宜顺利完成的重要保障外，具有生员身份的张化鹏、起意纠首张嘉秀以及各河具有科举功名的乡绅在修庙过程中都充当了实际的领导角色。而作为水利事务管理者的各河水老人、渠长丝毫未起组织作用，只是在官府的压力下被动地行使其职能，表现得很不积极。尤其在第一次修庙进行当中，仅仅因为县令的突然离职而使工程中断，一定程度上表达了泉域民众对待修庙的态度。

康熙四十二年，修庙之事再起，四河绅士皆参与其中。从碑记中可知，此次修庙是由洪山村众提出来的，本值得大书一笔，但修庙过程中却充满艰辛，"维人心不一，工及半途，几几废矣。幸逢正堂杨老爷讳允和，敬神勤民，其工克赖以成焉；贴堂徐老爷讳言祯，为民报本，其工克赖以赞焉。是工也，起于甲申之春，成于庚寅之秋，迨今壬辰岁季冬二十日立碑"。(康熙四十九年《重修源神庙记》)这次规模不算很大的维修工程，花费的时间也创了记录，竟拖延七年之久，万历时王一魁迁址建庙，那样大的工程也才花费了三年的时间。倘没有官员出面干预，修庙事宜又将搁浅。

随后自乾隆二十七年到清末宣统元年，源神庙又先后经过五次维修。其中，乾隆二十七年、道光八年、光绪三十一年、光绪三十四年的四次工程都是由介休县令发起，各河水老人和绅士牵头组织的，光绪二十二年的工程则是由各河水老人发起的，没有官府的影子。不同于以往的是，作为水利管理者的水老人开始在修庙问题上扮演起主要角色，是什么激起水老人修庙热情的呢？通过研读碑文，可以发现自乾隆时期开始泉域社会的水利管理层发生了显著变化。此前水老人都是由各河民众从用水户中推举既熟悉水利，又急公好义，正直无私，具有一定威望和能力的人来充任的，所以水老人和渠长皆是平民百姓，没有科举功名或职衔。从乾隆以前的修庙碑中可以看到，在历次由官府发起的修庙工程中，作为组织者的纠首是由各河士绅来担当的，各河水老人只是活动的参与者而已，纠首和水老人是两相分离的。乾隆二十七年开始的历次修庙碑中，纠首和水老人已合到一处，充当纠首者必然是水老人，而且水老人名称前已明确注明其绅士身份，更有甚者已由具有官员身份的人充任水老人。如光绪三十四年《重壮观补塑神像碑》落款处所记：

> 东河老人从九王书绅　从九温守志
>
> 中河老人侯选训导郭纶章　布理问温春仪
>
> 西河老人从九张鸿禧　五品御梁本邦
>
> 架岭河老人分部主事乔麟书　布政司理问斛守典

水利管理组织的士绅化与官员化是促使水老人在源神庙修庙时由被动到主动，由配角到主角转变的根本原因。如果说乾隆以前修庙只是官府和地方士绅的事情，那么随着士绅向乡村水利管理层的渗透，乾隆以后修庙已成为乡村水利管理组织的重要职能之一。进一步而言，由于士绅控制着泉域社会绝大多数的土地和水资源，因而通过修庙所要表达的正是由资源占有者确定的利益分配格局。

明清以来源神庙几乎所有的工程都是以官府和地方士绅为主进行的，民众参与修庙的热情不高，突出的表现就是前述历次修庙活动的拖沓和艰难，尤其在清以来的数次修庙过程中，如果没有官府的压力，修庙之事可能就无法顺利完成。与修庙相比，治水问题却得到了水利组织和广大民众的高度重视。

乾隆八年，因源神池古堰塌毁，架水桥亦塌毁，影响到洪山、狐村两河灌溉。在两河水老人率领下两河民众踊跃参加，即刻动工修补完好；分水不公最易引起冲突。用于分水的设施叫作水平，最初由木头做成，称作"木平"。木平历时一久易于腐烂，从而影响到公平分水。康熙八年，知县李钟盛易木平为铁平，欲除此隐患。乾隆十一年，三河铁平坏，举人张任正率众修整如初；乾隆十六年，中西两河水平亦坏，"渐有强食若肉之患"。由于是牵涉分水的敏感问题，两河人请邑侯宋公，中河以侯君起明，张君宏汉，西河以杨君清凤，经纪其事，命举人张任正董葺之。该工程自乾隆十四年秋至次年夏，所有花费由两河计亩分派，顺利完工；乾隆五十九年，当可能影响上游四村引水灌溉的架水桥出现渗漏、塌坏之状时，洪山河值年水老人郭某即刻会同洪山河18程渠长、狐村河26程渠长动工维修，迅即完工；道光十年，东、中、西三河"水平"因遭大雨敝坏，值年水老人立即召集三河渠长兴修，工程完竣之日，又延请军宪福大老爷、邑侯李父台亲诣三河勘立水平，以示公正。与历次修庙过程中的拖沓、低效率相比，泉域民众在治水问题上表现出高度的热情、积极性和高效率。是什么造成民众在修庙与治水问题上截然相反的两种态度呢？毫无疑问是现实生活中民众所面临的越来越艰难的用水问题。

由于用水的困难，尤其是天旱缺水的时候，对水资源的争夺越来越激烈。民众渐渐发现仅仅依靠对源神爷的信奉与祭祀无法满足其现实生产和生活中对水的需求，修庙丝毫无益于解决他们的生存问题。在争夺有限水资源的过程中，他们遵循地水夫一体化、均等用水的原则，努力在现行水利秩序中获取和维护属于他们的合法权益，这也正是民众将注意力和热情投向水利设施修复、分水技术提高、渠道疏通等现实治水问题上的内在原因。一旦其合法用水权益遭到破坏，或者现行水利秩序极不合理，严重威胁其生存问题，就会转而投入到争水的行列中，用暴力行动重建秩序。明清时期洪山地区水案频频正是基于此原因产生的。同时，源神在民众眼里已成为与官府结合在一起的水权占有者维护现行水利秩序，维护自身特权的一种媒介。当官府再三强调源神庙的重要性并力图通过反复修庙的行动强化、贯彻其权威与秩序时，却被迫面临被民间社会轻视、厌恶甚至坚决抵制的尴尬局面。

通过上述分析，可知明清时期洪山泉域社会发生了两个变化：第一，源神信仰由民间主导转变为官方主导，导致了民间修庙热情下降；第二，在水利管理组织方面，民间身份与官方身份开始统一。是什么导致了这一变化的呢？笔者以为当时社会的运行机制决定了这种变化。这种机制使修庙关切着官方、士绅等的切身利益，而治水则关切着普通民众的切身利益。用现代激励理论来分析的话，就是有什么样的激励机制，就会有什么样的行为特征。

四、水案影响下的泉域社会

明清以来洪山泉域的水案经常发生，争水已成为民众习以为常的事情。争水牵涉面极其广泛，不仅四河之间（即洪山河、东河、中河、西河）、各河上下游村庄之间争讼频频，而且水磨业、造纸业、磁器业与农业之间也常因水量多寡、水质污染等问题发生纠纷。持续不断的争水事件严重影响了泉域社会民众的心理状态与行为方式，给这一时期泉域社会的方方面面均打上深刻的争水烙印。

（一）争水对村际关系的影响。长期争水使不同村庄间因利益驱动而结成同盟。如东河 18 村为多得水分，常到上游洪山村滋事。该 18 村逐渐形成以东湖龙村为首的水利共同体。据笔者在石屯村、东湖龙村的调查，当地老人竟能回忆起百余年前争水之事。过去东河水小，西河水大，东河以东湖龙为首的众村聘请武师马立标（东湖龙人）去洪山分水处夺水，被洪山人打败，没有成功。此后规定三河分水处不得随意挑河，如要挑河，必须三河人齐集商议妥帖后方可。为了对付东河 18 村，上游洪山村与其近邻石屯村也结成同盟，互相支援。据石屯村袁继林老人说："该村曾有一位名叫宋老二的人，是个练武的，在介休很有名气，没人敢惹。宋老二既是石屯村村长，又是水老人。听说东河人来争水，就奔赴洪山，制止东河人的行为，提出要按规定挑河，听水自流。并威胁说谁敢挑河，用锹砍死不负责，把东河人给吓住了，所以没挑成。事实上，东西河在用水上确实不公平。因为东河地多水少，西河地少水多。东河地势高，水虽七分，不如中西河三分水多。而且随着年代的演替，泥沙淤积，水性就下，东河应分到的水就越发少了。"问："公众不会抱怨用水不公吗？"袁回答："不公平是看本事。"本事指的应该是个人或集体动用权力资源、社会关系网络、号召力甚至暴力手段等方面的综合实力。由此可见，在乡民的意识中是知道分水不公的，但是利益所有者就是要利用先年的成规惯例来维持不平等的用水秩序。惯例、陈规、武力、势力是乡村水利秩序的决定因素，也是国家在制定水利规章制度时应多加考虑的。

　　除了因争水形成对立或联盟关系外，一些村庄之间还达成了良好的用水"合约"。立于光绪二十六年的《合约碑》就是东河十八村水老人、渠长与距泉源较远、用水不便的张兰镇达成的借水合约。双方议定："东河各村腊、正余水，牌内无人使用，每到腊正两月，卖与张兰镇使用。每一时水价少至五百文为止，大至八百文为止。倘牌内有人买，则先尽牌内；无人所买，卖与张兰镇使用。倘日期过多，恐淹坏各村河道，张兰修理渠边地亩，或夏或秋，按收成赔补。以下不准买时辰上牌，下年若有余剩，可卖浇灌里田。"这份合约反映了有水权村庄与无水权村庄之间的用水关系，对用水日期、用水次序、水价、义务与权限做了清楚规定，反映了时人在水资源匮乏，用水艰难条件下努力实现水资源利用效率最大化的追求。早在明嘉靖、万历年间水资源买卖就在本地出现，当时因售水权引起极大混乱，其根本原因是"卖地不卖水，卖水不卖地"，"故富者买水程，而止纳平地之粮；贫者耕荒垄，而尚供水地之赋。年复一年，民已不堪。迨万历九年奉例丈地，奸巧之徒改立契券，任意兼并，以致赔纳之家，倾资荡产无所控"。明代买卖水权是伴随土地买卖而来的，由于水权与地权相分离，导致了严重的赋役不均，买卖水权只是资源占有者巧取豪夺的手段，根本不顾及水资源有效利用的问题。

　　（二）用水过程中，上游村庄因占据地理优势，还形成了特殊的用水方式和用水心理。其一，表现为上游村庄往往拥有特殊的用水权。如洪山人有所谓"三不浇"，即刮风不浇、下雨不浇、夜间不浇。也许这种特权正是下游村庄为讨好或者弥合与上游村庄的矛盾做出的一种让步，如此才能保证上游村庄不随意断水或者霸水不放，在实际用水过程中成为泉域民众默许的习惯。其二，上游村庄在用水时往往不考虑或者忽视对下游的危害，以邻为壑。《中河碑记》记载的就是自乾隆年间直至嘉庆九年发生在中河上游石屯村与下游八村之间的用水纠纷。因石屯村"渔利之家，虎踞中河上流，掩造草纸，放毒下流，八村受害"，八村民人所种之地"不特连年不登，且有大碍于吃水，利在一己，害在众人"。原本乾隆年间已经官断令永禁石屯村人掩造草纸，然石屯村射利之徒仍不顾禁令肆意所为，直至诉诸官府始得了结。石屯村之所以能够如此，完全在于其拥有的优越地理条件。无独有偶，乾隆八年，有洪山村人"在源神池以下，两河水平以上擅建水磨者，地势狭隘，有妨灌溉，万民病焉"。时任汾州府清军分宪石的魏某断令"嗣后此水平以上永远不许擅建水磨"，令下游村民感激万分，为之立碑颂德；光绪二十九年，洪山村人未会众村擅自动工修理源神池，被三河渠长阻止。该村民人不法之极，"乘隙恣横，毁碑败匾，殴伤三河渠长某等"。县知事陈模依法严惩了洪山渠长田保和，罚其捐资修庙。此后由陈模撰写的《源泉平讼记》中用"村近源泉，民众而俗悍，少年狂狡"等语描绘洪山村的民风，足见其民风之劣。对于上游村庄而言，在长期的用水过程中已形成了特殊的心理优势，即使知道其行为可能对下游用水造成恶劣影响，但在利益驱动下，仍会冒险一搏。国家的介入最多只是取消其特权，将其降低到与下游村庄同样的水平，其仍然拥有一般的用水权限。外来的压力一消失，上游村庄追逐利益的心理仍将恢复。对于国家而言，只有通过严密的制度规约与有效的监督机制才能彻底清除上述现象。

（三）争水导致泉域社会民众具有非常强烈的水权意识。这一点在水利规约中体现得极为明显。如洪山村与狐村分水条规碑就明确记载"洪山与狐村同用一河，有南北古石堰一条，以致通流至洪山村心，分为两河，有肆、陆水平。洪山本村系发源近地，分水陆分；狐村分水四分，各轮浇溉于后"。狐村与洪山村分水条规碑亦以同样内容载明，这是两村分水的依据，村民视之如珍宝，保存相当完好。此外，很多碑文中还包含有各河水老人、水程数量以及每程渠长名称等信息，显示了民众心目中朴实的水权观念。

光绪二十二年的《补葺源神庙大殿碑》更集中体现了民众的水权意识。本年四河水老人商议补葺源神庙大殿，动工期间，中、西和老人因意见不合，发生争执，双双退出，工程终由东河与架岭两河筹集资金完成。此次修庙，东河派钱四百缗，架岭河派钱二百缗，为防后人援引此例，投机取巧，两河老人乃立碑申明：此次工程是"善事盛举，各表微忱，不惟架岭、东河不敢以此为规，即中、西两河亦不得以此为例也。……厥后仁人君子修旁殿、筑官亭且勤垣堵与台阶，派遵旧碑固可为，即变而通之，亦无不可为矣"。由于水权是与义务相连的，该碑意在说明：虽然本次修庙是由架岭河、东河完成的，中、西河没有参与，但架岭河、东河不会因此而要求多得水权，中西两河也不能以此为凭，只用水不修庙。

（四）争水影响了泉域社会的民众心理与民间习俗的形成。据笔者在洪山、石屯、东湖龙尤其是张良村采访时得到的信息，争水矛盾在民众行为、心理层面确实造成了很大的影响。这些地区几乎人人皆知三月三日祭祀源神爷时，各村要准备整猪、整羊前往源神庙，而张良村则要另带草鸡一只。为什么会有这种奇怪的规定呢？传说先前张良村和洪山村争水，争执不休，无奈之下定下"钻火瓮"的办法，哪个村人敢冒死钻火瓮，就让哪个村人使水。张良村人示弱，没人敢去，于是做出让步，表示以后不再争水，愿意按照上游村庄的意思用水。张良村人不但使该村失去了对水权的支配，而且成为周围其他村庄的笑柄，周围村人在谈到这件事时脸上明显带有讥讽之意。笔者在张良村原本打算就此事加以询问，正准备问的时候，碰到中河三佳村人乔开勋，现年 62 岁。他见我要问此问题，急忙将我拉到一处人少的地方说："你问这个话题一定要注意方式，张良村人祖祖辈辈都不愿提的，这个问题是要犯忌讳的。"然后乔先生和我讲了张良村人赴洪山携草鸡的事情，和在其他村调查的情况一样，这或许已成为张良村人心中的耻辱，其实草鸡本身就含有屈服与讥讽之意。此外，乔还说到有一年，张良村人去洪山源神庙未带草鸡，换成了公鸡。洪山村人不干，非叫张良村人拿草鸡不可。这件事充分表明争水冲突对民间社会水利习俗影响之深远。

此外，由于水资源在当地社会中处于非常重要的位置，洪山泉域很多村庄的历史都与水有着密切的关联。从地名志的角度来看，很多村名的形成就直接起因于水。如东河之迎远堡，该村原名宁远堡。据乾隆《介休县志》卷二记载："鸑鷟泉即胜水，出狐岐山，俗谓之源泉。水利所在，民讼罔休。宋文潞公始立石孔分为三河，迤东为东河，伏流于地，见潭大小者三，泻于磨沟村，南渡樊王石河，灌连福、宁远、东西湖龙……。宁远堡始得水灌田，受益匪浅，村民大悦，遂更名为迎源堡。现名'迎远堡'。'源'、'远'谐音，乃后人讹传也。"[1] 有些村庄，则因争水的传说得名。如大许村，"相传原名槐柳村，位于源神水下游。早年各村因争水纠纷不休，讼事日增。据传经官断众议，用鼎盛油煎沸，放铜钱，以抓铜钱为誓，敢先抓者，许为首水。该村村民跃先抓得，许为首水。村名遂呼之曰

---

① 《介休地名拾趣》，《介休文史资料》第一辑，第 69 页。

'大许'。"[1]介休民间还流传有南蛮子盗水、水母赐水等传说，这些传说都或多或少涉及泉域内的一些村庄。

※   ※   ※

通过上述分析，我们看到明清时期洪山泉域社会在用水日益紧张条件下的社会运行特点。如果说宋代通过技术治水尚能够有效平息用水争端的话，至明清时期则不得不将技术治水与制度治水相结合才能解决问题。也就是说，在特定的社会历史条件下，由于资源禀赋的变化，社会中各种利益主体在寻找新的有效的资源配置方式的过程中，会对社会生活的各个方面产生影响。换句话说，资源禀赋的变化在一定条件下可以诱导社会变迁。在山西，具有类似洪山泉域社会的地区还有太原的难老泉、临汾的龙祠泉、洪洞的霍泉、翼城的滦池、新绛的鼓堆泉等。本文以介休洪山泉域社会为个案进行的类型分析，无疑对于分析这些泉水开发地区的社会特点和运行状况具有示范意义。进一步而言，古代中国社会水资源的开发利用以及它对社会的影响是否可以解释中国古代社会的各种变迁，应该说只有在对整个中国水利资源的开发利用做出深刻全面研究基础上才可进行的一项富有挑战性的工作[2]。

作为类型学研究，在水利社会的总体框架内，与泉域社会相对应的概念还应包括流域社会、湖区社会和浑水灌溉社会。与泉域社会一样，后三种类型的社会也具有各自不同的发展特征。以往研究中，学者们提出的"水利社会"概念，曾经为中国水利史的研究开创了良好的局面。近年来，有关方面的研究日益增多，"水利社会"这一概念也经常浮现于纸面。但是，由于区域的差别和类型的多样化，我们在运用这一概念时总感觉其过于宽泛。为此，急需更具体一些的概念来

---

① 《介休地名拾趣》，《介休文史资料》第一辑，第 69 页。

② 美国学者魏特夫曾用"治水社会"来形容东方国家尤其是中国古代专制社会，日本中国水利史研究会以森田明、好并隆司为代表的学者在 20 世纪五六十年代早就提出"水利社会"的概念来研究中国华北、华南区域社会的水利管理与社会运行状况，笔者认为资源禀赋的变化及其配置方式也是解释社会运行的一个视角。

适应这一学术发展的需要。笔者以为：由泉域、流域、湖区和浑水灌溉社会这四个概念组成的分析工具正是对"水利社会"概念的进一步深入和细化，可以弥补其不足。针对不同区域或者同一区域内不同地区用水状况，或独立或复合地运用这四个分析工具的任意几种，可以较全面地展示传统农业社会不同地域的生态、经济、文化、制度和发展变迁的规律及总体特征。在此意义上，继续进行水与社会问题的研究仍然存在较大的空间。

第四章　洪洞霍泉：山西泉域社会的个案之三

水利社会史是近年来国内社会史学界的研究热点之一。之所以成为学术热点，除了有大量珍贵的水利碑刻、水册、渠册及区域性水利专志、档案资料得到具有人类学倾向的社会史学者的关注、搜集和整理外，更重要的是研究者们普遍意识到：以水为切入点，是观察汉人社会特点的一个极佳视角。在此学术关怀下，学者们在个案、实证性研究基础上，提出了水利社会的概念，并从类型学的视角出发，进一步分解出泉域社会、库域社会、山洪淤灌社会以及不灌而治的极端水利社会类型。还有研究者站在历史产权的角度，以山西泉域社会为例，探讨传统时期水权如何界定、怎样形成和基本表达途径，从而赋予"泉域社会"更加深刻的意涵。以上研究不仅代表了当前水利社会史研究领域的新动向和新趋向，而且反映了国内学者自觉追求社会史理论本土化的学术努力。这些新概念新理论的提出，对魏特夫的东方治水社会理论、日本学界的水利共同体学说，均产生了较大的冲击和影响。同时，上述侧重于中国北方水利社会史的研究，也纠正了学界有关中国北方干旱地区缺乏水利资料的学术偏见。

本篇欲在上述研究基础上，以位于山西省汾河流域中下游地区的洪洞县广胜寺泉域为研究对象，对这一传统汉人社区的历史变迁做一长时段的实证性研究，力图从泉域社会水环境、水资源与水经济、水组织与水政治、水争端与水权利、水信仰与水习俗五个方面加以论述，力图为"泉域社会"这一新概念赋予更为准确、全面、深刻的类型学意涵。需要强调的是，本篇提出的"泉域社会"即有灌而治的社会类型与董晓萍、蓝克利等人针对山西四社五村研究提出的不灌而治的社会类型，可以视为是中国北方水利社会的两个极端。二者的共同点是同样位于黄河流域汉人长期生活繁衍的中心区域。不同点在于：前者代表了水资源极端丰富、传统农业文明高度发达的区域；后者则代表了水资源极端匮乏、传统农业文明不发达的区域。两种极端类型的意义在于：至少为中国北方水利社会史的研究建立了两个可资参照的模型，循此可更好地理解和解释传统时期中国北方区域社会的历史变迁与汉人社会的文化特点。

在此，有必要先就洪洞广胜寺泉域做一简要介绍。广胜寺泉，又称霍泉，因该泉位于有着中华五镇之一的"中镇霍山"南麓，故因山得名。又因霍泉位于晋南名刹霍山广胜寺脚下，又因寺而名，习称广胜寺泉。研究表明，洪洞广胜寺泉的大规模开发始自唐贞观年间。延至宋金时代引泉渠系逐步完善，灌溉规模也达到传统时代最高峰，其后元明清三代均未有超越。历史上广胜寺泉源虽在赵城县界，却利及邻封，使赵城、洪洞二县受益。至1954年，洪洞与赵城二县合并，赵城由县降格为镇，此泉遂改属洪赵县。1958年洪赵县改称洪洞县后，随之归于洪洞至今。自唐宋以来，因行政管辖权不一，利益攸关，两县民众、上下游村庄常因争水打架冲突不断，跨府越县大兴水讼，积怨较深，过去曾流传有二县争水不通婚嫁之说。传统时期广胜寺泉域分布在现在的广胜寺镇和明姜镇范围内，泉域面积3808平方公里，泉域内平均泉水径流深37.5毫米。另据资料显示，受益村庄宋代高达130余村，明清时代约有49个；可灌溉土地面积最高时近千顷，明清两代则介乎四五百顷之间。泉域经济发达，遍植水稻、水产丰富、水磨几乎村村有之，为数不少。泉域村庄密集度高，人口稠密，是地方社会重要的经济、文化中心，素有"小江南"之称。

丰富的泉水资源使得洪洞广胜寺泉域具有迥异于其他区域的水环境特征。得天独厚的水源和相对平缓的地势，使得泉域所及范围得到了较早的开发与利用。据考古学者发掘，仅广胜寺泉南霍渠灌溉村庄中，就发现有新石器时代仰韶文化晚期遗址6处，夏代二里头文化遗址1处，西周墓葬3处，东周墓葬3处。此外，广胜寺泉北霍渠灌溉范围内，亦发现有仰韶文化晚期遗址1处，汉代遗址3处。[1]这些早期人类活动遗迹表明：早在距今五千年的新石器时代仰韶文化晚期，广胜寺泉域就已有人类居住、生活。之所以有如此密集的人类早期活动遗址，与当地

---

[1]　国家文物局主编：《中国文物地图集·山西分册（下）》，中国地图出版社2006年版，第916—922页。

丰富便利的用水条件和适宜的生存环境密切相关。[①]

一、颇似江南：泉水、渠系与村庄

> 村址所在，西北两面平坦旷阔，土质肥沃，灌溉方便，皆为上等水地。东、南两面环沟，沟底有河，河水长流，河上建有水磨、油坊多处，既能磨面、碾米，还可榨油、弹花。同时，河之两岸多开种稻田、菜园，适宜栽种稻米、莲菜和其他蔬菜，间或利用水洼营造芦苇，开发编织业。每年初秋季节，沟河两岸，稻穗沉沉，荷花盛开，鱼翔河底，蛙鸣堤上。又有成群幼童嬉戏河间，捉鱼弄蟹。此情此景，酷似一派江南风光。
>
> ——引自《严家庄村史资料札记》，1994 年

这段文字反映的是山西省洪洞县广胜寺泉域一个普通村庄的基本面貌，展现了村庄经济、社会发展与泉水的密切关系。本文接下来的研究，先从广胜寺泉谈起。广胜寺泉，位于山西省临汾盆地东侧的基岩山区。泉域地势总体呈东高西低，北高南低的特点，泉口海拔高程约 600 米。这一特征基本决定了泉水的自然流向和大致的灌溉区域。地质研究者判定此泉系霍山大断层岩溶溢流泉，泉水补给主要靠岩溶水盆地范围内大气降水的直接入渗。由于该泉补给区所在的太岳山区和沁河流域森林植被好，雨量丰富，有利于入渗，约占总补给量的 85%。泉域范围内变质岩区和砂页岩区地表径流的入渗补给约占总补给量的 15%。[②] 1993 年，由中国地质大学水文地质与工程地质系完成的研究报告指出：广胜寺泉岩溶水系统的储存资源量约为 64.5 亿立方米，流量年内动态稳定，多年平均流量 3.534 立方米每秒，

---

① 崔云峰：《霍泉的形成及其利用》（《山西水利·史志专辑》1987 年第 4 辑，第 45—52 页）一文中，也注意到了考古遗址发掘与霍泉水资源早期开发历史之间的关系，指出"从这些遗址的分布情况来看，它们都分布在泉水流经河谷的两旁耕地上，并且在遗址附近都有不小的一块平地可供耕种。这就充分说明：早在新时期时代的仰韶文化时期，人们就已利用了这一天然泉水，作为生活和生产用水的来源。"

② 山西省水利厅、中国地质科学院岩溶地质研究所、山西省水资源管理委员会编著：《山西省岩溶泉域水资源保护》，中国水利水电出版社 2008 年版，第 231 页。

存在以 8 年为周期的波动特点。[1] 而据霍泉水利管理处资料显示：该泉在 1956—1993 年多年平均流量为 3.91 立方米每秒，1994—2000 年平均流量为 3.22 立方米每秒，2001 年以来，平均流量为 2.92 立方米每秒。总的来看，尽管目前还保持较大流量，但实际已在逐渐衰减。目前广胜寺泉主要用于农业灌溉，灌溉面积 10 余万亩，在山西省属于一个中型灌区。同时，该泉还是山西焦化集团、临汾市水泥厂、洪洞县化肥厂以及洪洞城市所需生产、生活的重要水源。

虽然有多种文字资料表明广胜寺泉水利的开发始自唐贞观年间，但霍泉水利管理局（纪珠宝主任）却不赞同这一观点。他认为霍泉水利的实际开发年代应早于唐代。因为单从技术水平来看，郑国渠、都江堰这些著名的水利工程早在春秋战国时期已有，其本身所需的水利技术相当复杂。相比之下，距离关中郑国渠并不遥远，且同样处于华夏文明发源地域的霍泉，其开发所需技术难度比起前者要小很多，因而不可能迟至唐代才得到利用。[2] 这一观点是值得重视的，不过，要说自唐贞观始，霍泉水利已得到当地社会的大规模开发，应是毋庸置疑的。

结合霍泉水利开发历程可知，自唐宋直至新中国成立前后，霍泉渠系主要由北霍渠、南霍渠、通霍渠（后分为小霍渠和副霍渠）、清水渠等四条渠道构成，其中，北霍渠与南霍渠为主干渠。据文献所载，北霍渠与南霍渠皆创自唐代，且北霍较南霍产生年代为早。通霍渠开凿于宋庆历六年，小霍渠为通霍渠后易之名，副霍渠原为通霍渠槽南一沟（按：沟即大渠），明建文四年始独立成渠。清水渠开创年代不详，可能创自宋金时期，但不晚于元。有霍泉水神庙现存至元二十年（1283）《重修明应王庙碑》可兹佐证。据碑载："之初，分名曰北渠、南渠，下而拾遗，又曰清水、小霍。赵城、洪洞二县之间，四渠均布，西溥汾墕，方且百里，乔木村墟，田连阡陌，林野秀，禾稻丰，皆此泉之利也。"1954年，由山西省人民政府水利局下发的《霍泉渠灌区增产检查报告》则这样描述霍泉渠灌区的基本面貌：

---

[1]　山西省洪洞县霍泉水利管理处、中国地质大学（武汉）水文地质与工程地质系：《山西省霍泉岩溶水系统研究报告》，内部资料。

[2]　2004 年 7 月 10 日在霍泉水利管理局调查记录。

霍泉渠发源于洪赵县东北四十里的霍山西侧的广胜寺，泉水丰富，水质良好，经常有四个秒公方的长流水。由寺院附近分水亭分为三条干渠，全长108华里。北干渠由分水亭偏西北行，经黄埔、柴村、明姜等村通向赵城城北连城镇；南干渠由分水亭西南行经道觉、西安等村通向洪洞城关附近；中干渠由南干渠引水西行，经马头、李宕等村直入汾河。全灌区中部低，而南北高，以泉眼为扇轴，向南北两侧延伸构成一翼状扇形面。受益区包括洪赵县21乡，96个自然村，63345口人。共灌溉面积84714亩。

根据渠道路线，不难判定，1954年霍泉渠系中，北干渠与南干渠均是在原先北霍渠、南霍渠渠道基础上的延伸。而中干渠则是在合并清水渠、小霍渠（副霍渠）的基础上形成的。由此可见，建国初期霍泉渠灌区的渠系其实是在传统渠系基础上的扩充和延伸，以霍泉为轴的扇形渠系格局并未有太大改变。不过在受益村庄与人口数、灌溉面积上，已非传统时期可比。根据笔者以往的研究，北霍渠的效益在宋庆历五年就已达到有史以来最大值，可灌溉赵城县24村592顷土地。此后，该渠受益村庄直至明清时期仍基本保持稳定，但受益地亩却呈现下降趋势。南霍渠在唐贞元十六年也达到历史时期最高，可灌溉13村215顷土地。此后受益村庄数虽稳定不变，受益土地数却在明清以来呈逐渐减少的趋势。（通霍渠和清水渠的情况要有所交代）从古今霍泉水量的记载和研究结果来看，霍泉出水量长期稳定，只是由于近二十年来，由于经济发展，泉域及水源补给区各行政单位对地下水资源开采量不断加大才影响到霍泉的出水量。但该因素在历史时期是不存在的。因此，在出水量保持大体不变的情况下，为什么会出现灌溉地亩不升反降的情形？颇引人深思。

下图展示了传统时代霍泉灌区的范围和渠道线路：

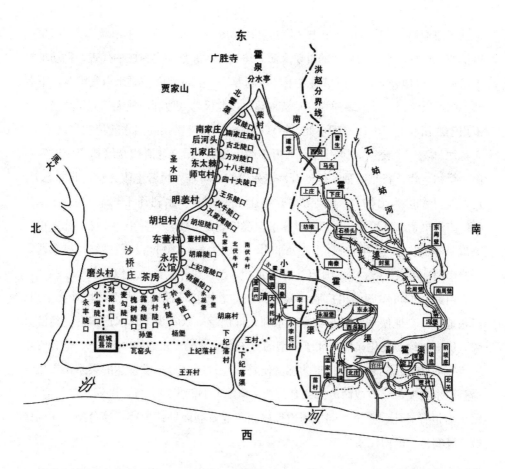

方便的用水条件和发达的渠系，使得历史上广胜寺泉域大多数村庄都具有水乡的风貌，1999 年出版的洪洞县《广胜寺镇志》对辖区各村庄特点的概括就足以说明。如位于霍泉发源地的圪垌村，"镇人民政府所在地，洪广路穿村而过，霍泉水依村涌流，依山傍水，风景秀丽"。道觉村，"东临霍泉，水利条件得天独厚，集市贸易兴旺繁荣，素有'金道觉'的美称"。马头村，"地处平川，土地肥沃，盛产小麦、玉米及各种蔬菜，水利便利，交通发达"。板塌村，"地处平川，水源丰富，以农为主"。北郇村，"地处河谷，以农为主"。东安村，"临洪广路，交通方便，近南干渠，水利条件好"。长安堡，"村东有沟，清水长流"，俨然一派水乡风光。

泉域内很多村庄除直接受益于霍泉外，村庄本身就有泉源可资利用，用水条件可谓便利。据不完全统计，单广胜寺镇所属村庄就有大小泉源 46 处，长期供人畜饮用或灌溉，直至 20 世纪末，依然是"家家有水井，吃水不出院"，与霍泉一道构成民众日常生产与生活的重要水源。坊堆等村即是这类村庄的代表，据坊堆村史记述："村地处北霍西麓阜头之下，东高西下，上可承南霍渠水以资灌溉，下有营田涧可以流污，且地多涌泉，宜植稻藕，以此优越之地利，故无论亢旱久涝，皆不损于农田收益。又以地理形便，堰双头水，以补南霍渠陡门水轮值空日之不足，人称坊堆为三不浇（大风不浇、下雨不浇、夜间不浇）。清代光绪初年，连年不雨，渠枯土焦，谷难下种，他处百姓饿死道路，坊堆人民皆饱腹无忧，此非人力，良以地利然也。"另据《广胜寺镇志》描述，南堡村，"水利资源丰富，地下泉水甚多，南沟泉系水流积河，可以推动水磨，浇地更是方便。全村土地肥沃，盛产粮棉菜瓜果等类作物"。早觉村，"地处平川，以农为主。该村水利条件好，村东通霍渠饶半围，小泉无数，稻田肥沃，主植水稻、莲根等作物，还可以养鱼"。

由此我们可以归纳出广胜寺泉域村庄的总体特征，即：大部分均处在平川、河谷地带，交通便利，泉水丰富，水利条件优越。以农为主，水产丰富，经济繁荣。历史久远，文化昌盛，属于典型的传统农业社会。自 2000 年以来，笔者曾数度考察灌区，所到之处最直观的感受便是这些村庄有着非常发达的渠系，渠道纵横且清水长流，绿树成荫，间或有荷塘、鱼池、汩汩泉眼，气候湿润，空气清新，因水而很有灵性，完全不同于周遭那些因工业发展而导致生存环境急剧恶化的区域，确实是"颇似江南"。

二、以水为中心：水资源与水经济

丰富的水源、发达的渠系和适宜的气候条件，为泉域社会经济发展提供了良好的基础。与北方绝大多数地区的旱作农业类型相比，泉域社会的支柱型经济具有明显的"以水为中心"的特征①，笔者称之水利型经济。水利型经济特指一系列

---

① 广胜寺水神庙现存万历四十八年《邑候刘公校正北霍渠祭祀记碑》开头称："赵平水绵邑，地瘠民贫，不通经商，宦籍亦寥寥，所治生惟赖兹北霍渠胜水七分。"一语点明霍泉对于地方社会的重要价值。康熙十四年《赠北霍渠掌例卫翁治水告竣序》碑中也有类似的表述："我简邑土无显宦，苦乏簧灯之资，商止微息，囊无经营之斧。所恃以粒我烝民者，惟是霍泉一派，膏泽万顷。"

与水密切相关的经济产业，此类产业无水则难以存续，对水资源的依赖程度极高。在广胜寺泉域，水利型经济主要有二，即需水作物的种植和传统水力加工业——水磨。两大产业构成了传统时期广胜寺泉域村庄经济的重要支柱。

结合文献和田野考察，笔者了解到，需水量大的作物，如水稻、莲菜、银耳等在该区域的种植非常普遍。水稻在霍泉流域有相当悠久的历史。其中，软稻是主要品种，碾制后称糯米，色泽青白，籽粒饱满结实，粘性大，可制作元宵和酪糟等食品。道光《赵城县志》有记载："南乡地平衍，霍水盈渠，得灌溉利。水田多种粳稻，春夏间畦塍如绣，乐土也。……论者谓东南二乡，泉清而土润，得地气之和，非妄也。""稻米产太原晋祠者佳。其次本邑亦有二种，东乡者霍水性柔，食之和中，西乡者汾水力大，食之益气。"[1]

莲藕的栽培亦较普遍，明代洪洞已有"莲花城"之美誉。据土人介绍，过去汾河沿岸所产莲藕个头大，藕瓜粗，质嫩脆，味香甜，带泥远销色味不变。广胜寺泉域的莲藕种植面积也很大，据《广胜寺镇志》记载："本镇水源丰富，低凹沟水地较多，极宜水产种植及养殖，全镇水产种植面积有 4713 亩，种植有水稻、莲藕、荸荠等水产作物。"[2]

此外，芦苇也是泉域颇常见的一种经济作物，县志记载称"洼地产芦苇，岁取其值，可代耕，时亦供仓与狱（王乐、小胡麻、伏岩、营田、长安）"，其中王乐、小胡麻、营田、长安四村即位于南、北霍渠道所及区域。

因用水便利，该泉域的棉花、小麦产量远较周围地区为高。加之气候和光照条件优越，作物通常一年两熟。板塌村张海清先生讲："本地作物一年两熟。通常是 10 月种麦，六月收获；6 月种玉茭，10 月收获。过去本地棉花种植较多，占 30% 左右。种粮食可以自给自足，种棉花可以解决食用油和穿衣问题。"[3] 1954 年山西省水利局完成的《霍泉渠灌区增产检查报告》中，对 20 世纪 50 年代以前泉域农业经济做过调查。调查显示："灌区作物以小麦棉花玉茭为主，并有 3858114 亩稻田，产量均较高，小麦每亩均产 300 斤，棉花每亩均产 180 斤。灌区农民每

①　道光《赵城县志》卷六《坊里》、卷十九《物产》。
②　李永奇、严双鸿主编：《广胜寺镇志》，山西古籍出版社 1999 年版，第 92—93 页。
③　2005 年 3 月 21 日访谈记录，地点：霍泉水利管理局副主任张海清办公室。

人平均有 1.32 亩水地，中等户每人每年即可平均收入玉茭一千斤左右，因而灌区农民生活一般都比较富裕。"

如同山西其他泉域一样，水磨业在该泉域也极为普遍，是地方社会一项重要的产业门类，经济效益极高，充分利用了霍泉水流落差大、水量充沛的特点。如《赵城县志》记载曰："东乡水地居半。侯村、耿壁、苑川间多高阜；胡坦及广胜地，皆平衍，得霍泉之利，居民驾流作屋，安置水磨，清流急湍中，碾声相闻，令人有水石间想。"[①] 水磨主要用于磨面、榨油、碾米、棉花加工等各项事宜，与传统农业社会民众日常生活联系极为紧密。明清时代，水磨在一定程度上代表了当时生产力的发展水平。

对于水磨的数量，各代记载多有不同，总体上呈现增长的趋势。金天眷二年《都总管镇国定两县水碑》记载宋庆历五年洪赵争水时的有关数据称："霍泉河水等共浇溉一百三十村庄，计一千七百四十户，计水田九百六十四顷一十七亩八分，动水碾磨四十五轮。"同年抄写的《南霍渠渠条》则记载了南霍渠各村水磨和軖的数量，"道觉村磨六轮，兴一十二夫。軖二轮，兴二夫。东安村磨三轮，兴六夫，西安村磨四轮，兴八夫，軖二轮，兴二夫。府坊村磨二轮，兴四夫，軖一轮，兴一夫。封北村磨二轮，兴四夫。南羊社并南秦村磨一轮，兴二夫。封村磨二轮，兴四夫，軖一轮，兴一夫"，总计水磨 20 轮，軖 6 轮[②]。至清同治九年，《泰云寺水利碑》记载的南霍渠十三村水磨已成倍增加，其中"上节水磨三十五轮"、"下节水磨二十一轮"，共计 56 轮。田野调查中，笔者还了解到北霍渠水磨的分布情况："北霍渠过去水磨很多。主要在上游和中游。其中，后河头村在解放初一村就有 32 盘。水磨主要用来轧花，把籽棉磨成皮棉。也可以利用水力弹花、碾米、磨面。"[③] 至 1958 年，广胜寺泉域水磨数量已增至 82 轮。据地方人士估算，若以每轮水磨日产值 30 元，年值 5000 元计算，全部水磨年产值可达 41万元。这一数字对于泉域村庄来说相当可观。由于水磨业极高的经济效益，很早就纳入到地方政府的税收范围，官府专门设立了磨捐一项。民国《洪洞县志》记

---

① 道光《赵城县志》卷六《坊里》。
② 所谓軖，原意是手摇缲丝机，在此是指利用水力来缲丝或织布的机械。
③ 2005 年 3 月 21 日访谈记录，地点：霍泉水利管理局副主任张海清办公室。

载："水磨戏捐共有若干，前知事未据声明也。知事查历年账簿，磨捐一项，每年平均约收钱贰百千文。"[1] 顺治《赵城县志》亦有类似记载："水磨，官二盘，岁征课钞六锭，小麦九斗六升；民一百七十三盘，岁征小麦一百一十七石八斗四升。"[2]

由于水磨代表了传统农业社会最高的生产力水平，经济收益明显，因而拥有水磨便成为财富的象征。这在《洪洞县志》中可以得到印证，据志书载："孙世荣，马头村人，乡饮耆宾。嘉庆间岁饥，以积粟百余石，贱值出售。家置水碓数处，有载糠秕赁舂者，荣怜之，易以嘉谷。后岁熟，人归偿，辞不受。"[3] 因孙世荣家有水碓数处，因此可能平日家境就较诸乡邻富裕。饥荒来临时，不仅可以自保，且有能力救助乡里。严家庄村史编撰者对该村水磨、油坊业者经济状况的描述也颇有说服力，据载抗战前后，该村占有水磨、油坊，兼营庄稼的有 10 多户，是全村 80 多户中最富有的阶层，"他们占有土地虽不很多，（一般都超过平均水平），但因其所收的水磨、油坊课费（约为磨面数的 5%—7%），足够全家常年食用，种地和其他收入皆成节余，因此经济状况较为富裕。他们除维持其较高的生活水平外，还常年雇佣长工和短工，间或放点高利贷。故此，土改时所划地主、富农，多在他们中间"。

水磨的发展拉动了村庄经济的发展。据道觉村郭根锁先生讲："南霍渠 13 村中道觉村水磨最多，俗称道觉圪垌 38 盘磨。有些磨一日一夜可磨面 3000 斤。我村利用地理优势，共设有 11 盘水磨，加上水稻、小麦、棉花等各类作物的高产，自古以来就是一个远近闻名的大集市。由于交通便利，我村庙会、集市发达，商铺林立，有'金道觉'之称。"[4] 一些村庄则因水磨而得名。如磨头村，原名凤头村，因该村的水磨是霍泉七分渠下游的头一盘磨，后来便更名为磨头村；王家磨村也很类似。清初，该村吴王两家利用广胜寺的水源为动力，在七分渠旁建了 3 盘水磨，附近村里百姓常到这里磨面，因此称作吴王磨。后来，吴家迁离，就改

① 民国《洪洞县志》卷九《田赋志》。
② 顺治《赵城县志》卷四《食货志》。
③ 民国《洪洞县志》卷十三《人物志下》。
④ 2004 年 8 月 8 日采访。

称为王家磨。①

农作物的高产和水磨业经济的繁荣，为很多村庄和家族经济的发展注入了动力，助其完成资本的积累过程，于是很多家族热衷于买房置地、建设家园。在此，仍以水利条件优越的村庄之一严家庄为例。该村大姓以严、赵和刘为主，严姓最多。村史资料记载称，雍正初年到同治末年的140多年，是该村经济发展的兴盛时期。在村史编撰者眼里，经济兴盛的标志有二，一是楼院庙宇的建设和村址规模的不断扩大。二是大量从外村购置地亩，扩大产业。就土地购置情况来看，"南圪台上、羊圪窝和东沟里，原先都是南头和早觉村的地盘。从康熙末年开始，就一块一块地被严家庄人买了回来。仅据严祐、严新玉、严文筠、严维忠等四户所保存的旧契约获悉，他们的先辈，先后从南头、早觉买回土地十四块，计地25.59亩"。道光初年，从村外买地最多者，当属全村头等富户，修建东楼的严克镕。光绪三年，严文统之妻（严克镕的儿媳）给三个儿子国栋、国瑞、国祥分家文书上说：

> 吾家百余年来，纵非甚昌，亦为不艰。分书载明："除将祖宗遗业拨出庇老地30余亩，长孙地3.5亩外，三股均分。"其中，严国栋应分：坐北向南砖窑两孔半，窑上楼房三间半……，水地68.3亩，行本钱一宗30千文……。后批："六妹日后出嫁，议定陪嫁银一百五十千文。"附记罗列了国栋应分地的坐落：本村西沟里1.6亩，墓西东5.3亩。南王村2亩，小李宕1.6亩。永宁村32.3亩，坊堆6亩。石桥村5亩，南秦4亩，三洋堡3.5亩，巨家堡5.5亩。

事实上，严国栋所分的土地及本钱只是其祖宗遗产的九分之一。因其父辈严文统兄弟三人，各分三分之一，而国栋所分的又是文统财产的三分之一。依此粗略推算，即使到了光绪初年，严克镕一族仍有水地600多亩，其兴盛时期的地产、资产数额则会更多。村人对严家的历史记忆尤深，传说东楼里严克镕发财后，仅在永凝渠上就购得土地七百多亩，兴建东楼花费白银数千两。俗语所谓"严家庄

---

① 《洪洞村名来历》，分见第31、206、220页。

的银子，早觉村的人子"反映的正是这一状况。严家庄的个案，一定程度上可以说是泉域村庄经济特点的一个缩影。严氏发家后兼并其他村庄水地的行为，也折射出水利型经济对地方权势阶层的吸引力。

值得重视的是，村庄经济的发展还带动了泉域集市及庙会的兴盛。广胜寺泉域传统庙会较多，仅就南霍渠（13 村）、通霍渠（7 村）、清水渠（5 村）村庄来看，每年即有七次大型庙会。分别是：二月十九，以放烟火著称的早觉庙会；三月十八，闻名全国的广胜寺庙会；四月初一，以民间艺术为名的坊堆庙会；六月六，以布匹买卖最隆的道觉庙会；六月十五，以祭羊卜雨预兆丰年的南秦庙会；七月二十七，以抬爷爷、列炉子为趣的北秦庙会；九月二十五，以骡马大会最为热闹的严家庄庙会。其中，三月十八广胜寺水神庙会最具盛名且历史久远。从元代延祐六年（1318）《重修明应王殿之碑》中就能窥见其昔日盛况："每岁三月中旬八日，居民以令节为期，适当群卉含英，彝伦攸叙时也，远而城镇，近而村落，贵者以轮蹄，下者以杖履，挈妻子舆老羸而至者，可胜慨哉！争以酒肴香纸，聊答神惠，而两渠资助乐艺牲币献礼，相与娱乐数日，极其餍饫而后顾瞻恋恋，犹忘归也，此则习以为常。"再从庙会交易的商品来看，既有日常生活所需物品，又有农业生产所需之牲畜；既有烟火杂耍，又有祭祀、抬阁，可谓异彩纷呈。如果没有泉域社会相对富足的生活水平和充沛的市场需求与购买力，恐难以持久维系。这就从另一个侧面显示了水利型经济的地域优势。

三、权力中心：水组织与水政治

鉴于水利与泉域经济、民众生产生活的密切联系，对水资源进行有效的分配、组织和管理，避免用水不公和争端的发生，也就成为泉域社会的一大重要事项，牵一发而动全身。广胜寺泉域水利管理组织，早在宋金时期即已普遍建立，历经元、明、清数代，其组织形式和管理条例愈发严密，水利管理者不仅仅是地方水利事务的中心，甚至有可能成为地方权力的中心，原因即在于地方社会经济文化的发展对水资源的严重依赖，导致地方权势阶层和各类社会精英迅速向水利管理的权力中心汇集。

渠长—沟头制是泉域水利组织的基本形式。资料显示，泉域水利组织的建立和完善，应与宋金以来洪洞、赵城两县村庄间不断发生的争水纠纷有关。自唐贞元十六年南北霍渠三七分水以来，两渠民众屡屡因"三七分水之数不确"，分别在北宋开宝年间（968—975）、庆历五年（1045）、金天会十三年（1135）迭次兴讼，至金大定十一年（1171）已出现"洪洞赵城争水，岁久至二县不相婚嫁"[①]的严峻局面[②]，在此情况下，加强水利管理遂成当务之急。成书于民国六年的《洪洞县水利志补》全文收录了金天眷二年《南霍渠册》，该渠册不仅记录了南霍渠与北霍渠在唐贞元十六年的三七分水事件，而且对北宋后期南霍渠的水利管理情况亦有所揭示。据载："古旧条例：渠长，下三村充当，冯堡、周村、封村周岁轮流，以凭保结。"所谓古旧条例，是指北宋政和三年（1113）所修南霍渠册，天眷二年《南霍渠册》中有如下记载："自大朝登基置立渠条……兹有三村渠长共村得癸巳年古旧渠条，累经兵革，失迷无凭，可照所有去岁渠长，从新置立，抄写古旧渠条一簿，以渠照验科罚。"经查证，文中的"癸巳年"即北宋政和三年，这就表明：宋亡金兴后，金政权曾要求南霍渠的新老渠长按照该渠古旧渠条重新编制新渠册。由此可知，至少在北宋末年起，南霍渠即已实行渠长制，且执行由南霍渠最下游三村轮流充当渠长的制度。

至于为什么要设立渠长，天眷二年《南霍渠册》有下语："赵城县、洪洞县碢为屡屡相争词讼，各立渠长一员，拘集各村沟头，智治水户。十三村使水昼夜长流，分番浇灌地土，一月零六日一遭，各得其济。"紧随其后，金兴定二年（1218），南霍渠条例中又新增如下两条：一是"赵城县、洪洞县碢为相争词讼，各立渠长一员，拘集各村沟头智治水户，十三村使水，昼夜长流，分番浇灌地土，一月零四一遭，各得其济"。二是"赵城、洪洞两县难以归问，各立渠长一员"。此处，第一条与天眷二年相似，第二条则提到问题的关键"两县难以归问"，遂给南霍渠洪赵二县各立渠长一员。

---

① 雍正《山西通志》卷三十三《水利略》。

② 详情可参考张俊峰：《明清以来洪洞水利与社会变迁》，山西大学博士学位论文，2006年。

此后，南霍渠的水利管理组织愈益严密起来。至元二十年所立《南霍渠成造三门下二神记》记录了一份完整的南霍渠水利管理人员名单："……由是南霍渠长冯堡村高天吉，西安村王同，渠司梁巘纠率一十三村沟头冯堡村许佺、周村李邦荣、封村胡山封、村北社邢亨、南样社杜进、南秦村秦明、坊堆村李定府、坊村李芳、曹生村苗昇、西安村李安贞、东安村柴政、双头村杨忠、道觉村杜山敦请待诏……"通过这份名单，可以了解两个信息：一、至元二十年南霍渠水利组织包括：渠长 2 人，渠司 1 人，13 村沟头各 1 人，与后世没有多大差别，表明南霍渠水利组织在当时已臻完备；二、渠长出现两人，一人为渠道下游洪洞县冯堡村人，一人为渠道上游赵城县西安村人。这一条与兴定二年洪赵"两县难以归问，各立渠长一员"相对应，表明当政者自金代起，即已实行在南霍渠洪、赵二县分设渠长治理水利争端的措施，该措施经元明清三代一直沿用至 1949 年霍泉水委会的成立。如延祐六年（1318）《重修明应王殿之碑》碑阴"助缘题名之记"南霍渠部分见载，赵城上四村有"西安村渠长、渠司"、"东安渠长、渠司"字样，洪洞下九村有"冯堡村渠长"、"周村渠长"、"封村渠长"字样。可以推断下游渠长是冯堡、周村、封村三村轮充，上游则是东安与西安二村轮充。泰定元年（1324）《南霍渠彩绘西壁记》再次证实了这种判断，该碑题名中出现了"渠长西安王温甫"，"周村渠长□□"的字样。同样，同治九年《泰云寺水利碑》有："南霍十三村分上下二节，上管五村，下管八村，上节浇地二十八顷，水磨三十五轮，系上节掌例所辖也。下节浇地四十二顷，水磨二十一轮，系下节掌例所辖"，掌例即渠长，足见这种这种水利管理方式的长期有效性，因而得到泉域社会水利组织的大力推行。

北霍渠水利组织虽不似南霍渠那般复杂，但由于渠道远较南霍渠为长，且灌溉村庄众多，主干渠两侧陡口即达 25 个。[①] 故而北霍渠的管理，向来分上中下三节，除各村设沟头专管一村外，全渠还设有渠长 1 人，水巡 1 人，上中下三节各设渠司 1 人。[②] 道光《赵城县志》对其分工讲得很清楚："旧例，岁设渠长，官给

---

① 道光《赵城县志》卷十一《水利》。乾隆五年《治水均平序》则有"北霍渠自柴村而至永丰，陡口有上中下三节之分，水田有三万四千八百之余，地广而渠远"的记载。

② 可参考延祐六年（1318）《重修明应王殿之碑》碑阴"助缘题名之记"北霍渠部分。

以帖。渠长下设渠司，理渠之通塞；水巡，巡水之上下；沟头，司陡门之启闭。"

　　再来看渠长的人选。渠长并非寻常百姓可以充膺，就连沟头、渠司、水巡也非平庸之辈。水利管理人员通常是在有一定经济基础或政治地位的社会上层或精英人物中产生，这一特点，在金兴定二年南霍渠渠条中就已显现，该渠条规定："随村庄于上户，每年选补平和信实之人，充本沟头勾当"、"各村选保当年沟头，不得凶恶之人充沟头勾当。如违罚钱二十贯文。罚讫别行选保"。金元之际，北霍渠渠长郭祖义，则有"赵城前尉"[①]的履历。康熙四十二年，北霍渠渠长郝显鼎，"邑宝贤坊之望族也。端严正直，忠厚诚恳，有古君子之风"。(《辉翁郝君治水□绩序碑》)乾隆五年，北霍渠"今渠长崔翁讳至诚号明意，宝贤一绅也"(《治水均平序》)，上述记载表明，担任渠长、沟头等职务者，既要有经济地位，又要有德行要求，两者不可或缺。为了防止渠长选举非人，赵城县清水渠和北霍渠还规定，"每年公举正直老成之人，充膺渠长、沟头，先行报官查验充膺，不得私自报刁健多事之徒，以滋事端，违者重究"。(《清水渠册》)《赵城县志》还有记载说该县霍泉中只有北霍渠和清水渠"官给以帖"，足见政府对渠长选拔工作的重视[②]。

　　渠长任期通常采用一年一任的方式，不得连任。广胜寺水神庙现存北霍渠《历年渠长碑》，始自明正德元年，终于乾隆三年，234年间共涉及134人次，除去一些年份缺载外，一律遵循一年一任的规定，未见有连任渠长的现象。当然，这134人次当中，也有少数一人多次就任渠长职务的现象。如张直分别在万历四十三年、天启七年、崇祯十二年三度出任渠长；张光美在万历四十四年和四十七年两度任渠长。与此相似，水神庙的元代碑中也存在一人两次任渠长的现象，如高仲信就分别在1318、1324年任北霍渠渠长。再者，若单从渠长姓名来看，似乎还存在一段时间内渠长职务由某一家族同辈兄弟交替充当的现象。比如万历五年张文献，万历八年张文贵，万历二十三年张文胜，万历二十八年张维屏，万历三十四年张维纲，万历四十年张维宁，崇祯七年王建极，崇祯八年王立极，顺治三年宝贤坊渠长崔邦英，康熙十二年宝贤坊渠长崔邦佐等。由于缺乏有关人

---

① 尉是古代军官名，掌兵事。古代地方郡、县一般设都尉、县尉，即主管一县军队的军官。
② 《奉赞北霍渠掌例高凌霄序》也讲到高某由"阖县之缙绅士庶，公推治水之职，遂荐邑候陈老爷恩赐掌例"。

员更进一步的资料，因此不排除有宗族势力轮流掌控渠长职务瓜分渠利的情况，在此姑且提出以供讨论。

再就渠长的工作来看，充任渠长者在一年的任期当中一般都很辛苦，尤其对于那些责任心强的来说更甚。北霍渠水利碑中，由渠长以下全体管理人员给掌例（即渠长）立碑颂德的碑文数量最多，共计 16 通。此类碑文大同小异，多叙述某某担任渠长期间治水、修渠、敬神等事情。以乾隆十一年《督水告竣序》为例，掌例韩荣，"秉性刚直，行事公正。一任厥事，勤敏督水，诚敬祀神。遇改种之期，催水不暇，率其子弟，烦其亲友，上下催督，日夜弗息。供给费用皆由己备，从不搅扰各村也。是以感恪天心而田无旱乡，禾皆丰收。……且又不惜资财，不惮劳苦，整修麻子桥堰、燕家沟，坚固无患"。 总之表达的均是渠长很辛苦，治水成就很显著之意。

既然担当掌例是辛苦活，不但要付出精力，还要掏个人腰包来办理公家事务，似乎有些得不偿失，却仍有人不辞辛劳，情愿"吃亏"，而且有些人还多次充膺渠长，这就很值得反思。倘能结合渠长的活动空间和交际范围来分析，不难发现与担任渠长获得的多方面社会资源、信息和机遇相比，渠长本人在身体上和经济上付出一年或几年的辛劳实在算不了什么。从渠长的生活空间来看，远非蕞尔小民可比。一个普通村民经常的活动空间可能就是自己村庄所在的范围，顶多加上周围临近的若干个村庄。其社会交往，恐怕也主要以本村、本姓、本族人为主。渠长则不然，其活动空间通常会覆盖渠道所及的整个范围。以北霍渠为例，担任该渠掌例者，其活动空间至少要在全渠 24 陡门所及的村庄范围内，遇到治水紧张的时刻，还会与渠司、水巡长住某村，这就为扩大其社会交往提供了条件。

再看其交往对象，则上至本县最高长官，下至渠司、水巡、沟头，而后者通常是具有一定社会地位和威信的村庄精英或上层人物。通过治水、祀神等各类公共水利活动，渠长本人在与他人的交往和处理各类用水问题的过程中，获得了更多人的认可和社会知名度，从而为其向社会更高层次的流动提供了机会和条件。比如南霍渠下节掌例卢清彦，就因其在平息多村水利争端中的贡献而威望陡增，入选洪洞县志人物志。县志记载称："卢清彦，字子文，冯堡人。端谨正愨，和易近人。邻里有争，辄劝止之，乡人倚以为重。同治八年，总理南霍渠，时值亢旱，洪赵两邑互争水利，麇集多人，势将械斗。彦为剖决利害，事因以解。渠众感念，立碑泰云寺，以志不忘。"①还有一些人因在治水中的贡献突出，得到了县令、渠民的嘉奖。比如康熙十七年北霍渠掌例王周映，任职期间敢于革除水利陈弊，减轻了渠民的负担，因而得到赵城县令的嘉奖，并响应渠民要求为其立碑颂德。此外，在泉域社会还保持着全体用水户在治水有功者家门前立匾的传统。如康熙四十二年《辉翁郝君治水□绩序碑》有"合邑举匾，六十五沟之头感颂之甚，愿出公资，勒石以垂永久"的记载。泉域至今尚存的两块匾额，分别是民国二十六年北霍渠24村沟头代表全体渠民为表彰渠长王子山先生懿行在其家门头悬挂的"治水勤劳"匾和1950年霍渠水利委员会代表全体渠民为板塌村李大星门头悬挂的"导水热心"匾。这便在无形之中树立了村庄精英人物在基层政治中的威望，无论其是否继续管水，都会在地方社会重大事件中起到中坚或决策者的作用。同样，当政府在泉域社会遇到棘手的事情时，这些素有威望的人物也会进入官员的视野，成为他们倚重的对象。在与政府官员交往的过程中，村庄精英也得到了向上流动的机会和空间。这样的道理对于掌例而言如此，对于渠司、水巡和沟头来说亦然，无须赘言。

无可否认的是，渠长也有贪污腐化的行为。很难保证历代治水者个个都能做到导水热心、治水勤劳，如果渠长利用自身特殊的地位和权利谋取私利，也会对基层政治产生不利的影响。金大定十一年（1171），岳阳令麻秉彝奉命处理霍泉水争时，就处理过不法渠长，据载"前此司水者赃秽狼藉，秉彝尽置于法，自是无讼，二县之民刊石以纪其事"②。乾隆十六年，又有人在《整修水神庙碑》中议论说："独计治水之长，一年一更，其中保无因仍苟且，徒塞一岁之责而已乎？"同样的质问，在同治三年清水渠碑中也有表露："况渠长等秉公办事者，固不乏人；利欲熏心者亦复不少。其内种种窒碍，不可胜言。"另据档案资料显示："过去南北霍渠，有一最大弊端，即渠长虽名义上是义务职，但权大责重，每年更换一次，常有卖水事情，往往将上游原有水田，卖得水量不足，变成旱田；下游原有旱地，

① 民国六年《洪洞县志》卷十三《耆寿》。
② 雍正《山西通志》卷三十三《水利略》。

反而变成水地，渠道上演出惨案，半由于此。又因渠制不良，渠长是无给职，任意向渠民借端摊款：甚至勾结劣绅土棍，挑拨沿渠村庄，动辄兴讼。一旦争水，起了讼事，彼等即住在城内饭馆，大吃大喝，任意挥霍。又因渠长是一年一选的不连任制，今年卖水舞了弊，明年去职后，即可逍遥法外。"① 将此记载与北霍渠16掌例碑相比较，可以更为全面地理解渠长在泉域社会水利组织和基层政治中所发挥的作用。

最后再看水利管理人员在水神祭祀活动中扮演的角色。据明代碑记，祭典水神的活动是因为"当事者以众散乱无统，欲朕属之，遂定为月祀答神，赆萃人心，此祭之所由来也"。但令创立者意想不到的是，祀神活动确立以后，随着岁月的流逝，人们越搞越复杂，并且赋予其越来越多的含义。同碑载："当日不过牲帛告虔、戮力一心而已，厥后增为望祀，又增为节令祀，其品此增为一，彼增为二；此增为二，彼增为三、为四，愈增愈倍，转奢转费，浸淫至今，靡有穷已。"到此刻，祀神活动变成了渠长、沟头大肆敛钱的工具，这无疑会加重泉域渠民的负担，于是出现了裁汰陋俗的声音。据万历四十八年《水神庙祭典》碑载："北霍渠旧有盘祭，每岁朔望节令，计费不下千金，皆属值年沟头摊派地亩，每亩甚有摊至四五钱者，神之所费什一，奸民之干没什九，百姓苦之。"同年立《察院刘公校正北霍渠祭祀记碑》也揭露了祀神摊派的实质："其中百计科敛，不曰粢盛之费，则曰宴会之费；不曰往还之费，则曰疏浚之费。祭无定品，费无定数，岁靡千金，如填溪壑。无他人皆我籍之徒，身无寸土，冒名渔猎，图干没以肥家也。"然而水神祭典中的这一弊病并未彻底铲除而是积久延续并成为广胜寺泉域特有的现象。如康熙三十八年《道示断定水利碑》中，再次出现"水利祀神滥派虐民"的控诉。

通过上述正反两方面的分析，我们得以了解以渠长为首的水利管理人员在地方水利事务中所具有的关键作用，也可以发现担任水利职务者，并不见得就是16通掌例碑中所描绘的那种忙忙碌碌、废寝忘食、公而忘私的形象。借助于水

---

① 洪洞县水利档案，复印自大同市档案局，山西大学中国社会史研究中心马维强博士收集。需要注意的是，该资料带有集体化时代诉苦的烙印，控诉旧社会水利制度的色彩比较浓厚，需慎重鉴别和使用。

利管理这一方式，村庄精英人物获得了相互之间进行权利交易的资本，也获得了与上层社会进行交往的机缘，从而在更广泛的意义上对泉域社会的发展变迁产生重要影响。

四、灌溉不经济：水争端与水权利

水最初作为一种公共资源，供人畜汲饮和农田灌溉，具有很大的随意性。只是随着社会经济的发展，用水需求的不断扩大，有限的水资源在满足某一群人和村庄用水需求的同时，就难以同时满足另一群人和村庄的同等需求，于是便会产生谁来用，用多少，孰先孰后等一系列用水争议，也就是后世经济学家通常所说的水权问题，应该说这是一个具有普遍意义的社会问题。

从历史来看，水不足用与越界治水始终是影响广胜寺泉水利用和分配的两个重要因素。广胜寺泉水发源地虽在赵城县，获益者却是赵、洪二县。由于行政管辖权不一，在水权分配过程中就容易发生县域纠葛，地方主义凸显，导致地方利益与国家利益产生张力，不易调和。于是在水权分配上就浮现出很多问题。

最首要的问题，应是洪赵二县三七分水。对于三七分水，地方社会长期流传有油锅捞钱定三七的传说。根据该传说，北霍渠赵城县渠民还在水神庙西侧修建了纪念争水英雄的好汉庙。然而，三七分水史并非像油锅捞钱一样无稽，而是有着确切史料依据的历史事实。据金天眷二年《南霍渠渠册》记载，霍泉最初受益者仅是赵城县人。唐贞元年间，因洪洞"岁逢大旱，天色炎炎，水草枯竭，草木焦卷，禾稼稿然"，于是洪洞县令张某派遣郎官崔某向赵城县令乞水，"将赵城县使余之水，乞我以救人，广苏我田苗，为令相公昆季慈上爱下，能无情乎？其时崔郎中乞水一寸"。此即后世赵城人"余水灌洪"说法的由来。自此，洪洞人便有了使用霍泉水浇灌民田的先例。但是，洪洞人从这次乞水经历中得到了好处，意识到引霍泉水灌田的重要意义。于是在贞元十六年，当洪洞再次发生干旱时，便有洪洞人希图援引前例，与赵城分水。对此，《南霍渠渠册》有完整的记录："至唐贞元十六年，有洪洞县百姓卫朝等，知其惠茂，便起贪狼之心，无厌之求，后次兴讼。时前使在中，承更及乞水滴漏陡门二尺九寸，深四寸。终未饱足，再行陈告。将赵城县道觉等四村、洪洞县曹生等九村计一十三村庄一同与北霍渠下地土一例十分水为率。验得本渠二百一十五顷地，计四百三十夫头，总计验数本渠合得水三分。然必先赵城道觉等四村浇讫，将多余水浇洪洞县曹生等九村人户。"看来，这次争水行动得到了官府的支持。

值得注意的是，此次分水的关键有二，一是归属赵城的北霍渠与既有赵城又有洪洞村庄在内的南霍渠的分水比例如何确定；二是南霍渠赵城村庄与洪洞村庄如何分配南霍渠的"三分"水。关于南北二渠如何分水的问题，上引史料已言明，是综合了南北两渠地亩多寡进行的分配。可惜该资料中只记载了当时南霍渠的土地数字——215顷，缺北霍渠的土地数。而万历《洪洞县志》则称："唐贞元间，居民导之分为两渠。一名北霍，一名南霍，灌赵城、洪洞两县地八百九十一顷。"两者相减后得出北霍渠土地数字应是676顷。676与215的实际比例是3.14∶1，四舍五入取整则为3∶1，这就是说，如果单以实际土地数字为据进行水量分配，北霍渠应占总水量的75%，南霍渠占25%。但是在实际分水过程中，又面临工程技术难题，无法做到精确无误差。因此，南北霍渠三七分水的比例应该是结合了实际土地数字和工程数学原理后得出的一个最佳比例。三七比例的划定，既解决了分水难题，且确定了后世的用水格局。

然而令分水者始料不及的是，南北两渠的土地数字并非一成不变的，而是处于一个变化多端的状态。研究表明，唐宋时期是泉域水利发展的黄金时期。庆历五年，"霍泉河水等共浇溉一百三十村庄，计一千七百四十户，计水田九百六十四顷一十七亩八分"，这已是历史上霍泉的最大灌溉面积。（金天眷二年《都总管镇国定两县水碑》）比贞元十六年三七分水时，新增水田73顷余。相比之下，南霍渠灌溉面积却呈下降趋势。据顺治《赵城县志》记载，庆历五年"南渠分五道，一曰南霍，一曰九成，与南霍一道，以上下流，俗呼二名。一曰小霍，溉邑道觉等四村，洪洞曹生等十三村，共田一百六十余顷"，比唐代的215顷，减少了55顷。这就是说，庆历五年北霍渠灌溉面积增加了128顷，在泉水流量相对稳定的条件下，南北霍渠的一减一增，必然会使唐贞元十六年的三七分水制度与现实不相适应。这种不适应最直接的表现就是南北霍渠围绕三七分水冲突不断。

北宋开宝年间和庆历五年，洪赵二县发生的两次争水案件都与三七分水有关。开宝年间（968—975），"因南渠地势洼下，水流湍急，北渠地势平坦，水流纡徐，分水之数不确，两邑因起争端，哄斗不已"①。不过，当事者于分水处设限水、逼水二石，从技术上解决了此次纠纷："当事者立限水石一块，即今俗传门限石是也。长六尺九寸，宽三尺，厚三寸，安南霍渠口，水流有程，不致急泄。又虑北渠直注，水性顺流，南渠折注，水激流缓，于北渠内南岸、南渠口之西立拦水柱一根，亦曰逼水石，高二尺，宽一尺，障水西注，令入南渠，使无缓急不均之弊。"② 遗憾的是，宋初的这一举措并未能维持太久，至庆历五年两县人再次起争。关于这次争讼的过程，已无详细资料可查。唯一可见的是康熙时任赵城县令的吕维杆在《赵城别纪》中的记载："宋庆历五年，邑人郭逢吉与洪洞人燕三争水利，转运使郡守踏勘，酌水之去洪洞者十之三，赴本邑者十之七，各设陡门，遂定水例，立碑南北渠。"从这一记录中依稀可以发现：此次争水仍与三七分水有关。

金代洪赵二县争水斗讼更为激烈，究其实质，仍以三七分水为中心。天会十三年（1135）赵城人状告洪洞人盗水，平阳府府判高金部、勾判朱某、绛阳军节度副使杨桢等人先后审理此案，未能息争，反被洪、赵民屡屡状告定水不均。直至天眷二年（1138），河东南路兵马都总管兼平阳府尹完颜谋离也亲自带同两县官吏及两县千余水户到分水处实地踏勘，本着"参照积古定例定夺，务要两便"的原则，恢复了三七分水体例，平息争端。然此后洪赵争水更是愈演愈烈，大定年间（1161—1189）甚至出现"洪洞、赵城争水，岁久至二县不相婚嫁"③的严峻形势。从宋金时代三七分水制度不断遭受地方用水者反对的事实可见，三七分水制度已经无法保证所有用水者的利益而处于被改革的边缘。只是得益于官府的极力维护，才勉强得以保留。

与宋代霍泉灌溉面积的稳步增加相比，明清时期则呈现为大幅减少的特点。先来看北霍渠的统计数字：万历四十八年《水神庙祭典文碑》载该渠"二十四村

---

① 清雍正四年《建霍渠分水铁栅详》，洪洞县水神庙分水亭北侧碑亭。

② 同上。

③ 雍正《山西通志》卷三十三《水利略》。

共水地三万四千九百一十一亩"，雍正四年平阳知府刘登庸在处理洪洞、赵城争水问题时，统计北霍渠"溉赵城县永乐等二十四村庄，共田三百八十五顷有奇"，后又有减少，乾隆五年《治水均平序》载："北霍渠自柴村而至永丰，陡口有上、中、下三节之分，水田有三万四千八百之余。"道光七年《赵城县志》又有记载称此渠"由分水亭下至窑子村，凡二十四陡口，共溉地三万四千七十四亩"。再看南霍渠，万历《洪洞县志》记载说"溉洪洞曹生、马头、堡里，上庄、下庄、坊堆、石桥头、南秦、南羊、周壁、封村、冯堡十二村地一百三十九顷奇"，雍正四年，"溉赵城道觉等四村，南溉洪洞县曹生等九村，共田69顷有奇"（《建霍泉分水铁栅详》）。很显然，与万历时期相比，南霍渠的灌溉亩数也大为缩减。雍正以后这种趋势仍在继续。同治九年《泰云寺水利碑》载："不知南霍十三村分上下二节……上节浇地二十八顷……下节浇地四十二顷"，共地60顷，又减少了9顷。不难发现，明清时代霍泉灌溉面积已较唐宋时代减少了将近一半。究竟是什么原因使得霍泉发生如此巨变呢？

从理论上讲，水量减少、渠道失修和因战争或自然灾害而导致的土地破坏、荒芜等，都会直接影响到泉域灌溉面积，但是若要大幅度地改变泉域用水局面，除非发生某种不可抗拒的重大自然灾害。山西地震史研究者王汝雕先生对1303年即大德七年洪洞八级大地震的研究证实了这一点。这次大地震的震中就位于广胜寺泉域，著名的郇堡地滑现象也发生于此。地震对泉域渠道造成了严重的破坏，从延祐六年（1318）水神庙《重修明应王殿之碑》可知："地震河东，本县尤重，靡有孑遗。上下渠堰陷坏，水不得通流。"地震对霍泉流量的影响，则见载于国家图书馆收藏的明洪武十五年（1382）刻本《平阳志》，这部方志由元末明初平阳文士张昌纂修。全书卷数不详，残存卷一至九。该志卷七"赵城县"记载"霍泉渠：……元大德间地震，将北霍渠郇堡等村渠道陷裂，斗门壅没不存，泉水减少。今溉地四百七顷八十余亩"。王汝雕指出："这一地震80年后的记载说明，破坏最严重的是北霍渠和清水渠，大规模的地体滑移就是从北霍渠渠身开始的。值得注意的是'泉水减少'这一情况。估计地震使泉下游的地层结构破坏，泉水在地面以下渗透量增大，故地面流量减少。"但是霍泉流量究竟受到多大的影响，我们目前尚不可知。① 再者，霍泉渠道系统在遭受严重破坏的同时，泉域地形地势也随之发生变化。变化的后果就是震后很多村庄不能再从霍泉受益，被迫退出了水利系统。通过比较地震前后霍泉渠受益村庄数量可知，庆历五年北霍渠曾有 46 个受益村 592 顷地，明清时期只剩下 24 个，土地最多时仅有 385 顷，相差甚大。清水渠在金元时期有 14 个村庄 135 顷地，清代只剩下 5 到 7 个村 73 顷多地。南霍渠则比较幸运，一直保持着 13 个村庄的规模，但是受益地亩也从原来的 215 顷锐减到不足百顷。

时异势殊。与宋金时期相比，明清时代泉域灌溉面貌可谓沧桑巨变。即便如此，三七分水的制度作为一项传统，仍然被继承和保留了下来，没有丝毫改变。同时，历代官员为了保证三七分水的精确，想尽各种方法来加以维护。从开宝年间设立限水石、拦水柱、逼水石，到金天会年间设置木隔子，再到雍正三年铸造分水铁柱，建分水亭，并将分水处划为禁地，不允许常人随便进入，实可谓费尽心机，然此仍未阻止水利争端的发生。

明代中期，洪赵纷争又起，焦点仍在三七分水。隆庆二年，赵城人王廷琅在淘渠时，偷将分水处"壁水石"掀去，并将渠淘深，致使"水流赵八分有余，洪二分不足"，激起洪洞人不满，洪洞渠长董景晖径告至巡按山西监察御史宋处。宋御史命平阳府查报。知府毛自道令同知赵、通判胡共同审理。二人参照金碑和唐宋成案，重新确定两渠渠口原定尺寸，重置拦水石和限水石，重新恢复三七分水，这起争端始告结束。万历年间，洪赵两县又有争端，道光七年《赵城县志》记载称："郑国勋，万历时令。性伉直，有干才。洪洞人与邑民争霍渠水利，力抗之乃已。后令朱时麟继之，更定分水尺寸，使无更易。"② 郑国勋为万历二十二至二十四年赵城令，朱时麟为万历三十七至三十九年赵城令，两人在各自任职期间都有处理洪赵争水的事迹，表明万历二十二年至三十九年间，洪赵两县仍时有水案发生，

---

① 如果不考虑土地本身因地震造成的破坏，单从出水量进行考察，可知当渠系恢复后，在水利技术不变的情况下，从明清泉域灌溉面积只有唐宋时代大致一半的事实，可以推测唐宋时代霍泉水量可能是明清时期水量的 2 倍左右。现在的霍泉水量监测资料显示明清时期霍泉流量可能在 4 立方米每秒，且多年稳定，那么唐宋时期可能高达 8 立方米每秒左右。

② 道光《赵城县志》卷三十《官绩传目》。

且争论的焦点还是三七分水。清代，洪赵分水之争依旧，南北两渠之民仍在为是否和如何置放逼水、限水二石争执不休。碑载："雍正二年，民复争斗，两县各详前院。蒙委员查勘回详：因立石久坏，致起讼端。遂遵古制，复立二石在案。仅隔一年，复蹈前辙。蒙宪台委绛州知州万国宣查勘。该州宣布宪谕，民心平复。乃案墨未干，洪民将门限一石击碎，赵城令江承诫连夜复置，随置随击。赵民也将逼水石拔去，以致两邑彼此纷纷呈详。"①

面对洪赵渠民针锋相对，剑拔弩张的紧张局势，知府刘登庸在回顾自唐以来数百年洪赵争水历史之后，将原因归结于两个方面，即"两邑之民，各存偏私，又因渠无一定，分水不均，屡争屡讼，终无宁岁"②。鉴于分水石"既小而易于弃置，碎烂毁败，不能垂久"的弊端，他将精力放在改造分水设施上，"窃为莫如于泉眼下流，即今渠口上流丈许，法都门水栅之制，铸铁柱十一根，分为十洞，洪三赵七，则广狭有准矣。铁柱上下，横贯铁梁，使十一柱相连为一，则水底如画，平衡不爽矣。栅之西面，自南至北第四根铁柱，界以石墙，以长数丈，迤逦斜下，使南渠之口不致水势陡折。两渠彼此顺流，且升栅使高，令水下如建瓴，则缓急疾徐亦无不相同矣。如此则门限、逼水二石，可以勿用。庶三七分水，永无不均之患，一劳永逸，民可无争"③。刘的这一改造方案，得到上级称道，山西布政使分守河东道潘宏裔评价说"改置铁柱、铁墙，比旧制分水更均，奸民亦无所逞喙矣"；山西等处承宣布政使司布政使高成龄则称赞说"该署府留心民疾，铸画精详，甚为可嘉"，其他高级官员亦有其法至善、甚为允协的话。应该说，自宋开宝年间一直缠绕于洪赵三七分水之争中的分水设施问题至此已相当完美。

但是，雍正以后南北霍渠依旧存在的争水问题使刘登雍"一劳永逸平息纷争"的理想也遭受彻底失败。同治九年，赵城县百姓私自改造分水亭下分水墙，使分水墙"比旧时高有尺许"，但值年掌例置之不问，官府也难以定断，遂不了了之。无奈之下，曾于同治八年总理南霍渠事务的冯堡村人卢清彦，率南霍渠下八村公直将此事刊诸碑石，留作记录。

---

① 雍正四年《建霍渠分属铁栅详》，碑存霍泉分水亭北侧碑亭。
② 同上。
③ 同上。

民国时期，南北霍渠再次因分水发生械斗事件。民国十六年六月，时值玉米灌水季节，赵城人将洪洞三分渠水截留汇入七分渠，正依水程浇地的洪洞南秦村人一见水干，立刻纠集该村青壮年组成百人大队人马，手持铁锹、耙子、木棍之类器械，径直打到赵城道觉村，将该村渠首房屋拆毁，打死巡水员一名，至分水亭将渠水拨回。事后官司一直打到省城太原，最后由南秦人按户摊钱赔偿死者了事。[①]

由于地震的影响，我们可以将泉域社会三七分水的历史划作两个不同的阶段，这两个阶段的分界线就是 1303 年洪洞大地震。三七分水原本是作为唐代解决洪赵争水的办法而制定的，在宋金时代已不适合土地面积和用水量的变化而急需调整，但终究未变。地震后，泉域社会各方面均发生了巨大变化，霍泉水量大幅减少，渠道遭受严重破坏，经历很长时间才恢复，许多村庄、土地不再具备引水灌溉条件而退出霍泉水利系统。在此情况下，三七分水的制度依然作为一项传统和不容更改的制度被保留下来，与现实用水状况已完全脱节、近乎僵化了。正因如此，无论三七分水技术和设施多么先进，对于解决两县民众实际用水困难却是无济于事的。于是，以三七分水为焦点的水利争端，便不断地映入人们的视线。原本不足的水资源，由于未能得到合理有效的配置，长期低效运营，呈现出"灌溉不经济"的特点，这种面貌直至 1949 年后霍泉灌区实行水利民主改革后才有改观。

五、权利象征：水信仰与水习俗

泉域社会在长期的用水实践中，还形成了极具特色的水神信仰和水利习俗，是泉域水文化的重要组成部分。这不仅是泉域社会自身的一大特征，而且具有重要的象征意义，暗示和表达了泉域社会不同群体的用水地位和水权分配格局。

泉域水文化的第一个方面是敬祀水神的传统，这也是泉域水文化中最重要的

---

① 参考李永奇、严双鸿主编：《广胜寺镇志》，山西古籍出版社 1999 年版，第 95 页；《南秦村史》，洪洞县档案馆存。

组成部分。水神明应王无疑是整个泉域范围内最具影响力的神祇。民间多呼明应王庙为大郎庙，此庙现位于霍泉泉源海场北侧，系元代建筑风格。据至元二十年《重修明应王庙碑》载，此庙"按《寰宇记》，自唐以来，目其神曰大郎，然明应王之号，传之亦久，其褒封遗迹，遭时劫火，寂无可考"，说明当时撰碑者——赵城县教谕刘茂实并不清楚水神明应王的由来。民间虽流传大郎神是指修建都江堰水利工程的秦蜀守李冰，但仅系口传，无切实依据，有牵强附会之嫌。笔者考证，霍泉水神明应王其实是霍山神山羊侯的长子，《宋会要辑稿》中有"霍山神山阳侯长子祠在赵城县，徽宗崇宁五年十二月赐庙额明应"的记载。长子行大，故又称大郎神，这也与宋乐史《太平寰宇记》中"霍水源出赵城县东三十八里广胜寺大郎神，西流至洪洞县"[1]的记载相对应。由于唐宋时期正值霍泉水利蓬勃发展的高峰期，水对地方社会意义重大，因而存在一个由山神变水神以适应现实需要的过程[2]。对此过程，由于时代演替而逐渐不为世人所知。

明应王庙在金元时代可谓命运多舛。先是毁于"金季兵戈"，后又毁于大德七年地震，两度重修，始成现在规制。现存至元二十年（1283）《重修明应王庙碑》和延祐六年（1318）《重修明应王殿之碑》对此过程记载甚详。比较两通碑文可知，霍泉南北诸渠在水神庙的两度重修工程中均用力甚勤、积极参与，起到了力量中坚作用，反映了水神明应王对于泉域社会各用水群体的重要意义。尤其在元代经历地震打击重修水神殿时，更是囊括了南北两渠所有受益村庄，无一例外，这一点从延祐六年《助缘题名之记》中很容易看得出来。

民众对水神的崇奉更主要表现在频率极高的日常祀神活动中。水神庙现存明清各两通祭典文碑，清晰地展示了各种祭祀节日的变化。从万历四十八年（1620）的两通碑文来看，当时北霍渠的祭祀活动已相当频繁且达到了奢华靡费的程度。最初倡率者只是想通过"月祀答神"的行动，解决北霍渠管理中"众散乱无统"的问题，达到"觊萃人心"的目的（《邑候刘公校正北霍渠祭祀记》），但是随着岁月的流逝，又由每月一次的朔祭改为每月朔、望二祭，后在此基础上又增加了

---

[1]　《太平寰宇记》，文渊阁《四库全书》本，第 365 页。

[2]　参阅张俊峰：《明清以来洪洞水利与社会变迁》，山西大学 2006 年博士学位论文，第 40—41 页。

节令祀，即逢重大节令也要赴庙祀神，如三月十八水神圣诞日，五月初五端午节、六月初六崔府君圣诞日，八月十五中秋节，九月初九重阳节，十月十五水官诞辰日，此外还有二月初一开沟祭、闰月祭、春秋二祭及辛霍峪龙王四月十五日圣诞祭等。如此名目繁多的祭典和祭祀摊派负担，可谓劳民伤财，令泉域民众应接不暇，于是有了万历四十八年赵城县刘公汰繁存简，节约办祭的改革措施。同样，康熙十二年南霍渠也进行了类似整顿祭典的活动，且有"嗣后备牲祭献，不得指科排席，邀娼聚饮"①的规定。虽是惠民之举，却都未能维持太久，泉域社会曾一度有"祭一减则水势刹"的流言。于是到清康熙年间，各种祭典节日又重新恢复了。

北霍渠在长期的水神祭典活动中，还总结出了各种祭典仪式的规格和标准，明确了不同身份人员的权利和义务，并将其制度化、规范化。以万历四十八年经赵城县令校正后的"每月初一日祭"为例，规定祭品及各项花费标准为：酌定银四两。其中，猪一口，重五十斤，银一两五五钱；羊一只，重二十五斤，银五钱；馒头五盘，各处献食，银二钱；合文一百，砖箔一个，银一钱五分；酒，银三分；油烛，银五分；四处龙王、海场、关神、郭公纸马等，银二钱一分；各门神、上下寺纸箔，银一钱四分；每月常明灯油四斤，银一钱二分；每月细香、盘香，银三分；渠长公费，银一钱；渠司水巡公费，银四分；廊下沟头公费，银五分；屠户口饭工钱，银八分；厨子口饭工钱，银五分；供役人公费，银一钱四分；调料，银五分；男乐四名，银一钱六分，一年共计银48两。其他节日祭典除了规格、花费标准各有高低外，其余皆与此大同小异。为了确保一年十二个月祭典活动的正常举办，北霍渠还将所属24村沟头分成12组，每月指定两名沟头配合掌例做好祭典事宜。此外，在北霍渠的各种祭典规定中，还有一项内容就是对祭品的分配，主要是对猪羊肉这类供品的分配。为此颁布了"分胙定规"，根据祭典规格的高低，划定不同的分配人群。如在三月十八和八月十五两次最重要的祭典活动中，因有赵城县高官亲临，因而也要参与分胙；其余常规性祭典如朔望祭，则仅限于渠长、渠司、水巡、各村沟头等水利管理人员，包括厨子、屠户、乐人、庙户在内的祭典活动参加者。分胙行为对于泉域范围内每个村庄的沟头而言是有特殊象

---

① 康熙十二年《水神庙清明节祭典文碑》。

征意义的，是否能够参与分胙、怎样分胙意味着沟头各自代表的村庄用水权的有无与次序的先后。因此，祭典水神的活动历来就为泉域村庄所重视，久之成为泉域社会的用水权利的象征。

与字面规定不同的是，泉域社会在长期的祭祀过程中还存在着诸多禁忌和陋俗。如每年三月十八日水神诞辰时，"南霍渠所有村庄中，只有道觉村奉纸不奉表；在水神庙祭神时，按旧例对联由道觉村贴，或由官庄村贴；祭祀水神时，只有水神姥姥家道觉村人、北霍渠掌例和赵城县令可以从水神庙中门进庙，洪洞县令和南霍渠其他村庄则只能由侧门入庙。清末，南渠下节掌例封村郑长宗自视有朝廷从四品官衔，祭典水神时欲从中门进，遭到赵城北渠人的殴打"[①]。由此可见，即使在同一个用水系统中，赵城与洪洞、上游与下游在祀神仪式中的地位和权力却相差极大，这也间接反映了不同用水主体水权的不对等。这种权力的不对等，在水神庙的地域分布上也有体现。据文献和调查可知，广胜寺泉域明应王庙共有四处。其中，赵城两处，一是位于霍泉发源地的大郎庙，一是位于赵城县衙附近的明应王行宫；洪洞两处，一在小霍渠官庄村，一在副霍渠北洞村东。非常奇特的是，北霍渠、南霍渠和清水渠祭典水神的活动均在霍泉发源地的大郎庙，而接南北霍渠溢漏之水的小霍渠、副霍渠则是在各自渠道上修建明应王庙作为祭典场所，并不参与霍泉发源地大郎庙的祭祀和维修工程。由此可见，在广胜寺水神明应王的祭祀圈中也是有明确等级划分的，其中北霍渠和南霍渠赵城上四村是第一等级，南霍渠洪洞下九村和清水渠是第二等级[②]；小霍渠和副霍渠则是第三等级。此外，从水神庙绝大多数碑文只记述北霍渠治水、祭祀的活动中，也能发现该庙为北霍渠独占的特点，这更反映出赵城人和赵城村庄在霍泉水利系统中的优越性。

泉域水文化的第二个方面是大量与水权有关的传说和故事普遍流传。其中，与三七分水关系最为紧密的油锅捞钱传说就非常典型。这一传说的大致内容是：洪赵二县因水纠纷不断、冲突升级。紧急情况下，官府想出用油锅捞钱的办法来确定分水比例。于是在滚烫的油锅里抛入十枚铜钱，由双方各派一名代表，规定

---

① 郭根锁手稿《道觉村史》，山西大学中国社会史研究中心藏，笔者收集。

② 之所以将清水渠划作第二等级，是因为清水渠与南霍渠一样，曾先后两次参与到霍泉发源地大郎庙的重修工程中，一次在至元二十年，一次在康熙三十八年。

捞出几枚铜钱就可得几分水。结果赵城人一下子从油锅里捞出七枚铜钱，于是赵城分得七分水，洪洞分得三分水，洪赵三七分水的比例就是这样形成的。这个传说在洪赵二县流传极广，几乎是妇孺皆知的。笔者在山西水利史的研究中，发现该省很多泉域都有着类似的故事，且分水的结果也完全相同，均是三七分水，比如晋祠泉和介休洪山泉。山西翼城滦池泉域也有通过油锅捞钱霍渠用水权的故事。至今，这些地方还保留着历史上的三七分水设施和纪念争水英雄的庙、碑或坟墓。在广胜寺泉域有好汉庙、在晋祠有张郎塔、在介休有好汉墓、在翼城有四大好汉庙。田野调查中笔者还了解到，当地民众对这些争水英雄几乎是"宁信其有，不信其无"的，甚至有人能说出争水英雄的真实姓名和所在村庄等信息，言之凿凿，这不禁令人满腹狐疑。但是，无论油锅捞钱真假与否，它都作为泉域水文化的一个重要内容而被流传下来，这至少说明泉域社会是有其存在之基础的。毕竟，通过油锅捞钱的方式确定分水比例，尽管缺乏切实依据，却作为对三七分水现象的一种解释，具有一定的权威性。因而成为不同用水主体重申或强调其水权合法性的依据之一。

与此相关的是黑猪拱河的传说。霍泉诸渠中，北霍渠形成年代最早。故老相传，北霍渠的形成与一黑猪有关，说该渠道是由此黑猪于一夜之间用嘴拱出来的，"黑猪拱河"的传说在当地甚为流行，赵城"明姜"村名的由来即与该传说相关[1]，至今水神庙大殿内壁画上仍有武士牵一犬一猪的画像。另据坊堆村人杨明诗先生研究，水神庙内曾有专门供奉黑猪的地方，因黑猪开渠有功，受到历代赵城人的顶礼膜拜[2]。黑猪攻河的传说反映了北霍渠最初开凿时的情形，也似在暗示该渠为最先导引霍泉水的渠道。

与以争水为主题的传说不同，泉域村庄中还流传有很多强调以水结缘，同样强调水权合法性的故事，比较典型的是发生在坊堆村与双头村的"石佛镇蛇妖"故事。据坊堆村《双堆渠册》记载："吾村古有双堆渠一道，水源发起在赵邑之双头村，沟内无数小泉会聚一处，故渠口上水即由该村之西南隅注入，流到吾村而

---

① 参见郑东风主编：《洪洞县水利志》，山西人民出版社 1993 年版，第 354 页。

② 坊堆村杨明诗著《霍山广胜寺》，手稿，1961 年。

止。且其地之方向形势，天然凑合，只能灌及吾村，非惟他处不能染指，即该村出水之区因水流在下，亦绝对不克利用。然水量弱小，灌田不过六百余亩，此固由天然造化使然，非人事所能强求者也。"可知两村的关系是：双头村有泉却难以引水，坊堆村无泉却能够引水。不知究竟是否坊堆村为确保水源无虞之故，总之是发明了一个故事出来："考邑乘所载吾村无底泉涌出石佛一尊，身高丈余而双头村有双头妖蛇，伤人无算，因求迎得石佛，立庙镇之，于是该村人均得以无患而吾村之渠水即由此兴起焉。此盖元世祖年间之事，迄今石佛在该村诚为独一无二之尊神，而渠水在吾村尤为不消不灭之利源也。"通过这个子虚乌有的故事，双方可谓各得其所，最重要的是坊堆村借此取得了利用双头泉水的合法性。更令人吃惊的是"最可奇者，两村世世和谐等于姻戚，故对于渠上使水从无发生事端者"，这可以说是一个非常典型的以水结缘的故事，具有浓郁的水文化色彩。

此外，泉域还流传有反映水神明应王勇斗南蛮子，保护神泉的"南蛮子盗宝"传说与三七分水有关的"十支麻糖"的传说等。这些传说和故事共同赋予泉域社会丰富的水文化内涵，成为泉域社会的重要特征。

泉域水文化的第三个方面是通过编修渠册，树碑立传等方式彰显水权合法性。编修渠册乃是泉域诸渠历来就有的一个传统习惯。渠册内容一般包括用水来源、渠道长度，用水村庄、使水周期、管水组织、兴夫数量、渠道禁令等，很多渠册还载有历次水利兴讼断案等重要内容。由于渠册可以作为判定用水者水权合法性的重要依据，故同渠之人，无不奉为金科玉律，通常由值年掌例小心收藏，秘不示人，泉域现存渠册有南霍渠、副霍渠、小霍渠、清水渠、双堆渠五部。其中，南霍渠册年代最早，始自金天眷二年（1139），据渠册所载，该渠册是在参照北宋政和三年（1113）"古旧渠条"的基础上编制而成的，可见早在宋金时代南霍渠已有编修渠册的习惯。同时还要看到，渠册并非是纯粹民间性质的，每部渠册付诸使用前，必先呈报官府，由知县验册钤印后方可施行，渠册记载的水利条规是在各用水群体的长期实践中形成的，在渠册范围内的水事活动经过官府认定，因而具有了法律效力。当发生争水纠纷时，渠册往往是判定对错的重要依据，因而在一些水利诉讼中，往往还会出现伪造渠册以争水权的行为。足见，渠册对于维护水权的重要性。

　　树碑立传也是维护水权的一项常见举措。康熙十六年，水神庙北霍渠掌例碣有"北霍渠掌例，每岁终必勒诸石，所以编年也，载事也，纪功也"的说法，可见这一习惯在泉域社会的普遍意义。就水神庙碑的类型而言，包括掌例碑、水利断案碑、重修碑等。其中，掌例碑数量最多，内容除表彰其任职期间的功劳外，还有一项内容是向全体渠民公示各项花费开支，如道光二十二年北霍渠碣记碑末就有"买地花钱五十七千百文，税契过银用钱四千二百文，本年寻人看守用钱五千文，其余系合渠人共用"字样；同样，乾隆十六年《塑修水神庙龙王像戏台等碑》记载掌例冯旺治渠修庙的事迹，碑末也有"塑龙王神像，修伞一把，重修砖窑背墙八孔，修燕家沟，共费银□□二两□钱"字样。此外，泉域还有为治水有功者家门悬挂牌匾以示奖励的风气，前文提及民国二十六年"治水勤劳"和20世纪50年代"导水热心"二匾即是如此。水利断案碑则记载历次水讼过程、断案结果等是惩戒违规行为，是维护正当水权的依据，诸渠民众对此极为重视。如光绪二十五年，清水渠全体渠民就将元代该渠洪赵二县争水斗讼的经过重新誊写立碑，警醒后世要照章使水，引以为戒①。这些水利习惯在泉域源远流长，从未因朝代更替而中断，可视为泉域社会的又一传统。

　　泉域水文化的第四个方面是争水文化。尽管有发达的水组织，严密的渠册和严厉的惩罚等因素的制约，泉域社会在用水过程中仍存在上下游不对等、水权分配不公的现象。溢出法律条文和渠册规约之外的不法行为经常发生，因而在高度依赖水资源禀赋发展的泉域社会中，在水权分配上也一直有非正式的规则在暗流涌动。在实际用水中，下游受到上游欺凌时往往是忍气吞声。如康熙三十八年《道示断定水利碑》记载："又据永丰里崔生贵等，环跪投禀，吁复旧规，词称霍山泉水分为三节使用，本里原居下节，而上节不法，霸水重浇，以致本里经年无水，荒旱杀禾等语控此豪强欺弱甚为可恨，合并饬知。为此，仰县官吏照碑事理即便，镌石立碑昭垂永久矣，刊立完日，即印刷墨文，送道查考，仍严布各里，上中下节使水，务期照分均平，倘有强梁截阻，以致下节受害者，解道依律

---

① 光绪二十五年《重修十八夫碑记》，碑存广胜寺镇北秦村村南秦建义家门外。

重究不贷。"①话虽如此，因下游不可能总是告官，因此很难禁绝霸水行为的再次发生。

位居渠道上游的村庄，往往较下游有更多的用水特权，在南霍渠的三分水中，为方便赵城上四村用水，规定道觉村有使用"七厘水"的特权，且不在正常水程之内，至今该村仍有"七厘斗"的说法。正常轮水时道觉村还有"四不浇"的特权，即刮风、下雨、黑夜不浇、轮到道觉村水程，没有工夫也可以不浇，何时想浇何时浇。相比之下，洪洞下九村则须按照水程自下而上挨次浇地，一月零六日一轮，周而复始，水程一过，渠则干涸。下游为了保证正常用水，常常讨好上游，南霍渠过去长期流传着每年二月一开沟祭时下九村集体赴道觉村向该村三十夫头"乞水"的仪式。这种不同县份之间、上下游之间权力不对等的现象在民国时期依然如此，洪洞县令孙焕仑无奈指出：

> 南北霍向系三七分水，洪三赵七久有定案。然三分之水，赵城上游五村已分去少半，则所谓洪三者，已名不副实。又以一渠流经两县，各不相属，上游截水，势所难免。水之及于洪境者微乎微矣。向来毗连赵境之曹生、马头、南秦诸村，收水较近，灌溉尚易。至下游冯堡等村之地，则往往不易得水，几成旱田者已数百亩矣。闻北霍之地，则年有增加，即南霍距泉左近支渠之水，亦有偷灌滩地者。下游明知之，而无如何。盖以上把下，各渠通例，而该渠以管辖不一之故，此弊尤甚。一有抵牾，更生恶感，辗转兴讼，受害已多。故不若隐忍迁就之，为愈主客异形，上下异势，盖有不得然者矣。

这种"主客异形，上下异势"之不得已，致使争水成为泉域社会发展中一个经久不变的音符。

---

① 碑存水神庙山门舞台后场东侧。

※ ※ ※

从外部形态来看，泉域社会在大的空间范围内呈明显的点状分布。具体到特定泉域，则大致呈现出以渠系为基础的线形分布特征。这与江南水乡圩田区呈圆形或方形面状格局的水利社会差别甚大。国内学者王建革在考察河北平原水利社会时，曾指出过华北水利社会的三种类型，一是类似于滹阳河上游的以防旱为主的旱地水利类型；二是类似于大清河下游涝洼丰水区以共同防涝为主的围田水利模式；三是类似于天津小站的集防涝与防旱为一体的国家水利集权模式。其中，第一种是以地主土地私有制为基础的，后两者因位于丰水区，与江南圩田区相类似，国家参与的色彩要更重一些，最初都建立在国家控制的土地公有制基础上。[①]国外人类学家 Clifford Geertz 很早就注意到旱区与涝区的差别。他在以水源丰富区的印尼巴厘人的灌溉系统与 Morrcco 旱地条件下的灌溉社会对比时发现了二者的差异。认为丰水区水利社会的特点表现为集体防御洪涝灾害基础上的共同责任，焦点在于争地而非争水。旱地区水利社会的特点则表现为水权的形成与分配，其水权具有可分性，焦点在于争水。[②]学者们对于丰水区的研究，对于认识泉域社会的特点和内涵，具有启发意义。

泉域社会应当属于王建革所言旱地水利灌溉模式，也与格尔兹所论 Morrcco 旱地条件下的灌溉社会相似。但是，在他们的研究中，因更着重于考察水利组织、管理、水权、水利纠纷等社会运行中存在的问题，并在此基础上进行简单比较，缺乏针对某一类型社会全方位的审视，比如意识形态、社会实际运行状态以及社会各方面要素之间的相互联系性，缺乏社会史的视觉，因而存在不足之处。本文对于泉域社会的研究克服了这一不足，力图对泉域社会做出全面透彻的分析，展现泉域社会的基本特征，希望在此基础上进行更有成效的区域比较和学术对话。

从历史的角度看，泉域社会在发展中有其特有的节奏。这种节奏或与王朝的政治同步，或不存在太大的联系。就广胜寺泉域社会的特点来看，其大发展的时

---

① 王建革：《河北平原水利与社会分析（1368—1949）》，《中国农史》2000 年第 2 期。

② Clifford Geertz,"The Wet and Dry:Traditional Irrigation in Bali and Morocco",*Human Ecology*,Vol. 1,1972,pp. 23-39.

期应该是唐宋时代，而唐宋时代恰恰是国家对农田水利非常重视的时期，在这一点，二者的节奏是相应的。也正是在这一时期，泉域社会的用水格局初步确立，分水制度、水利技术和组织管理体系也日益完备。但是，这一良好发展态势却因1303年洪洞大地震而突然改变。大地震打乱了泉域社会稳步发展的节奏，也使得长期以来泉域社会运行中存在的很多问题被隐藏了下来，未得以有效解决。比如三七分水制度，原是在唐宋水利大发展时期，国家以洪赵二县灌溉土地数字为基础制定的相对公平的分水制度。金元以来随着土地的盈缩和渠道的变化，这一分水制度与现实社会间已显示出很强的不适应性，表现为争水现象不断，亟待变革。但是，1303年的洪洞大地震使变革分水制度的要求被搁置和忽视。地震导致泉域社会发生了沧海桑田般的变化，渠道长度、受益村庄和灌溉面积大为缩减。然这一变化竟未受到官府和地方社会的重视，在1303年以后逐渐恢复起来的广胜寺水利系统中，三七分水制度依然被不折不扣地施行下来，尽管明清时代民众因此抗争不断却终究未变，直至1949年以后，泉域社会的发展节奏才又跟上国家的节奏，进行了彻底改革，三七分水制度始告终结。对此历史现象，若仅仅从具体的历史事实入手进行解释恐怕是难以讲清楚的。若要回答为什么，则还需要对泉域社会发展中形成的传统、观念、习俗和文化加以考察。这也恰是以往水利社会史研究中较为缺乏的。

有鉴于此，本篇从泉域社会水环境入手，分别从水资源与水经济，水组织与水政治，水争端与水权利，水信仰与水习俗四个方面对泉域社会做了全面分析，认为分水问题是泉域社会发展过程的一条主线。围绕这一主线，泉域社会形成了具有悠久历史的文化传统、风俗习惯（包括陋习）和行为规范，笔者统称之为水文化。文化源自于社会实践本身，其一旦形成就具有很大的惰性，很难轻易改变，泉域社会的水文化在分水问题上起着关键的作用。进一步而言，对于任何一个地方来说，水原本都是一样的；不一样的则是附加在水这种公共资源上的各种社会组织、关系、制度、行政、观念和习俗，最后才形成了我们所统称的叫作文化的东西。正因为如此，才构成了泉域社会的个性和基本特征。

此外，尽管泉域社会同河北平原的滏阳河上游一样，均属于旱地水利社会的类型，但二者还是具有很大差异的，其差异的表现就在于文化本身。再者，就中国北方旱地水利社会模式而言，也并非这两种类型，应该还有多种多样的类型。为此，笔者以往在山西水利社会史研究中，曾提出过流域社会、淤灌社会、泉域社会、湖域社会四种类型。国内学者钱杭则在浙江萧山湘湖水利研究基础上，提出了"库域社会"的类型，这些社会都是以抗旱为首要任务的。因此，在今后的水利社会史研究中，仍需进一步提炼出各种类型的旱地水利社会模式的个性和基本特征，以此丰富和深化中国水利社会史研究，进而提出具有高度解释力的社会史研究理论框架。

第五章 清代绛州鼓堆泉域的村际纷争和水利秩序

——以“鼓水全图”为中心的调查与研究

“水利图碑”是指镌刻了特定区域开发利用水利资源情况示意图的石碑。这类碑刻相比常见的文字碑刻，不仅更为直观形象，而且往往蕴含了大量文字无法传达的信息。学者大都注意到了水利图碑的史料价值，但是在具体研究中仍是以传统的文字史料为主，这固然有图碑相对文字碑刻数量较少的原因，同时也是为了避免图像解读中的主观性会影响对历史事实的判断。因此，如今可见以水利图碑为对象的研究往往停留在资料介绍阶段，或是从地图学的角度进行分析，对与图碑相关的历史事件则采用与文字史料互证的策略。[①] 不可否认，对不同性质图碑的研究应该从不同的角度切入，但如果仅满足于以图证史而将水利图碑看作文字资料的附庸，难免有些买椟还珠的味道。

水利社会史发展到今天，学界经历了对魏特夫“治水国家”理论和日本“共同体”理论的反思与超越，基本形成了分区域、划类型的研究路径[②]，如钱杭针对湘湖地区提出的“库域型水利社会”，钞晓鸿的“关中模式”，鲁西奇以江汉平原总结的“围垸”水利社会等。[③] 山西地区以其丰富的史料受到了国内外学者的极大关注，如中法合作团队对山西四社五村水资源和民间文献的调查研究，日本内山

① 孙果清：《石刻〈黄河图说〉》，《地图》2006 年第 5 期；佚名：《苏郡城河三横四直图说碑》，《东南文化》1998 年第 1 期；刘正良：《胡宝瑔与〈水利图碑〉》，《治淮》1992 年第 1 期；周伟州：《明〈黄河图说〉碑试解》，《文物》1975 年第 3 期。

② 王铭铭：《“水利社会”的类型》，《读书》2004 年第 11 期。

③ 钱杭：《共同体理论视野下的湘湖水利集团——兼论“库域型”水利社会》，《中国社会科学》2008 年第 2 期；钞晓鸿：《灌溉、环境与水利共同体——基于清代关中中部的分析》，《中国社会科学》2006 年第 4 期；鲁西奇：《“水利社会”的形成——以明清时期江汉平原的围垸为中心》，《中国经济史研究》2013 年第 2 期。

雅生团队对山西省 P 县 D 村的数次回访并撰写调查报告，井黑忍和张继莹则对河津市三峪地区的清浊灌溉模式做了深入讨论。① 大陆学界则以赵世瑜、张小军、韩茂莉、张亚辉等人为代表②，他们选取了山西不同区域为研究对象，关注的重点包括信仰祭祀、冲突调节、管理组织等方面，并有一定的理论建树，如张小军以洪山泉为案例所提出有一定普适意义的复合产权概念。山西大学行龙团队长期致力于山西水利社会史研究，产生了一批重要成果，如行龙对晋水流域 36 村祭祀系统的研究，胡英泽的民众生活用水研究和针对黄河滩地提出的小北干流模式，张俊峰对历史水权问题的关注以及归纳的"泉域社会"分析工具等。③

　　正如论者所言，水利社会史研究大有可为，丰富的史料仍是推动研究深化的基本前提④，水利图碑无疑正是尚未得到普遍利用的新资料。但这种形式的资料到底有多大的体量，是研究者不得不面对的问题，学者们对此多持悲观态度，"我国地图起源很早，但古地图流传下来的很少，刻在石碑上的更少"⑤，更有学者认为我国传世并已刊布的"水利图碑"主要仅有七通。⑥ 笔者则不赞同这一论调，"'水利图碑'作为古代中国人在各自地域处理人水关系，进行资源分配和管理过程中出现的新事物一定经历了一个兴起、发展和传承演变的历史过程。仅仅从上述七

① 董晓萍、〔法〕蓝克利：《不灌而治：山西四社五村水利文献与民俗》，中华书局 2003 年版；〔日〕井黑忍著，王睿译：《清浊灌溉方式具有的对水环境问题的适应性 —— 以山西吕梁山脉南麓的历史事例为中心》，《当代日本中国研究》2014 年第 3 辑；张继莹：《山西河津三峪地区的环境变动与水利规则（1368－1935）》，《东吴历史学报》2014 年第 32 期。

② 赵世瑜：《分水之争：公共资源与乡土社会的权力和象征 —— 以明清山西汾水流域的若干案例为中心》，《中国社会科学》2005 年第 2 期；韩茂莉：《近代山陕地区基层水利管理体系探析》，《中国经济史研究》2006 年第 1 期；张小军：《复合产权：一个实质论和资本体系的视角 —— 山西介休洪山泉的历史水泉个案研究》，《社会学研究》2007 年第 4 期；张亚辉：《水德配天 —— 一个晋中水利社会的历史与道德》，民族出版社 2008 年版。

③ 行龙编：《山西水利社会史》，北京大学出版社 2012 年版；行龙：《晋水流域 36 村水利祭祀系统个案研究》，《史林》2005 年第 4 期；胡英泽：《水井与北方乡村社会 —— 基于山西、陕西、河南省部分地区乡村水井的田野考察》，《近代史研究》2006 年第 1 期；胡英泽：《流动的土地：明清以来黄河小北干流区域社会研究》，北京大学出版社 2012 年版；张俊峰：《清至民国山西水利社会中的公私水交易 —— 以新发现的水契和水碑为中心》，《近代史研究》2014 年第 5 期；张俊峰：《水利社会的类型》，北京大学出版社 2012 年版。

④ 行龙：《水利社会史研究大有可为》，《中国社会科学报》2011 年 7 月 14 日，第 8 版。

⑤ 王良田：《乾隆二十三年开、归、陈、汝〈水利图碑〉》，《农业考古》2004 年第 3 期。

⑥ 林昌丈：《"通济堰图"考》，《中国地方志》2013 年第 12 期。

通水利图碑所涉及的时空范围来看，它应当是在宋金元明清以来就已产生并日渐成熟的一个新事物。它的出现不是孤立的，是具有普遍意义的。"[1] 实际上，我们在研究中发现的水利图碑已达数十通，因此将水利图碑的收集和研究作为深化水利社会史的新路径是不存在问题的。

本篇所关注的鼓堆泉位于山西省运城市新绛县，县北九原山上有泉水，马踏之声如鼓，故名鼓堆泉。此泉传说由隋代县令梁轨开发，一是为了给州城中的官衙花园引水，二是以水渠浇灌沿线土地，自唐宋至民国均留下了引水灌溉的记载，隋代花园更是保留到了今天。北宋年间，鼓堆泉域形成了名为龙女的泉水女神崇拜并在鼓水源头修祠供奉，金代此神得赐名孚惠，孚惠娘娘庙之后成了鼓堆泉域的信仰中心。明代经过官员和士绅的努力，水利系统得到修缮和扩大，更多的村庄加入了用水序列，鼓水流域有史可考的用水规则也是在此时形成的。清代留存了大量反映村际冲突与合作的碑刻资料，其中以席村、白村分别刊立的两通"鼓水全图"碑和自称"西七社"的村庄联盟的活动最引人注目。

一、同名异质：从两幅"鼓水全图"说起

嘉庆十六年（1811）九月，席村创修梁公祠竣工，刻碑为记。此碑碑阳为"创建梁公祠纪略"，碑阴为"鼓水全图"，见图1。[2] 同治十二年（1873）十月，白村与席村因争树诉讼，白村得胜后亦刻"鼓水全图"于石，见图2。[3] 两幅碑图都以"鼓水全图"为碑额，所记录的内容也均是以鼓堆泉为源头的渠道图以及周边的村落、庙宇、水利设施等，这证明两幅图关注的对象是相同的，即整个鼓堆泉灌溉体系。两图刻制间隔了六十余年，渠道有所改变实属正常，但两图所表现出的差异性远远超过了现实水道变化这个范畴。

---

① 张俊峰：《金元以来山陕水利图碑与历史水权问题》，《山西大学学报》2017年第3期。

② 碑现存运城市新绛县席村村委会大院中。碑文内容参见李玉明、王国杰编：《三晋石刻大全：运城市新绛县卷》，三晋出版社2015年版，第201—202页。

③ 碑现存运城市新绛县白村舞台上。碑文内容参见《三晋石刻大全：运城市新绛县卷》，第265页。

首先是风格不同。图 1 除了有水渠、村落之类功能性的要素，还饶有情趣地加入了一些装饰性内容。如最北部对九原山的描绘就非常细致，并以绛州八景之一的"姑射晴岚"为注解；在碑图右侧和中部还题诗两首，分别是怀古和诵德；对绛州城的刻画也十分细致，将城池中的朱王府、龙兴寺、莲池、泮池以及城外的驿站、树林都绘制出来。另外水井、堡寨、茶坊内容也是其独有的，庙宇的数量也要更多一些。图 2 则完全呈现出实用的风格，以水道、村落为基本内容，辅以图 1 所不具备的土地信息，同时水闸、堤堰等水利设施也更为详尽。值得一提的是，此图中文字方向严格以水流方向和土地分布方向为准，在操作中宁可留下大量空白也不添加功能之外的信息，每一条刻在图中的水渠都注明所浇灌的是何村土地，秉承着"如非必要，勿增实体"的原则。

其次是描绘的主要区域不同。两幅图以三泉桥、白村这两点所连成的线均是水平的，以这条"三白线"将图分为南北两边。可以发现此线在图 1 中偏南，在图 2 中偏北，这意味着图 1 主要关注的是自源泉至白村这片区域，而图 2 的则是白村以南的大片区域。奇怪的是，两通图碑重点反映的区域与其刊立的地点完全不同：席村的水图（图 1）对本村周边的描绘仅限于水道、村庄和水利设施，而对"三白线"以北距本村距离较远的区域却细致描绘了庙宇、桥梁、坟茔、水井、茶坊，甚至渠道引灌到田地的分渠支渠和村庄的城门都——展现；白村的水图（图 2）恰好相反，"三白线"以北仅占到全图面积五分之一左右，同时图中对渠道浇灌田地的记载均在此线以南。

最后是具体内容，主要是水道的差异。两图均对重要的水道采取了全程阴刻的方案，即图 1、图 2 中的灰色部分。图 1 未将传统的清浊泉 —— 州城一线阴刻，而仅以线条表明走向，其所关注的是以涌珠泉、怪泉、乱泉等为源头的西河、天河、官河等三条渠道，圣母祠周边也正是这三个泉源，清浊二泉则距圣母祠有一定距离。紧邻席村的猛水涧亦未阴刻，且长度很短，未汇入天河。总的来看，图 1 传达了以下有关水道的信息：圣母祠下有涌珠泉等三个泉眼，以之为源修筑的三条水渠浇灌了北至三泉南抵王村的大量村庄；清浊二泉并非是在圣母祠下，以之为源的千里衢浇灌了自冯家庄到州城的沿边村落，与三泉席村等无干；千里衢东均是坟茔庙宇而不存在村落，所谓的东西之分是以"官河"为界；"猛水涧"未汇入天河，天河在水西村的"铁铸分水口"后向西延伸的水道是据席村最近的一条水道。

图 2 的叙述中鼓水流域有两个源泉，一是汇聚在孚惠娘娘庙之下的清泉、浊泉、怪泉等三眼泉水，一是发于九原山的猛水涧。三泉汇聚之后分为三渠，最东一条浇东八庄且这些村落多位于渠东，中间最西一条灌三泉地亩，中间一条为天河。天河有数条支渠：古龙门分水口下一条支渠向东南灌白村地三顷；土堰以西一渠灌席村、蒲城、李村三村地九顷，并在水西村北再次汇入天河，这是距席村最近的渠道。猛水涧并没有止于天河之外，而是汇入天河，并有一条土堰防猛水涧冲刷。

两通碑内容上的差异归根结底是席村与白村在鼓堆泉流域中立场的不同。自隋代梁轨引鼓堆泉入城始，席村的地理位置与水道距离较远，长期以来都不属于鼓堆泉流域的传统受益对象；后来修筑渠道之后，又因为地势过高，非常依赖斗门水闸等水利设施。永乐年间的暴雨使得鼓堆水利系统废弃达九十余年，直到弘治十五年（1502）徐崇德重修渠道后才得以恢复，此时的受益村落包括"东分白村等三村，西分三泉等七村，中余者合而为一，通流桥下，古号为龙门。合水口仍分二渠，已上东分卢李，已下西分席村"[①]，可见在用水的优先权上，白村居首，席村居末。嘉靖十一年（1532）用水规则第一次以文字形式固定下来，席村并未被列入其中。[②] 万历三十五年（1607）左右，席村修筑了坚固的石闸之后得以免受猛水涧山洪的影响，至此才具备了稳定利用鼓堆水的基础。席村有了对鼓堆泉水的诉求之后，当地似乎经历了一段相与争夺的暴力争水时期，"豪杰黠闲忙，任其自便。于是有越次侵夺，而浇灌不时者，且因而渔利焉，至明季而甚。关寨沃亩，化为焦壤，几二十年"[③]。然而此时明王朝已是日薄西山，地方政府再没有颁布新的用水规则，席村的合法用水权就此搁置起来。

白村与三泉隔渠相望，与鼓堆源泉的距离仅次于古堆村和冯古庄，享有最便利的用水条件，同属用水的第一梯队。自宋金至元明，与白村相去不远的孚惠庙

---

① （明）孟玉：《重修私渠河记》，明弘治十五年立石，现存于新绛县三泉镇白村。《三晋石刻大全·运城市新绛县卷》，第 61 页。

② （明）张舆行：《绛州北关水利记》，（清）刘显第修，陶用曙纂：《直隶绛州志》卷四《艺文》，第 29 页。

③ （清）刘显第、陶用曙：《直隶绛州志》卷一《水利》，第 15 页。

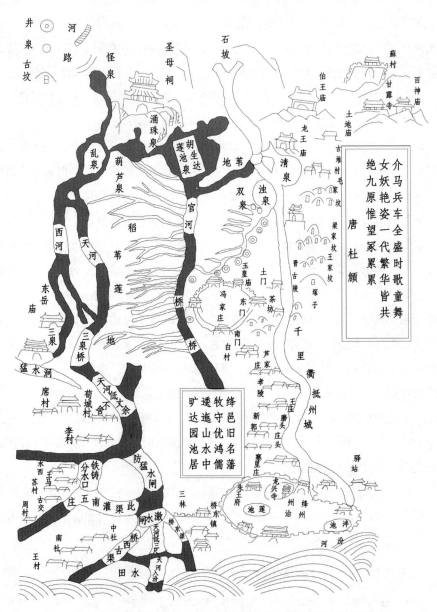

图1　席村嘉庆十六年（1811）《创建梁公祠记》碑阴"鼓水全图"

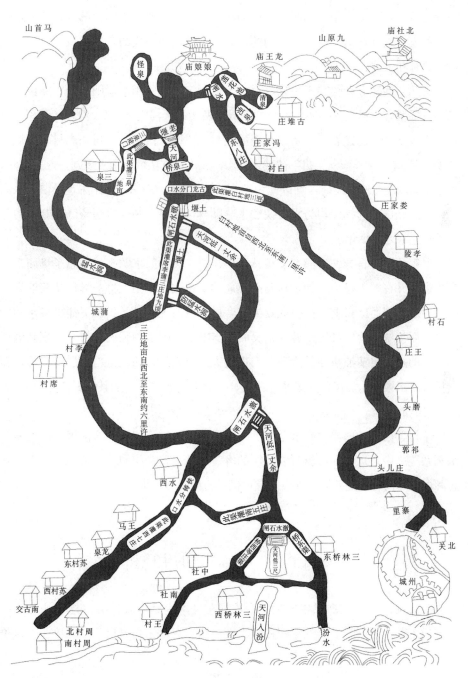

图 2　白村同治十二年（1873）《获图记》上"鼓水全图"

一直是该流域的信仰中心，明代形成的水规中白村与庐李庄同列第二，共享水程三昼两夜。地理环境的优势、长期的地方传统、明清两代的官方认可，这些都是白村的有利条件。

康熙年间地方社会趋于稳定，官方出面制定了新的用水规则，白村除保持传统的三昼两夜水程之外，还与席村共享石闸所激的天河之水："大沟渐阔渐深，俗呼天河。于席村北建石闸激水，东南灌白村地三顷，西南灌席村、李村、蒲城地九顷。"① 这一说法于康熙初年被载入县志，成为官方认可的用水规则，此后乾隆、光绪年间两度重修县志时，均以此为准。白村鼓水全图（图2）中渠道绘制和水利设施、灌溉田亩的标注均与官方说法十分贴合，席村图则通过题诗、绘制城门等无关信息将之模糊化了。

尽管两图对官方文本的态度截然不同，但二者对鼓水源头的孚惠圣母庙都非常重视，并在图中极力展示本村与孚惠庙的亲密关系。图1将圣母祠从清浊泉上往西"挪"到涌珠泉上，在视觉效果上席村旁边的天河是圣母祠下涌出泉水的主渠道，而传统的清浊泉至州城一系反而是支渠了。图2则强调白村与孚惠庙地理位置上的接近，清浊泉在孚惠庙下向南流去，首先经过的就是冯家庄和白村，而白村过后水渠先东后南抵达娄家庄，这样就将其与本村之下的其他村落分割开来，暗示自己的地位。

席村、白村的两幅"鼓水全图"的差异性是两村不同立场的体现。同处一个水利系统之中，二者在历史时期经历的客观现实无疑是相同的，欲得知两方的观念和取向为何有如此差异，则应探究他们各自的发展脉络。

二、刻图于石：水利图碑的生成和效用

清至民国时期鼓堆泉域发生了数次村际冲突，其中席村与白村往往是这些冲突的主角，如乾隆二十五年侵占官山案，同治五年无名男尸案，同治十二年争

---

① （清）刘显第、陶用曙：《直隶绛州志》卷一《水利》，第15页。

树案，同治十三年席村殴伤公差案，民国四年争水案等。这些事件之所以被称为"案"，最后均依靠行政力量介入，未能在民间得到解决。

席村既不在传统的渠东水规之内，又不属于新加入的西七庄村落联盟，似乎缺乏一种"公共意识"，因此屡次与其他村落发生冲突。鼓堆泉水发自九原山中，保护泉源不受侵害是整个流域的基本共识，早在康熙初年就有人表达了对盗采山石以致水源枯竭的担忧："沟东水出自清泉，混混从石中出。历代以来，即州有大工，不敢取石，惧石去气泄，而泉涸也。万历三十四年，葺汾堤，取石于兹；水西庄成梁，亦复取之，及今不禁，相援为例。以有限之石，供无限之水，取则源之涸也，可立而待也。有识者不无杞人之忧。"[1] 乾隆二十一年（1756），席村席大才等人或盗取山石，或私占官山修房盖屋，被东八西七庄集体控告。案情分明，知州张成德判处追回石价，所修房屋"本应拆毁，姑念成功不毁，断今每年出租，资银三钱，以作鼓堆娘娘庙灯油之费"。席村之所以被众村群起而攻之，并非是因为它掠夺了作为公共资源的九原山石材。事实上，明代的取石筑汾堤、水西庄取石修渠，清代古堆庄盗卖石材，都没有导致整个流域的愤怒。但是席村村民竟在鼓堆源泉九原山上"建立北房三间，东房三间，西房六间，此间南北长一十三杆二尺，东西活八杆三尺，计地三分八厘"，这一行为无疑触碰到了众村的底线。以一村之力，在众村公有之地大兴土木，不论其动机如何，事件本身就具有非常强烈的象征意义：小到宣示席村用水权的合法性，大到彰显席村制霸鼓堆泉的地位，都会对现有的秩序规则造成强烈冲击。一家独大的形势是其他村落不希望看到的，因此才联合起来打掉了这个"出头鸟"，席村所修房屋的租金也被东西两方瓜分："但东八庄向在鼓堆庙□□□，报□西七庄应在新庙告祭，所断租银应两股分开，将一半交东八庄入鼓堆娘□，一半归西七庄鼓堆娘娘庙，以作灯油公用。诚恐年远湮没，写立合同二张，各执一纸，永为存照。"[2] 这一事件使席村认识到了鼓堆流域中其他村落共同凝聚成的巨大威压，因此在嘉庆十六年（1811）创修梁公祠并立"鼓水全图"碑时，是邀请六十名渠长共同见证的。

---

[1] （清）刘显第、陶用曙：《直隶绛州志》卷一《水利》，第15页。

[2] （清）《求护泉源碑记》，碑在今新绛县古堆村孚惠圣母庙。

　　同治五年（1866）十一月，在席村、白村共用的龙门水口放水渠中出现一无名男尸，即为共用水渠，理应两村一同报案。席村乡地[①]南壬午拒绝报案，理由是"鳞册注明，地界皆至渠以上，丈至激水口，止有尺干可考，渠内之尸与伊村无干"，即记录了土地四至的鱼鳞图册中显示，席村地界到激水石闸仅有数尺，既然本村土地连激水口都不到，激水口之下的放水渠中出现男尸自然与本村无关。白村则"着乡地周良具秉祈验"，第一时间请官府的赵捕头来现场勘查。结果显示该男子是失足落水致死，与两村无关，但席村乡地、保甲则犯了匿报之罪："堂谕：查此渠之水，两村同用，害亦应两村同受。张春和等现有匿报之罪，本应法究，姑念当堂认罪，再三恳免……所有尸棺，尔两村乡地领埋，免其暴露。"[②] 显然与席村相比，白村更倾向于通过官府解决冲突。

　　同治十二年（1873），两村再起争端，席村张振统等与白村周履豫等为田中之树的归属权对簿公堂，"古有龙门水口，以下旧有水波放水渠一道……所争地树，在于渠东丈余以外"。白村仅呈上鳞册，但其中"注明西至水渠"。席村的证据有碑记、鳞册和界石，其中碑记应当就是图1，鳞册"惟注堰坡地亩，并无四至"，而"所刨暗埋界石，未同别村，系属私立"[③]。水图碑也未能帮席村赢得官司，"白村村名在北激水口之北，席村村名在南涮之北。州主沈大老爷电阅此图，堂讯结案断语：自龙门水口至下，以渠为界，东为白村地亩，西为席村之地"[④]。席村水图已经通过表现手法大大缩小到了白村的南北距离，并且隐去了三泉桥下的古龙门分水口、激水口、土堰等水利设施，仅从视觉效果上讲，所争之地甚至与席村相距更近。但官方行政机构显然更信任文字描述，而不是这幅民间所刻的水图，因此根据鳞册中文字的记载判白村胜。

　　与乾隆年间"东八西七"合诉席村时官府的判罚不同，这次官方出面的判决似乎并未服众。首先是处理意见非常暧昧，"以渠为界，东为白村地亩，西为席村

---

① 乡地制的具体内容尚未定论，一般认为其性质是最基层的半官方行政人员，由村民担任。参见李怀印：《晚清及民国时期华北村庄中的乡地制——以河北获鹿县为例》，《历史研究》2001年第6期。

② （清）《屡次断案碑记》，碑现存新绛县白村舞台，亦见《三晋石刻大全·运城市新绛县卷》，第271页。

③ （清）《屡次断案碑记》。

④ （清）《获图记》，见《三晋石刻大全·运城市新绛县卷》，第265页。

之地。树株不必刊伐，免有争端"。已判白村胜诉，又不许伐树，其中或有隐情。其次是席村的态度：次年四月知州派书差前往两村查验绘图，只因书差先去了白村，"便纠合多人将房书抹吊，又率领村人，在本城关帝庙散钱聚众，将原差李高升抹殴，幸被本州厘局人等闻见喝散"①。席村人聚众殴打公差，占领庙宇，散钱聚众的激烈行为也是不服判决的表现。事情发展到这里，性质已经发生变化：原本只是两村争夺树木，现在几乎是公开对抗官府的群体事件。但知州沈钟仍对他们保持了相当的克制，除为首的南银生和南风时二人押入大牢听候究办外，其余人都只是"投具认罪"，并将砍伐树木的器具上缴后不予追究。整个事件的起因，两村相争不下的树木则因被水冲，饬白村伐去。由争树引起的图碑鳞册互相印证，官府派人查验绘图，席村人聚众殴打官差就这样不了了之。

　　表面上看，早在嘉庆十六年就刻于石碑的"鼓水全图"并未能在争讼中起到作用，但是从各方的反映来讲，或许正是此图的存在使得民间观念与官方认知大相径庭。六十年的时间，刊立在席村的"鼓水全图"潜移默化地影响着村民，不论是否识字，人们都可以通过此图对席村在整个鼓水流域中的定位有一个明确的印象。图中有意无意地信息增减，使人们观念中席村理应占有的资源与实际情况产生了偏差，才导致在被判败诉之后群情激奋。实际上，官府和白村都对此图非常在意，分别开始了水图制作。在初次判决之后州衙便派书差前往两村绘图，可惜被中途打断，之后知州沈钟离任，官府绘图之事也再未被提起。白村则以"获图记"为名，亦刻"鼓水全图"一幅置于本村。土地争端是白村刊图的直接原因，因此此图详细记录了两村在水渠周边的地亩分布，尤其将席村地亩置于全图最中心的位置加以强调。此图还吸取了席村因村名位置而输掉官司的教训，图中使用文字非常谨慎，不仅村名位置一致，而且解释渠道的文字也按照水流方向排列，不加任何无关信息。对官方正式记录的接受也是该图的特点，图中采用了大量官方认证的说法，甚至是明代就已形成、并在一定程度上失去即时性的县志中的记载，这些都是以维护白村利益为目的的。

　　然而水利图碑也并非是应对所有争端的法宝，图像长于呈现空间，对涉及时

---

① （清）《屡次断案碑记》，见《三晋石刻大全·运城市新绛县卷》，第271页。

间的信息其表现能力是不如文字的。因此对以时间为计量单位的用水番次、迎神
间隔等事项，还是要依赖水册、州志和文字碑刻，事实上白村在之后的一次水利
争端中就没有将图碑列为证据。

民国二年至四年间，庐家庄[①]屡次与白村对诉，焦点是白村三昼两夜的水程是
否应与庐家庄共用。白村列举了数条理由证明此水程应由自己独享，如州省二志、
"大元碑记"的水番记载，明北关分水碑，清乾隆年孝陵碑均独注白村使水三昼两
夜，每年署册庐家庄皆从李村而非白村，八庄轮流迎神庐家庄也是在李村接，均
以证明白村应独享水程，庐家庄则是在李村番内用水。白村所列的资料多已不存，
其提到的明北关分水碑所指应是《绛州北关水利记》[②]，此碑中记载的水程为"第二
白村并庐李庄三昼两夜，第三李村并庐家庄一昼两夜"，并非是民国四年所宣称的
"独注白村有水三昼两夜，不惟并无庐家庄，亦且并无庐李村"[③]。这种对既有记载
的直接篡改，也提醒我们重新审视文字史料的有效性。无论如何，这次争端的结
果是"庐家庄自悔理曲……亲来余村，服理认非，永息争端"，因为水图中并未
包含有关用水番次的信息，同时也可能因为将"庐家庄"错刻为"娄家庄"，白村
并未将水图作为证据呈现，而是选取了更有利于自己的其他资料。

三、私约重于官法：不被需要的水利图碑

席、白二村的图碑得以刊立表达了各自不同的诉求，可是同样身在鼓堆泉域
中的其他村落为何没有出现水利图碑，也是必须面对的问题。笔者选取了席村以
南的"西七庄"为例，试图解答这个问题。

不论是以天河、官河还是千里衢为界，鼓堆泉域的东西之分都是十分明确的，
如弘治十五年（1502）的"东三西七"，所指的是东部的白村、卢李，西部的三
泉、席村等。万历三十五年（1607）席村石闸的竣工不仅使席村、蒲城、李村得

---

① 从位置来看，所指应是图 2 中的娄家庄。
② （明）张舆行：《绛州北关水利记》，（清）刘显第、陶用曙：《直隶绛州志》卷四《记》，第 29 页。
③ 周恒舆：《上河讼后立案记》，碑现存新绛县白村，见《三晋石刻大全·运城市新绛县卷》，第 321 页。

以享水利之便，更是通过水西庄的激水石闸将鼓水向南引到王马等村庄，使他们成为用水序列的新成员。清初所谓"西七"所指的就已经不包括三泉、席村，而是特指王马等七庄："王马七庄水番，时刻有期，未到不敢先，溉过不敢复，重私约甚于重官法。"[①] 之所以西七庄能维持内部的稳定秩序，甚至形成村庄联盟性质的实体，与其管理制度、思想观念和经济形态脱不开关系。

乾隆三十一年（1766）刻石的《陡门水磨碑记》中西七庄已作为一个整体在发出声音，维护整个联盟利益。据此碑记载，引水至西七庄的渠道起于水西庄的陡门，陡门至七社距离较远，所以全靠这个工程才使七社能沾鼓堆水之利。所谓"万口咽喉地，七庄性命源"，水西庄的陡门可以说是西七庄农业生产的命门所在，陡门水渠运行良好则西七庄兴，反之则衰。西七庄为了保障陡门运行，联合陡门所在的水西以及距离较近的席村，在陡门下建水磨并派人护理磨盘、看守堰渠。

王庄位于水西庄下，亦紧邻这条"天河"，便也创设两座磨盘。原本水西陡门之磨盘居上，王庄磨盘居下，双方相安无事。然而乾隆二十八年（1763）间，王庄人王璋等私自加板，积水于其村磨盘之上，以致水淹上游的水西庄磨盘。水西庄之水失去落差势能，磨盘一度停转。当年七社便联合水西、席村控告王庄，并在官差陪同下成功让王庄撤去挡水木板。岂料次年十月，王庄王璋再次违背判决，加板阻水，七社人报官得到批准后前往拆除。后于乾隆三十年（1765）二月，涉事各村渠长一同到州衙销案，并在关帝庙中商议决定，王庄两磨仍可继续运转，但"在下不得侵上"，不许再恶意蓄水影响上游。

在这次长达两年的纠纷中，不论是与水西、席村联合建闸，向官府报案请示，还是可能伴随着暴力的与王庄的反复交涉，西七庄始终是作为一个整体在进行表述，这充分说明此时西七庄已经围绕着水利结成了一个比较稳固的联盟。代表各社出面行动的均是渠长，作为名义上水利设施的管理者和控制者，他们的身份和地位已经在一定程度上超越了水渠管理本身，可以作为整个村庄的领导在对外活动中代表村庄的利益。具体到水利事务时，虽由各庄渠长商议妥当，但在签字画

---

① （清）刘显第、陶用曙：《直隶绛州志》卷一《水利》，第15页。

押时却是由各庄夫头目这个基层管理者出面①，这说明渠长这个身份是以水利为核心，但又溢出了水利本身，有着更为丰富的含义。

孚惠圣母庙坐落于泉水源头的古堆村，其前身神女祠在北宋时期业已出现，后应在金大定年间官卖寺观名额政策实行期间得名孚惠。有元一代官员拜谒孚惠宫，都是前往古堆村，这段时期渠西的新庙应还未建成；明代官员主导的水利建设和规则制定，所涉及的均是渠东村社，因此这一时期渠西各村似乎也无理由修建新庙。康熙九年的县志中只记载了"孚惠圣母庙在鼓堆"，而到了乾隆三十年却成了"孚惠圣母祠在鼓堆，一在三林，一在古交铺东，号新庙，元至正初建"。元至正年修建应只是附会，实际上可能是三林、古交进入了鼓堆泉水受惠面之后才修建。无论如何，新庙作为渠西各村最重要的神圣空间，其地位是毋庸置疑的。

对神会的重视也是西社人们孚惠信仰的重要呈现，乾隆四十五年的《重修乐楼西殿卷棚及三殿香亭用石铺砌碑记》②记载了此庙有三月初十、七月初十、八月初十的三次庙会，由八社轮迎。乾隆四十六年（1781）所立的《新庙圣母神会交接案碑》③记录了一件由神会交接舞弊引起的诉讼，借此我们可以一窥这个村庄联盟值年制的运行。

事情从乾隆四十五年开始，当年刘村刘宗让完成了值年任务，将神案一等交给轮次中的下一村——中古交。中古交的李永宁检查自己所拿到的一系列集体资产时发现不对劲，聚众调查后刘村承认有贪污行为。众议罚刘宗让银五十两、献戏三台，刘村侵夺神产一事告一段落，中古交也开始正常值年。斗转星移，又到了七月初十神会交接的日子，今年轮到了王村接案，而李永宁却又生波澜：他拒绝将"官银"移交王村，还聚众闹事打伤刘永让等人。刘报案到官府，八社也派人来调查，发现一年间李永宁利用值年之便，违规贪银四百多两。实际上就是刘村、中古交两村从中作梗，互相拆台，只愿享受值年时的官银管理权，而不在乎

---

① 参见张俊峰：《水利社会的类型》第三章第二节，北京大学出版社 2012 年版。

② （清）张道濯：《重修乐楼西殿卷棚及三殿香亭用石铺砌碑记》，碑现存新绛县阎家庄灵光寺，见《三晋石刻大全·运城市新绛县卷》，第 180 页。

③ （清）《新庙圣母神会交接案碑》，碑现存新绛县阎家庄灵光寺，见《三晋石刻大全·运城市新绛县卷》，第 181 页。

圣母神驾是否能妥善安置。这种行为已经突破了八社人承受的底线，此事因李永宁而起，八社决定剥夺其主持神会的资格。

绛州濒临汾河且地势平坦，早在春秋时期就是秦晋间商路的重要节点，"秦输粟于晋，自雍及绛相继"①。明清时期得益于汾河河运的畅通，不仅是陕西的粮食、木材贩运至晋需要过绛州，甘肃的皮毛、京津的杂货、泽潞的铁器等商品的流通都需要经过绛州。②商业的繁荣使得绛州社会奢侈之风盛行，"弘治以来渐流奢靡……（万历）愈演愈甚，且十倍矣"③，县志中虽将之归因于民间对王府宗室的模仿，但不得不承认商业贸易带来的财富仍是丝服云履、房舍雕绘、彩绣金珠的重要基础。

明末的闯王起义、满清灭明之战，山西都是主战场，绛州一度凋敝，甚至康熙年间仍未恢复元气。据载，绛州成年男丁数由万历二十三年（1595）的42834口暴跌至康熙六年（1667）的16768口④，县志中哀叹本地已然"户不盈甲，甲不盈里"，官府更是将绛州从五十二里裁撤到二十五里。⑤当地人生存策略的重要面向之一仍是外出经商，"山庄世业，但卖数金或数十金，服贾秦楚齐吴间，作生活计"⑥。经过近百年和平下的休养生息，至乾隆年间时当地丁男已达94927口⑦，达到了历史时期的最高点。商业的复苏也随之而来，顺治元年（1644）当地商税岁额银361余两，到乾隆三十年（1765）时已达到510余两，增加了一半有余。⑧西七庄的商业活动就是在这个大背景之下展开的，其主要活动则是店房经营。

张道凝所撰的《重修乐楼西殿卷棚及三殿香亭用石铺砌碑记》记载了乾隆四十五年（1780），众社合修新庙的始末。据其记载，此新庙"前有乐楼，傍有廊房……不特庙貌巍峨，而且客商云集，人称快焉"，但乾隆丁丑（1757）就已经"殿宇已损"，到丁酉（1777）年间"修补仍缺"。其原因"非庙无积金，亦非

---

① 杨伯峻：《春秋左传注》，中华书局1981年版，第345页。
② 参见冀福俊：《清代山西商业交通及商业发展研究》，山西大学2006年硕士论文，第27页。
③ （清）刘显第、陶用曙：《直隶绛州志》卷一《地理》，第22页。
④ （清）刘显第、陶用曙：《直隶绛州志》卷一《食货》，第38—39页。
⑤ （清）阎廷玠：《永革里长收粮碑记》，"绛本五十二里，后以户口凋残，并为二十五里"。（清）李焕扬、张于铸：《直隶绛州志》卷十七《艺文》，第51页。
⑥ （清）刘显第、陶用曙：《直隶绛州志》卷一《地理》，第11页。
⑦ （清）张成德、李友洙：《直隶绛州志》卷四《田赋》，第1页。
⑧ （清）张成德、李友洙：《直隶绛州志》卷四《田赋》，第3页。

人少经济，特以功费浩大，无人首倡争先"，后来值年督渠长，龙泉庄杨续宗、周国梁召集各村渠长商议，决定重修新庙。耗时两月，费银三百两，终于竣工。值得注意的是，这篇碑记中有"东八西七"的表述，即是用"西七"指代渠西各村。在当下的具体事件上又作"八社"，已然与前庄、社不分的情况截然不同。在次年形成的《新庙圣母神会交接案碑》中，我们得知曾经的"西七庄"已发展为"西八社十四庄"，"西八社"成了之后的常态。

在张道凝的叙述中我们得知，此时行商旅客过路时，只能宿于孚惠圣母新庙的廊房，而店房的正式创设则始于乾隆五十二年（1787），卫大用撰于此时的《三门外建立店房碑记》①记录了此事。值年督渠长，古交镇的丁怀伟、张发栋见新庙前商旅络绎不绝，且庙中"官钱积蓄饶多"，便主持创立了一座包括各式客房十四间的店房，这项工程"共拨三圣母官钱四百余贯"，竣工之后"不惟壮庙威，且以便行人，而兼之每年房租之人，可备庙中修理之资"，实在是立了大功一件。店房至此成为孚惠新庙建筑中的一部分，被数次重修。如在道光四年（1824），督渠长王马庄常维长、常有顺主持，拨官钱八十千文重修献殿、廊房、店房及水西官房；道光十五年（1835），值年渠长拨官钱九十千文，修补东墙、店房等。

清人李燧在其日记中记载了乾隆年间绛州城的繁华，"舟楫可达于黄，市廛辐辏，商贾云集。州人以华靡相尚，士女竞曳绮罗，山右以小苏州呼之"②，渠西的村落联盟正是借着绛州商业大发展的东风，开店房做生意，兴盛一时。需要看到，这样一个联盟并未在利益面前分崩离析，而是依然以各村渠长为核心，以孚惠新庙为阵地，一荣俱荣。渠长在这里显示了他超出水利系统的权威，可以在值年时动用集体所有的"官钱"进行商业活动；一旦涉及重大投资（如店房初创）则由各村渠长共同商议，体现了联盟的约束性和稳固性。

同处鼓水流域，西七庄以及之后的西八社并没有强烈的动机去刊刻水图。首先其用水的合法性是毋庸置疑的，在官方有县志为证，在民间有作为孚惠娘娘行

---

① （清）卫大用：《三门外建立店房碑记》，碑现存新绛县阎家庄灵光寺，见《三晋石刻大全·运城市新绛县卷》，第 186 页

② （清）李燧：《晋游日记》卷一，乾隆五十八年八月二十日，转引自李燧、李宏龄著，黄鉴晖校：《晋游日记·同舟忠告·山西票商成败记》，山西人民出版社 1989 年版，第 17 页。

祠的新庙为证；其次村落之间有共同的经济形态，商业活动中新庙扮演的重要角色使他们倾向于合作共赢；最后是以神会为形式的组织机构，以及轮流值年等制度使得村落互相之间的摩擦能够在规程之内解决，再面对官府时也往往是以一个声音出现。

四、结论

以"水利图碑"为史料的研究尚处于起步阶段，通过对绛州鼓堆泉的个案研究，起码可以初步回答以下几个似为最迫切的问题，即"水利图碑"是什么性质的存在？"水利图碑"在地方社会起到了多大作用？为什么会出现从文字到图像的转变？

这两通碑均是民间自立，其性质均是一种水权宣示。不论在立碑之初是得到了水利社会中其他成员（社会权力）的承认，还是有官方的裁决文书（政治权力）作为依据，水利图碑是扎根于其所在的聚落，彰显的都是本村的利益，包括用水权以及相关的土地、林木等其他资源的使用权乃至所有权。与我们最初的印象不符，水利图碑的出现并非是一个水利社会各个利益集团博弈调和并产生了公认秩序的产物，而是作为最小利益体的聚落对资源诉求的展现。换言之，水利图碑并不标志着一个水利社会运行秩序尘埃落定的联合声明，而常常是在利用了不同性质的公共权威默许之后才得以刊立，是一个夹带着刊立人私货的单方面宣言。

水利图碑在与官方文书的对抗中落败，但官方权威为这一结果付出了极大的代价，这说明图碑在聚落中长时间的存在对民间社会的认知产生了深刻影响。不论图碑内容是如何有利于本村，立碑时众多渠长的在场都使得此碑成了社会权力的象征，即所谓的"公共之物"。在与官方出现冲突时形成了"以规抗法，以公对官"的形势，由图碑数十年间衍生成的观念、认知和印象撼动了数百年来的传统，甚至能够挑战成文的正式规则。这种能力在率由旧章的水利社会中是不可思议的，但是图碑对本村居民以及周边村落不断地传播和强化特定印象，使之成了可能。

水利图碑有两层含义：作为表现形式的图像，以及作为物质载体的碑刻，与一般的文字碑刻相比，无疑图碑有更广泛的受众，聚落成员不论是否识字都能清晰明了地接收到图像所传递的信息。作为刊立在公共空间的碑刻，水利图碑又与深藏于书本方志中的各种水利图区分开来，因为普罗大众并没有渠道接触到后者。如此看来，水利图碑最大的特点就是可读性强、受众面广，这意味着它具备了超过文字碑刻或者纸质水利图几个量级的影响力，长期的影响力和大范围的被接受度毫无疑问将成为传统。因此从某种意义上讲，文字到图像的转变是由精英参与向大众参与的转变，而图碑则是观念得以改变的重要媒介。

必须说明的是，本文所关注的"鼓水全图"碑作为表达村落利益的工具和媒介只是水利图碑中的一种类型，不同案例中水图碑的性质也要分别进行具体研究。笔者无意过分拔高水利图碑对水利社会运行的影响，它与文字碑刻、水册、契约乃至建筑、传说、壁画等其他形式的资料一样，都是为了尽可能地重构历史原境。从这个意义上看，资料没有高下优劣之分，对新史料进行收集利用的同时也必须正视其他资料各自的特质和有效性。正如本文最初所讲的一样，水利图碑的研究正处于起步阶段，还有许多问题尚待解决，个案研究所得出的结论也许仅能代表一种类型而缺乏普适性。但是笔者毫不怀疑"每一幅水利图碑的背后就是一个个地域社会围绕水资源分配和管理进行长期博弈、调整和互动的结果，不仅内容丰富，而且精彩纷呈"[1]，以此必将推进水利社会史研究的进一步深化。

---

[1]　张俊峰：《金元以来山陕水利图碑与历史水权问题》，《山西大学学报》2017 年第 3 期。

第六章　表达与实践：山西泉域社会水权的形成与维系
——以翼城滦池泉域为中心的考察

本章讨论的问题主要涉及两个方面：首先，围绕集体产权与私有产权二者的相互关系问题展开充分论述，通过历史个案研究揭示集体产权与私有产权各自的初始状态及发展变迁过程。尽管近年来学界围绕该问题的讨论已有不少，但多从现实社会制度变迁的角度切入，缺乏一个历史的维度。只有将历史时期的相关现象解释清楚，才能为理解和解决现实问题提供必要的参照系，有助于讨论的深入。其次，对一些具体观点的质疑和反思，如有论者将明清以来山西省汾河流域水利纠纷不断的根本原因归结为水资源的公共物品特性及随之而来的产权界定困难问题，认为水资源所有权公有与使用权私有的矛盾是问题的根源所在。[①] 这一解释虽然涉及产权问题，却未抓住问题的要害。问题的关键在于自前近代以来水资源作为一种稀缺性公共物品，其产权能否被合理界定，在实践中又是依据何种标准来界定的，究竟存在哪些制约因素，这绝非产权界定困难一般简单，也并非"公"与"私"的矛盾对立。为此，也很有必要从实证研究出发加以深入讨论，以辨明问题的实质。

以上两个问题，归根结底都是产权问题。产权作为经济学的一个核心概念，最初的讨论大多是在新古典经济学继而新制度经济学的产权理论框架中进行的，引入产权分析也是中国学者在理解和提供改革方案时的一项重要工作。[②] 近年来，随着越来越多的社会学及人类学者加入其中，使有关产权问题的讨论已经跨出经

---

① 赵世瑜：《分水之争：公共资源与乡土社会的权力和象征 —— 以明清山西汾水流域的若干案例为中心》，《中国社会科学》2005 年第 2 期。

② 折晓叶、陈婴婴：《产权怎样界定 —— 一份集体产权私化的社会文本》，《社会学研究》2005 年第 4 期。

济学范畴，进入了整个社会科学的视域。研究者们普遍注意到当代中国经济体制改革过程中，产权模糊的乡镇集体企业在产权选择上的多样性，并不符合产权理论所谓产权清晰、产权必须私有这一基本要求。由于产权理论不能既解释私有制的成功，又解释集体制的不败，因而陷入逻辑困境。新近一些从组织社会学制度学派和"关系网络"学派以及人类学解释逻辑出发的研究为解释这一悖论问题提供了新思路。对此，折晓叶、陈婴婴已进行了及时总结和评价，并进一步就产权如何界定问题做了深入讨论。以上研究中贯穿的一个核心思想是：在市场制度不完善的条件下，产权存在被社会关系网络非正式界定的可能性。[1] 产权不仅存在被非经济因素界定的可能，而且并不总是为效率原则所驱使，还受到政治过程、文化观念等社会性因素的影响，这些因素的不确定性使产权处于被反复界定的状态[2]。这些研究最终走向与经济学分析框架的直接对话，关系合同和关系产权两个新概念的提出即可视作这一对话的初步成果[3]，有理由相信，随着研究的不断深入和扩展，这样的对话将会持续进行下去。

　　本章对水权问题的讨论与上述研究思路比较贴近，不同之处在于：以往的研究多限于讨论当代中国社会的产权问题，对历史时期的产权问题也因缺乏典型的分析个案而较少关注。中国社会是一个传统文化积淀相当深厚的社会，当前很多社会现实问题与传统文化关系密切，并由此导致了中西方社会的诸多差异，具有中国特色。因此，对于产权理论，不仅要置放于当前中国社会经济体制改革实践中来加以检验，也要求我们将视线拉长到前近代的中国乡村社会进行验证，以加

---

[1] Nee,Victor & Sijin Su 1995, "Institutions, Social Tiers, and Commitment in China's Corporalist Transformation," in John McMillan(ed), *Reforming Asian Socialism: The Growth of Market Institutions*, Ann Arbor: University of Michigan Press; Lin, Nan & Chih-Jou Chen 1999, *Local Elites as Officials and Owners: Shareholding and Property Right in Daqiuzhuang, Property Rights and Economic Reform in China*, Stanford: Stanford University Press,pp. 145-170; Yushen, Peng 2004, "Kinship Networks and Entrepreneurs in China's Transtional Economy", *American Journal of Sociology*, Vol. 109,No. 5.Chicago University Press.

[2] 张静：《土地使用规则的不确定 ——一个解释框架》，《中国社会科学》2003 年第 1 期；张小军：《象征地区与文化经济 ——福建阳村的历史地权个案研究》，《中国社会科学》2004 年第 3 期；申静、王汉生：《集体产权在中国乡村生活中的实践逻辑 ——一社会学视角下的产权建构过程》，《社会学研究》2005 年第 1 期。

[3] 刘世定：《嵌入性与关系合同》，《社会学研究》1999 年第 4 期；周雪光：《"关系产权"：产权制度的一个社会学解释》，《社会学研究》2005 年第 2 期。

深对现实社会问题的理解和把握，从而形成客观的、符合中国社会实际的理论解释体系。

作为本篇分析对象的滦池泉域，位于山西省境西南部的翼城县。翼城县地居中条、太岳两山之间，夏商时期为唐国，西周初为唐叔虞始封之地，春秋时期曾为晋国都城，西汉属绛县，北魏太和十二年置北绛县，隋开皇十八年改为翼城县，唐改称浍川县，宋复名翼城县，金升为翼州，元复为翼城县，沿用至今。滦池泉水发源于翼城县东南二十里南梁村东，泉水流出后汇入浍河，由浍河再入汾河，属汾河水系，过去有东西二池，至宋熙宁年间，将两池砌为一池。1966 年，在池南又新掘一池，名为利民池，现为南北二池，东依翔山，西临浍河，地处丘陵地带。

滦池一带村庄完整地保存有宋、金、元、明、清以来历代水利碑文，共计 15 通。其中，年代最早的是金大定十八年（1178），最晚的是清乾隆六十年（1795），这也是本文选取前近代的一个主要原因。这些碑文按内容可分两类，一类以建庙祭祀为主，一类以水利争讼为主，内容连贯，可前后互证，学术价值极高，因而成为探讨前近代华北乡村社会水权状况的一个理想个案。

一、权利分配：初始水权的形成及其特点

对泉水资源的开发利用，乃是前近代山西社会的一大特色。该省尽管干旱少雨，却得益于特殊的地质构造，全境内尤其是汾河流域分布有众多断层初露的泉眼，翼城滦池泉即在此列。与山西其他泉水灌区相比，滦池灌区规模并不算大，历史时期受益村庄最多时仅 12 个，可灌溉土地 4800 余亩。尽管如此，该泉域内村庄获取初始水权的方式却多有不同，错综复杂。

（一）初始水权村的形成

据碑刻文献和田野调查情况来看，滦池泉域 12 村的初始水权是分阶段获得

的。当地人在描述传统时代各村用水状况时，习惯于使用"上三村"、"上五村"、"下六村"、"十二村"等地方性词汇，我们也从此习惯来展开分析。

1. 上三村水权

碑刻中关于上三村的最早说法，是指位于滦池发源地的南梁、崔庄和下流（又名清流）三村①。后亦有南梁崔庄、涧峡、清流三村之说②，此说中南梁与崔庄是合二为一的。乾隆五十六年《滦池水利古规碑记》中又出现了第三种说法："宋熙宁年间，南梁、涧峡始同下流运石修砌，合二池为一池。池庙废坠，又同下流修理，嗣后乃称为上三村也"③，即南梁、涧峡和下流三村。后两说中，唯有南梁与南梁崔庄二者称谓的不同，且均出现在清代。由此可知，金代涧峡可能尚未独立成村，属南梁或崔庄二村之一。自金及清，经过五六百年的发展，村庄设置及规模发生了变化，遂演变成后二说。

上三村初始水权的获得完全依赖先天地理优势。在滦池泉域，"用水之利者，实有二例：上村者以为己业，下村者盖出工力"④。此言高度概括了滦池泉域上下游村庄获取水权的不同途径。正因为上游村庄将滦池水视为己出，故有"其近水源头系南梁、崔庄、清流等村，各使水浇地，乃开辟以来自然之利，迄今无异"⑤的说法，得到周围村庄的普遍认同。不仅如此，上三村在用水时间和数量上也不受限制，"南梁、崔庄于东西二池取水，亦不计时候，麻白、地土、蒲汀、稻圃、花竹、果园任意自在浇溉、并无妨碍。外有下流村，接连南梁、崔庄同渠取水，自在浇溉"。因此，我们可将上三村视为滦池泉域享有特权的用水村。

2. 上五村水权

上五村是指上三村之外，再加西梁（又称川西梁）和故城二村，合称上五村。有关上五村的说法，最早出现于大定十八年《平阳府绛州翼城武池等六村取水

---

① 金大定十八年《重定翔皋泉水记》，现存翼城县武池村乔泽庙。后文出现同碑时，不再注明存碑地点，以下类同。

② 此说见于康熙五十二年《重建庙碑记》和乾隆六十年《重修庙碑记》两碑之碑阴三村捐款题名，碑存翼城县武池村乔泽庙。

③ 该碑现存翼城县南梁村滦池碑亭。

④ 至元九年《重修乔泽神庙并水利碑记》，现存翼城县南梁村滦池碑亭。

⑤ 顺治六年《断明水利碑记》，现存翼城县武池村乔泽庙。

记》，该碑有"其泉水浇西梁、故城、南梁、崔庄，下流五村人户民田"的记载，这里所讲的乃是宋熙宁三年以前滦池受益村庄的情形。

后至元九年"重修乔泽神庙并水利碑记"中又出现了"上五村"这一称谓，并对各村水权状况做了更为明确地解释。因南梁、崔庄、清流三村前已述及，故此仅述西梁和故城二村的情形，据载"川西梁于东池内取水，往北行流，自在浇溉。然验各村地盘，一体浇溉。上村使余之水，退落天河。自熙宁三年，有武池村李惟翰、宁塑等纠集下六村人户，于故崔忠磨下，截河打堰，买地开渠，取上村残零余水。故城村常永政为不要买渠地价，六村人户许令自在浇溉村南夹河地土，此后通称为上五村也"①。

通过比较可知，西梁村获取水权的方式与上三村类似，同样占据天然之利，只不过该村用水历来自成体系，与他村无关。与之不同，有"上三村"之称的南梁、崔庄和清流则因共用一渠之故，捆绑在了一起。熙宁三年下游六村在国家政策倡导下进一步开发滦池水利时，又因要"取上村残零余水"，与上三村在用水量和用水时辰的分配比例上存在关系，故"上三村"这一称谓只是相对于下游六村而言，具有特殊意义。

故城村的取水权则源自于熙宁三年该村人常永政的义举。当年，下游六村从该村买地开渠，花费甚巨，如《大朝断定使水日时记》就有"熙宁三年武池村李惟翰、宁塑等备价铜钱千余贯于故城村常永政处，买地数十余段，萦迁盘折，开渠引水浇溉"的记录。因常永政不要这"千余贯铜钱"的"买渠地价"，换来了下游六村允诺的"自在使水"特权，令其子孙后代和村人受益。

综合言之，"上三村"与"上五村"两个称谓，均体现了"有关村庄在滦池水资源利用方面享有特权"这一深刻意涵，同时也表明：先天地理优势和水利草创时期先人的义举，乃是前近代时期华北乡村社会获取用水特权的两个重要影响因素。

3. 下六村水权

滦池泉域"下六村"这一称谓的出现则是拜熙宁三年王安石变法所赐，是

---

① 至元九年《重修乔泽神庙并水利碑记》。

"熙宁水法"在地方社会的集中体现。下六村是指"首吴村，次北常村，再次武池村、马册村、南史村、东郑村"①。熙宁三年以前，"上村使余之水，退落天河"②，白白流走，不得利用。熙宁三年，由武池村大户李惟翰、宁翌牵头，纠集六村人户，谋曰："可惜此水，始自创意擘划，买地开渠。"③至元九年碑对此事件记载最详："自熙宁三年，有武池村李惟翰、宁翌等纠集下六村人户，于故崔忠磨下，截河打堰，买地开渠，取上村残零余水。……下六村人户，各验愿出买渠价钱，分番使水，定作日期：吴村七时辰，北常三十时辰，武池九十一时辰，马册村一十九时辰，南史一十一时辰，东郑二十一时辰，通计一十五日轮番一次，计一百八十时辰，内余一时辰，令六村人户交番费用，周而复始。"④可以说，下六村"取上村残零余水"开发水利的举动，一方面是得到北宋政府政策的支持，一方面则是"水就下"的自然流动特性使然，非上游所能垄断。

从以上记载中同样可见，下六村初始水权的获得是在六村各自出钱、出力基础上换来的，且对六村的用水义务做了规定，"六村人户于故崔忠磨上并东西二池以下渠路，并无淘掘之分"⑤，因这段渠路属上三村所有，但要负责"故崔忠磨"以下渠路的淘掘之分，所谓"下村者盖出工力"即是此意。不过，至元九年碑对六村使水日期多寡不均的现象却未做任何解释。对此，顺治六年《断明水利碑记》做了清楚地补充说明："其村大地多者出钱，费工各多寡不等，及至成功事竣，各照原出买渠价钱并开浚工力及地亩多寡，分定使水日期……每岁自清明日起从上至下，计十五日轮遍一番，周而复始，毫不容紊。至中秋后雨水滂沱，则不拘番次时刻，听其随便取用。"这就表明，六村初始水权的分配并非按照绝对的平均主义，也非以土地多寡，需水大小来配置资源，而是在特定时代场景下以参与水利开发的众村人户普遍接受的一个所谓的公平原则进行分配。水利创始之初的这一分配原则，为后世的水权争端埋下了无穷隐患。

---

① 顺治六年《断明水利碑记》。
② 至元九年《重修乔泽神庙并水利碑记》。
③ 大定十八年《平阳府绛州翼城县武池等六村取水记》。
④ 至元九年《重修乔泽神庙并水利碑记》。
⑤ 同上。

4. 十二村水权

十二村是在上五村和下六村之外，再加西张村，构成滦池泉域享有用水资格的十二个水权村。熙宁三年下六村在"故崔忠磨下"截河打堰，开渠引水后，西张村和下六村中的东郑村（两个位置偏下的村）合作，仿效下六村之举，截留六村石堰间透流之水，于马册村南桥下，"其西张村与东郑村各截河打堰轮番使水，以上流下接，西张村与东郑村并此水浇上下一十二村"[①]，这样就奠定了滦池泉域十二村共享水利的大势。

5. 十二村以外的无水权村

从地理形势来看，滦池泉域并非只有上述十二村具备利用泉水灌溉的条件，梁壁、西郑、李村等邻接村社均具备引水条件，却从来没有获得过使水权，至元九年碑中就有"一十二村之外，其余邻接村社，并无使水之分"的记载，明确限定了权利边界。对此，大定十八年《平阳府绛州翼城武池等六村取水记》中有专文说明。

原来，在熙宁三年武池等六村决定截河打堰挖渠之初，"有梁壁、西郑、李村人户薛守文等状告乞与上六村同共取水。及下手，薛守文等意恐不成，下状退免。六村人户李惟翰等截河田垒堰买渠取泉水，随地势萦迁盘屈经历将崖曲折，引水得行。未及浇溉，却有梁壁等村薛守文等状告乞侯例纳买渠钱，使水浇田，州县守夺未决，即重提举护秘丞归折，举其略曰：薛守文等洛见功效一成，便欲攘夺其利，情理切害。又有云：只令上六村使用财力人使水，薛守文等不得使水。文案已于当时刻之于碑后"。可见，梁壁等三村并非没有用水机会，只因三村领袖薛守文在开渠过程中的反复无常，不与六村戮力同心，致使他们丧失了本能享有的水权，并为此丢尽颜面，为时人所不齿。至今在滦池泉域尚流传有"梁壁村无别计，丢了水权缠簸箕"的俚语，足见该事件在当地社会中的影响。

（二）十二村初始水权的特点

结合上述事实与滦池历代水利碑文，我们可从三个方面来把握前近代华北乡

[①]　至元九年《重修乔泽神庙并水利碑记》。

村社会水权的外部特征。

首先，水权占有上是分等级的。从十二村总体来看，上三村（或上五村）使用和支配水的幅度、灵活性远较下六村为大，且占有明显优势。"南梁发源之地，为十二村之首。所以南梁任意自在浇灌，不计时候，非别村可比"[①]，即是对这一特点的有力佐证。如果用金字塔来形容的话，南梁等上三村和上五村居于塔尖，武池等六村处于塔中，西张村处于塔底，其余邻接村社则只有站在塔外观看的份。

退一步而言，即使在上三村内部也有高下之分，南梁、崔庄就明显高清流村一筹，且占尽心理优势。清流村为了争取到与南梁村同等的使水权，进行了长期不懈的抗争，"至大观四年，下流村任重，告本县李老爷讳察案下，要与南梁分定日期，轮流使水。南梁崔九思等不允。李邑令因水利事大，以神之响应，并下流争水之事，闻于外台，奏宋徽宗皇帝，六月六日旨下，敕封栾将军为乔泽神，令李侍郎讳若水分定水例，断定每年清明起番，八月仲秋落番。南梁使水六日七夜七十八时，下流村使水二日六时。南梁村未收下流过水渠价。谕：下流闸水之日期，与南梁留三分饮牛之水。南梁村挑渠，亦在下流村日期内，以报南梁未受渠价之恩"[②]。经过这次努力，清流村虽然得以如愿与南梁分水，却又不得不承受两项附加条件，仍然处在低人一等的地位。

此后，下流村仍在为获得对等地位而抗争，"至明洪武七年，下流王思敬等，欲翻前案。南梁渠长解周易等告至李老爷讳谅案下，审出实情。将王思敬等重责八十，仍照李侍郎断案"[③]。这次努力再告失败，更注定了清流村在上三村中的弱势地位。

无独有偶。大定七年西张村与武池等下六村之间的争水纠纷，同样也是处于弱势地位的村庄试图获得与其他水权村对等地位的一种努力。武池等下六村的水源是上三村用毕之残零余水，本就比上三村低一格。西张村的水源则是取自下六村的残零余水，比下六村更低一格。大定七年，西张村人将下六村"堰斩豁"，要与下六村三七分水，遭到下六村的严词拒绝，一时间诉讼纷纭，双方大动干戈。

---

① 乾隆五十六年《滦池水利古规碑记》，现存翼城县南梁村滦池碑亭。

② 同上。

③ 同上。

西张村人终因违背旧例，提供伪证而获罪[①]，未能改变其低人一等的用水权限，足见滦池泉域村庄在水权占有上划分等级的严重程度。

其次，水权分配上不公平不合理。在滦池泉域，一些表面上看似公平的规则，其实却隐含着最大的不公。位于滦池发源地的乔泽庙（即滦池水神庙），向来归南梁崔庄、涧下、清流三村打理，修缮庙宇之资，三村平摊。康熙五十二年，因建庙三村各分摊银 57 两余，乾隆六十年，又因修庙，三村各分摊银 45 两余。这看似很公平，但事实上，涧下用水户共 57 甲，南梁崔庄 64 甲，而清流村仅 32 甲[②]。这就是说，但凡有摊派，清流村每次按甲承当的负担分别是南梁崔庄和涧下的 2 倍或接近 2 倍。从前文分析中我们知道，清流村在上三村中处于低人一等的地位，村小人少地少，却还要承担同样份额的摊派，这就是最大的不公平。

下六村水程分配上也存在不合理的方面。下六村水程期限总计 180 个时辰，其中，武池村就占有 91 个时辰，北常等五村加起来才有 88 个时辰。武池一村有地才 11 顷，北常村等五村则有地 25 顷。[③] 尽管这样的水程安排是多种因素影响的结果，但单从水资源的时空分布来说，明显是不合理的。在用水紧张时期，经常出现武池村水多用不了，北常等五村水少不够用的情形。资源配置的不合理，导致水的利用效率大大降低，极易滋生买卖水权、以水渔利的现象。

此外，即使在村庄内部水权分配上，也存在不公平不合理的地方。至元九年碑记载了该年北常村王庆纠集下六村 380 余人，在滦池东池创开新渠的事件。在该事件中，拥有下六村一半水程的武池村，竟也有以张五为首的一拨人同北常村人一起去闹事。在官府审理此案的过程中，又有武池村宁七官人名彦当堂指证，批评王庆、张五等人的不法行为。这就从侧面说明在武池村内部可能存在私人或大户独占水权，或水权为部分人垄断或支配的现象。换言之，在该村占有水权的是一拨人，参与争水的是另一拨人；既有守成派，又有造反派。

最后，村庄水权本身是很明晰的。尽管在水权分配上存在上述两大问题，但就村庄水权本身而言，还是相当明晰的，并不存在论者所谓水资源产权归属和界

---

① 大定十八年《平阳府绛州翼城县武池等六村取水记》。
② 康熙五十二年《重建庙碑记》和乾隆六十年《重修庙碑记》两碑之碑阴三村捐款题名。
③ 顺治六年《断明水利碑记》。

定困难的问题，也非水所有权公有与使用权私有的矛盾，而是水权界定本身依据特定标准导致其无法被合理界定的问题，在此有两个现象值得关注：一、十二村均有固定用水期限，只要有水源保证，在固定水程内还是能够享有水利的。历代水利碑刻中，对各村的水程时刻记载最为详细也最为重视，水程期限和用水量受水利规章和社会舆论的双重保护，具有合法性，不容侵犯。二、水权到村，未见到户、到人的现象值得重视。我们可将以村庄为单位分配的水权，视为集体水权。以村庄集体名义将水权分配下来，再按照一定规则在村庄内按甲头、夫头二次分配水权的方式在洪洞、介休等县的渠册夫簿中体现得最为典型。我们在翼城滦池虽然没有见到类似的渠册夫簿，却不能证伪这一方式的存在。滦池水利碑中频频出现的各村"水甲头"题名和类似于南梁崔庄 57 甲的记载，足见滦池各水权村同样是按照类似的组织规则分配水权的。

二、权利表达：维护村庄水权的多种方式

滦池十二村在完成对初始水权的瓜分后，紧随而来的就是考虑采用何种方式，维护既有权益不受侵犯，保证长远发展；一些水权村还想方设法，试图在原有基础上，获得更多的水权份额；一些无水权村也心生觊觎，试图加入用水者行列，争取能分到一杯羹。在此情况下，处在不同地位的村庄中，就出现了多种表达其用水合法性的方式。

（一）"水"、"神"、"权"合一的方式

乔泽神是滦池泉域民众唯一尊奉的水利神。此庙在当地共有两处，一处位于滦池发源地的南梁村，一处位于中游用水大村武池村，两处均称作乔泽庙，但调查中却没有人能够解释两处神庙的关系，二者也非正庙与行宫的关系，非常奇特。

更为奇特的是，每年三月初八日以南梁村为首的十二个水权村，要以殡葬形式同祭乔泽神，成为历来延续的传统，如有碑记称："祠宇创自三村，首南梁崔

庄，又次涧峡，又次为清流，每年春三月，纠九村□奉祀事，敦请县□□□主，十二村鳞次焚香，灌鬯罔敢不恪。"①

在此，我们先对以殡葬形式祭祀乔泽神的行为做一解释。应当说，它与滦池的来历有关。据《史记·晋世家》记载，春秋时期翼城曾为晋国都。周平王二十六年（公元前745），晋国新任国君晋昭侯封其叔父成师于曲沃，史称曲沃桓叔，由靖侯之庶孙、桓叔的叔祖栾宾辅佐，而栾宾的出生地即在滦池附近，滦池水利碑中"翼邑东南翔山之下，古有东西两池，晋栾将军讳宾，生其傍，故以为姓"②的记载，即是言此，后晋国长期限于内乱，至晋哀侯时，曲沃桓叔之孙曲沃武公伐晋，双方战于汾水河畔，哀侯被擒死难，晋大夫栾共叔成（即栾成）亦殉难。因栾成之父栾宾曾是武公祖父桓叔的师傅，所以曲沃武公有心劝降栾成，但被栾成拒绝，苦战力竭而亡。晋小子侯继位后，为表彰栾成的忠勇，"遂以栾为祭田，令南梁、崔庄、涧峡立庙祀焉"③，可见，滦池庙最初乃是祭祀晋将军栾成的祠宇。至宋大观四年，"县宰王君迻曾会合邑人愿，集神前后回应之实以闻朝廷。至五年，赐号曰乔泽庙"④，由是栾将军祠始改称乔泽庙，并长期沿用下来。因三月初八为栾成忌日，故每年滦池十二村要在此时以殡葬形式祭祀他。⑤

以南梁村为首的上三村正是凭借这一历史渊源，在一次次隆重祭祀乔泽神的庄严仪式中，将其用水特权与冥冥神明紧密联系在一起，巩固和强化了其在滦池泉域的特殊用水地位。由于乔泽神是滦池泉域最尊贵的神祇，其他水权村也不敢丝毫怠慢，纷纷加入到这一近乎狂热的祭祀行列中，似乎只有通过这一途径，才能使其合法的用水地位得到确认和表达。

地方人士对这一祀神活动中极尽奢华的场面多有描述，据记载："每年三月初

---

① 康熙五十二年《重建庙碑记》。
② 乾隆五十六年《滦池水利古规碑记》。
③ 同上。
④ 金大定十八年《重定翔皋泉水记》。
⑤ 民国《翼城县志》亦有解释说："曰栾者，疑当时以死难，赐栾共子，因人名地，去晋为栾，故曰滦池。因栾宾及其子栾成生其旁，故以为姓。又栾共叔成哀侯之难，小子侯嘉其忠，赐以为祭田，故易为栾，后人渐讹写为滦耳。"此外民间也有传说称三月初八栾成下葬之日，挖坟出水，形成滦池泉，故而以殡葬形式来祭祀他，此说在滦池泉域流传甚广，姑且记录备考。

八日为行幡赛会祭祀之日，每到此日以殡葬形式祭乔泽神。定为南梁村、洞峡村、故城村、清流四村为行幡，其余各村都是挂幡，十二村轮赛。每年一小祭，十二年一大祭，轮赛之时，大幡一杆，高八丈，上系彩幡数层，驾五只大牛拉着，百余人从四面八方以绳扶行。小幡十二杆，各高二丈，一牛拉一杆。不独打幡，还有僧道两门身披袈裟，吹奏乐器引着：油筵、彩筵、整猪、全羊、大食、榴食七百三十个（需白面二千二百余斤）等各种祭品。还有狮子、老虎、高跷、抬阁、花鼓等故事，排列成行，鱼贯而行，异常热闹，洵称巨观。相演成习，已成古规，不可缺少。"[1] 足见滦池泉域水神权三者合一的程度！

如果说十二村皆参加的祭滦神盛典，具有划分有无水权功能的话，那么南梁村和武池村对各自地盘上建立的乔泽庙资源的实际控制，又进一步强化了各自在十二村和下六村中无可动摇的霸权地位。南梁村水利碑中一段关于乔泽神庙地权的描述就颇具说服力："殿前香亭，洞峡建焉。东殿子孙祠、西殿阎罗府、并山门、戏楼，俱系南梁所建。两傍虽有下村廊房，而前后左右地基，则无尺土不属南梁焉。"[2] 既然连整个泉域共同遵奉的神祇栖身之所也基本上由南梁一村提供，无怪乎该村会获得金字塔顶这一至高无上的地位。

与南梁村相比，武池村乔泽庙的修建年代则要晚许多，该村碑中有"建庙貌于宋元"[3] 的字样。就武池村在本村建庙的动机来看，也只能理解为借以巩固其在下六村的水权优势。自熙宁三年该村大户李惟翰、宁翌领导六村开创水利以来，武池村人就一直凭借其祖辈的开创之功和村大人多的实力，在水权分配中占尽便宜。将最具感召力的乔泽神庙迎建于本村，岁时操办祭祀，不但可以巩固其已有水权，确保在下六村的首村地位，且可凭此与南梁等上游村分庭抗礼，尽可能摆脱南梁的控制。在此意义上，南梁与武池都有将乔泽神这一公共资源占为己有，为自己所在群体服务的用意。

---

[1]　李百明、段玉璞编：《滦池变迁》，翼城县档案局 1986 年内部出版。
[2]　乾隆五十六年《滦池水利古规碑记》。
[3]　万历三十六年《武池村敕封乔泽庙并建献殿碑记》。

（二）树碑立传的方式

将祖先制定的用水规程或官府断案结果以碑刻形式保存下来，可谓滦池泉域水权村表达其用水地位最直接也是最常见的方式，反映了泉域民众一种朴素的水权维护意识。如大定十八年，在制止了下游西张村及梁壁等三个无水权村的违例之举后，在武池村享有威望的李惟翰之亲曾孙李忠就提议："往年西张争水，上用并提举文案碑定断了当。因叹曰：我等俱老矣。切虑将来，岁久年深，假令有争水使用如前日者，则晚生后进诸事未谙，仓促之际无所依据，恐致错失，当如何哉，安得不思？虽而预防之，我今欲将大中议孟总判断定案，验□之于垂示子孙，以为照据。询于众曰可乎不可乎？众人乐后皆曰可。"[1] 由是刊立《平阳府绛州翼城武池等六村取水记》。与之类似，《大朝断定使水日时记》中也有"府断水例可录而刊石，传不朽，庶使将来更无讼也"的记载，表明树碑立传是滦池泉域一种很寻常的行动惯例。正因为有这一惯例的存在，使自宋金以来形成的用水习惯和规则世代延续下来。当面临不满现行规则的势力挑战时，历代水利碑就会成为村庄水权的有力见证，在处理水权争议的过程中，发挥实际作用。

此外，与水权相对应的水利工程摊派、修庙费用等也会在水利碑中大量体现。究其实质，也可视为村庄表达水权合法性的有效方式。武池村现存嘉靖二十四年《立死卖地基边刻》，就记述的是武池等下六村集体摊款购买崔庄地开渠过水的事件。这次摊银共十五两，其中，吴村出银五钱八分八厘，北常村二两五钱二分，武池村□两六钱四分四厘，马册村□两五钱九分六厘，南史村一两七钱六分四厘，东郑村九钱二分四厘。显然，各村摊款应与各自的用水日期相对应，多者多摊，少者少摊。有意思的是，笔者在抄录该碑时，发现武池村和马册村摊款额的头一位数字像是被人有意凿掉，而非自然磨损。这就透露出一个信息，在武池村一定有人抱有"只享水利而不愿过多出钱"的投机心理。

无论如何，武池村碑林和南梁村滦池碑亭，都可视为泉域内不同村庄表达用水地位的一种重要方式。

---

[1]　大定十八年《重定翔皋水记》。

（三）编纂故事的方式

这一方式最典型的表现就是有关北常村四大好汉的故事。该故事的原型是明弘治年间和顺治六年北常村参与的两起争水事件。

对于弘治年间发生的争水事件，地方文献叙述得非常形象："按照旧规，下六村水程是清明起番，仲秋落番，十五天一轮，武池村占一半水程。"即便如此，武池村仍贪心不足，妄想霸占六村的仲秋起落番水，便向知府恃富纳贿，知府受贿后，歪曲事实，偏袒断案。北常村王玘、程贤、郭迪三人气愤难平，当堂把知府的眼珠抠掉。三人被押解进京，朝官倚权当势、不问知府贪赃枉法、偏断水讼之罪，却以"刁民狂徒"将三人问成死罪，并支起油锅威胁说："跳进油锅，把水判给你们。"三人明知难逃此酷刑，毅然跳入油锅。朝官见三人如此坚决赴死，知其必有冤屈，不敢食言，遂将仲秋起落番水断给北常村。[1]虽然滦池碑记中对弘治年间的争水事件有所记录，却不似如此详细，且最后审断结果也非地方文献所述，只是简单记载曰："明弘治年间，武池村富豪王厚等欲乱成规，北常村王玘赴京上疏，命下批部、院、道、府问确、罚厚半石。"[2]可见，地方文献叙述中可能存在夸张的成分。

顺治六年，北常村又出现一位争水好汉杨景耀。三月清明起番，八月中秋落番，本是滦池十二村皆遵循的"千百年之成规"，"不意武池村伪官乔光启、乔毓秀、王豪、李萃荣等恃富欲乱旧规。北常村杨景耀具告县何老爷案下，蒙审解忿息争，批有执照，后不为例。耀思水利大事，复告本县徐太老爷案下，启仍恃官势，弄权变法，捏斗殴，拟耀不应打人，不论主仆拿来打死杨景耀等抵罪"[3]，就这样，杨景耀被武池村强梁之徒勾结官府捏造罪名含冤处死。连同弘治年间王玘等三人，被誉为北常村的"四大好汉"。

据北常村王永贵老汉回忆："村里原来有座四大好汉庙，在我小的时候已变成

---

① 李百明、段玉璞编：《滦池变迁》，翼城县档案局 1986 年内部出版。
② 乾隆五十六年《滦池水利古规碑记》。
③ 同上。

学堂，塑像用纸糊了起来，儿时我曾用手指把纸捅破，看到四大好汉手中端着一个盒子，老辈人讲是因为县官断案不公，他们就抠了县官的眼睛放在盒子里。后来四大好汉跳油锅争得了阴历八月十五至清明之间的用水权，清明以后才能各村轮水。"[①] 与前述碑文对照，王永贵所述显然与历史真实相去甚远。不过，北常村四大好汉的故事却成为彰显该村水权的一种最佳方式，在民众记忆中模糊留存，成为该村人努力捍卫村庄水权的精神动力。

（四）口头传唱的方式

在滦池泉域，还流传有"梁壁村无别计，丢了水权缠簸箕"、南史村"水打门前过，鸡鸭不能喝"等口头俚语，同样是乡村社会表达水权的一种常见形式。

关于梁壁村水权的丧失，本章第一节已有解释，兹不赘言。对南史村"水打门前过，鸡鸭不能喝"的问题，当地有两种不同的解释。一种来自于地方文献：乾隆年间南史村民董仁，对地方官庇护势豪霸水的行为非常气愤，径直赴县衙，在公堂之上揭露县令贪赃枉法的行径，触恼了贪官，遂将董仁酷刑处死，并长期严惩南史村民，定出"水从门前过，鸡鸭不能喝"的禁约，立碑示众。另据东郑村人郑日新说："因南史村居东郑村上游，不断堵截东郑水浇地，东郑村便依此碑为据，阻止南史村随意堵水。中华人民共和国成立前，我任闾长时，怕此碑丢了，便将碑立在自家房内保存，不少村民见过此碑。'文化大革命'期间被人做建房基石用了。"[②]

一种来自于实地调查。据武池村小学教师韩家森先生讲：南史村与下游的东郑村争水，由于南史村无人敢跳油锅，官府就将水权判给下游，这样水从南史村流过，即使家禽也不得随意喝水。[③] 两种解释均表明在激烈的争水斗争中，南史村最终丧失了水权，且在后一种解释中又增添了类似梁壁村那样因争水权而丢失脸面的内容，同时也展现了水权分配中强者的嚣张与弱者的辛酸。

---

① 2003 年 11 月 18 日，笔者在翼城北常村对王永贵的调查口述，老人当年 80 岁。

② 李百明、段玉璞编：《滦池变迁》，翼城县档案局 1986 年内部出版。

③ 2003 年 11 月 17 日，笔者在翼城武池村乔泽庙对韩家森的调查口述，老人当年 72 岁。

综上所述，水资源紧缺可谓滦池泉域及其周围村庄自前近代以来就面临的最大难题。正因为水资源的稀缺性，才会使水权意识在滦池这样一个社会里显得异常突出，并围绕它形成了各种各样的制度、文化、风俗习惯和社会心理。这一切恰恰是产权功能的体现，新制度经济学对此解释说："人类社会所面临的是一个资源十分稀缺的环境，每个人的自利行为都要受到资源的约束。如果不对人们获取资源的竞争条件和方式做出具体的规定，亦即设定产权安排，就会发生争夺稀缺资源的利益冲突，以产权界定为前提的交易活动也就无法进行。因此，产权制度对资源使用决策的动机有重要影响，并因此影响经济行为和经济绩效。"[1] 接下来的事例，就会证明这一点。

三、权利实践：水资源紧缺状态下的水权争端

滦池泉域水资源紧张主要是两方面因素使然：一为自然因素。自明弘治十八年（1505）起至民国二十七年（1938）止，滦池泉共 5 次停涌，陷于完全干涸境地，其中四次因大旱引起。泉水干涸时间最短者一年，最长达十年，"池水涌涸不常"引起的水量减少导致人心惶惶，舆论骚然；二为社会因素，据顺治六年碑所载："因昔时水地有数，水源充足，人亦不争。自宋至金而明，生齿日繁，各村有旱地开为水地者，几倍于昔时。一遇亢旸便成竭泽，于是奸民豪势挨越次序，争水偷水，无所不至。其间具词上疏，案积如山。"[2]

在水的供应日益减少的情况下，用水需求量却日益扩张，势必加剧水紧张的形势。顺治四年、六年武池村与北常村争水案，乾隆五十三年、五十六年南梁村与清流村争水案，就是在这种场景下发生的。在此，我们将以这两起水案为中心，具体剖析水资源紧张状态下的水权实践过程，并借以探明水利纠纷不断的根源。

顺治四年，武池村人乔光启，在清明轮番起水日未到之前，不遵旧例，擅自

---

① 卢现祥、朱巧玲：《新制度经济学》，北京大学出版社 2007 年版，第 193 页。
② 顺治六年《断明水利碑记》。

启渠使水，遭致北常村人不满。该村杨景耀乘机生事，以地多水少为由，"要将中秋后水，利五村浇地，不与武池村分使"①，这反过来引起武池村人不满，双方争斗。事件发生后，有人提议说"计时使水在昔地少可均，今各村新垦地多，必计亩再为均融，难执往例胶柱之见"，意在更改旧日水例，重新分配水权。但主审官员却提出一个相当保守的处理意见：

> 水源有限，当日分村定时，正虑后世奸豪私治旱地使水，致他村不得沾溉故也。若此端一开，则百世之后，势必至上流之旱地尽成水地，仍纳旱地之粮，下流之水地转为旱地。及包水地之深，其流弊宁有底止？今惟仍照原定时数，如一村之内，虽地有私开而水不增刻，则私垦者本村必不相容，而伎俩自□，争端自息。又说者谓武池，一村计地一十一顷，却使水九十一时辰，北常等五村计地二十五顷共使水八十八时辰，从中秋后之水独许五村灌溉，以补前者地多水少之数。夫武池使水独多，当初立例，必有缘故，抑系创渠之始，该村李惟翰等为首，必其渠价工程独倍五村耳。清明之水，一刻千金，武池尚然。多分犹不足用，以致揆越，而况中秋以后之水，涓滴不与，势必构讼争斗，岁无宁日矣。②

该方案的中心思想就是一切率由旧章，不得以任何理由变更初始水权之分配格局，让矛盾在村社内部自行解决，这固然可以降低官府的监督和管理成本，却未免过于僵化，低成本低风险只能换来低收益，不利于提高资源利用效率。在该思想指引下，对矛盾的焦点 —— 中秋后水权分配问题，又做出一个近乎荒唐的判决："中秋以后之水，仍照清明所定日期，依次照刻轮使。八月十五日吴村起，酌定时日，不用者听其空悬日数，要用者必待原定时候。若云不限日期，不轮番次，是以又起争端，终非画一之法也。"③ 如此分水，尽管从表面上看不失公允，却依然是在旧日水权分配原则基础上施行的，无法有效改变地多水少村用水紧张的状况。

---

① 顺治六年《断明水利碑记》。
② 同上。
③ 同上。

乾隆五十三年南梁村与清流村争水案中，也有类似现象。鉴于滦池的涌涸不常，南梁将该村一个名曰"金带"的洪水旧渠修复，"备池水不足之接补"。同样处于缺水状态的清流村觊觎人利，要求借使洪水，被南梁拒绝。于是清流村人"冒充渠长，扰乱清水起落规则"，希图多得水程，双方争讼。与前不同的是，翼城官员最初满足了清流村人的请求，将原来的"清明起番中秋落番"规则一律改为每年元旦起终止。南梁村人因该判决不合古规，未具遵结。后清流村又率众强行闸水，被南梁村将其闸板拆毁，双方剑拔弩张，复讼于庭。最终，平阳府主审官在验过"执照碑志、水例、古簿与北常村碑文"后，听从了南梁村的诉讼请求，"每年清明起仲秋止，仲秋以后并不轮流，仍照旧规"[①]。至此，清流村试图改变水权分配格局的努力彻底宣告失败。

从上述两起案例中我们看到，自宋熙宁三年以来，滦池泉域村庄围绕水权分配所形成的产权安排，对于消除争端本是有积极贡献的。但是，由于前近代社会对人们获取资源的竞争条件和方式做出的具体规定存在不合理、低效率和等级性的特点。因此当水资源稀缺程度加剧时，原有的产权安排就逐渐变得不适应了。由于维护原有产权的种种规章、制度、文化和社会心理因素的重重阻碍，实现制度变革就会显得异常艰难。

四、集体水权与私有水权的共存及其绩效

本章以山西滦池泉域历史水权为个案，探讨了水资源相对匮乏的前近代华北乡村社会初始水权的形成、特点、表达方式和实践过程，试图揭示集体产权与私人产权二者的相互关系，并对导致前近代华北乡村社会水权争端不断的原因加以剖析，期望有裨于时下有关产权问题的讨论。通过滦池这一极富典型性的经验研究，我们可以得出如下三点主要结论：

首先，由于水资源的严重匮乏，在前近代华北乡村社会，水权不但普遍存在

---

① 乾隆五十六年《本府裴大老爷断明起落番次水例碑记》，现存翼城县南梁村滦池碑亭。

而且相当突出；不但在广大民众心目中产生了一种浓厚的水权意识，而且以水权为中心，还形成了一系列规章制度、地方文化、风俗习惯和社会心理，对地方社会的发展变迁产生了深刻影响。水权的形成主要受区域社会先天的地理位置差异、先人功德和一些具体经济指标，如土地多寡、负担经费和劳动力多寡等多方面要素的影响。尽管就其外部特征而言，在水权占有和分配中具有分等级、不公平、不合理的方面，却能够在较长时期内得到地方社会的普遍认同，形成一个相对稳定的社会运行秩序。不仅如此，这种既定水权分配格局往往通过神灵信仰与祭祀、树碑立传、编纂及夸大好汉故事，以及民众口耳相传等特定方式表达出来，由此形成的民间社会舆论、道德观念和日常生活习惯，共同维系着现行水权分配格局，并赋予其合法性地位，使村庄水权得到非正式界定和保障，类似于研究者所提出的"社会性合约"这一概念，具有非正式制度的特点。当外部因素变化，出现重新界定水权的要求时，传统水权的这些非正式表达方式，又能够与正式制度如官府审断、法律制度等相互嵌套在一起发挥作用，极大程度地维系着初始水权分配格局，客观上阻碍了制度变迁的进程，影响到水资源的合理配置和利用效率。笔者以为，不可武断地对这种现象进行批评，而应将其视作前近代社会一种特定的文化安排，前近代华北乡村社会水权的这一特点具有社会适应性。它与传统时期政府的统治职能低下，人、财、物力资源贫乏，赋税征收方式等密切相关。前近代水资源配置尽管不尽合理，在资源相对充足的条件下，却能够维持一个相对和谐的社会秩序，以极低的成本和费用规范保障了村庄的用水权，国家也能够得到预期的赋税收益，区域社会秩序的稳定正是得益于非正式的民间运作逻辑，这一点是有启发意义的。

其次，集体水权与私有水权共存于前近代华北乡村社会这一特定文化安排之下，二者并不互相排斥发生冲突。从滦池的个案研究中我们看到，水权本身既包括以村庄为单位的集体水权，也包括以家户为单位的私有水权。但初始水权通常是以村庄为单位而非家户为单位进行分配的。家户用水权只有在保障各自所对应村庄集体水权的前提下才能实现，也就是说家户用水权是附着在村庄集体水权之上的。没有村庄集体水权，也就无所谓家户个体的私有水权。以家户个体名义进行的水权申诉和争斗行为通常被视为不合法行为而被严加制止和惩罚，并受到区域社会舆论和道德准则的批评和诟病。私人争取水权的行为即便在短期内可以得手，最终也会被彻底否定，重新返回到泉域民众认同的运行轨道上来，这一点在滦池的经验研究中已屡屡得到证明。由此引申而言，产权公有还是私有的问题其实是一个历史问题，并非在今天的市场经济体制改革下才涌现出来的一个新问题。这一问题在历史时期通过特定的文化安排，曾经得到妥善地解决，具有低成本高收益的外部特征。近代以来，随着资源稀缺程度的不断加剧，其边际收益才逐渐降低，重新合理界定产权的呼声才越来越高。但这时所强调的只是产权如何合理界定的问题，并非集体水权与私人水权之间的矛盾。

最后，水权是水资源稀缺条件下的产物，主要是指水的所有权和使用权。但在前近代华北乡村，对水资源所有权的争夺体现得并不十分明显，对水使用权或者说控制权则强调得较为突出。不断发生的水权争端，所争夺的并非水资源归谁所有的问题，因为在这一问题上，地域社会内村庄和民众已经有大致相同的认定，包括两个层面：一是水归国家所有，并非某村某人的私有财产；二是水源所在地拥有对水的特殊权利，一定程度上等同于对水的占有。但这是由地理因素所决定的，非人力能改变的。谁拥有对水资源的使用权或控制权才是矛盾的焦点所在。因此，前近代以来华北乡村社会发生的水权争端，主要是对水使用权的争夺，将水利纠纷不断的原因归结为水资源所有权公有和使用权私有的矛盾是无法立足的。再就水权争端本身而言，有两个问题需要重视：第一是资源短缺问题。导致水权争端发生最直接的原因应是水资源稀缺程度的日益加剧和水资源需求量的不断增加，一正一反两条曲线导致水资源供不应求，发生争水斗讼事件在所难免。第二是水权制度本身的问题。前近代华北乡村社会的水权呈现出等级性、不公平、不合理性等突出特点，甚至存在地方豪势垄断、独霸水权的现象，造成水资源无法实现有效配置，影响了资源利用效率，加剧了水紧张局势。解决问题的关键应在于两个方面：一是开源节流，提高水利技术；二是合理界定水权，统筹配水，实现对有限资源的高效利用。这就要求政府投入高额的资金、技术和监督成本，然而，不论前近代的国家还是乡村社会，这一点都根本无法做到。因而随着水资源的日益匮乏，水利纠纷的发生就不可避免，可见，将水利纠纷不断发生的根本原因归结于水资源的产权归属与界定困难也是有失妥当的。

第七章　清至民国山西泉域社会中的公私水交易
——以新发现的水契和水碑为中心

本章所论的公水交易与私水交易，一般通称为"水权交易"，在明清水利文献中亦被称作"卖水"、"过水"，多数研究者则将其称为"水权买卖"或"水权商品化"。由于未能明确区分被交易的水权自身的性质，以往对水权交易问题的研究仍处于一个相对笼统的状态。鉴于此，本章以被交易或让渡的水权（主要指水的使用权而非水权的全部）究竟属于公有还是私有作为评判标准，结合田野调查中发现的珍贵水利碑刻和契约资料，将清至民国山西泉域社会中的水权交易行为分为公水交易与私水交易两大类型，进而将公水交易区分为公水私卖与公水公卖两个亚类，将私水交易区分为地水结合与地水分离两个亚类，再将公水私卖分为渠甲卖水与豪霸卖水两个次亚类，地水分离分为私水卖公与私水卖私两个次亚类，具体如下图所示：

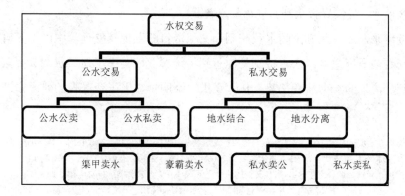

行文之前，有必要对本章中的三个核心词汇 ——"水权"、"公水"和"私水"加以解释。所谓水权，通常理解为水资源稀缺条件下人们有关水资源的权利的总

和（包括自己或他人受益或受损的权利），可归结为水资源的所有权、使用权和经营权。由于自古以来水资源所有权就归国家或集体所有，因而水权交易通常是指在所有权不变的前提下使用权和经营权的交易。① 所谓公水，在本章中专指为某一村庄或渠道所有的剩余之水，其使用权和经营权尚停留在一个特定的集体或团体层面，不为私人所拥有和支配，性质是公共所有。所谓私水，则是指在某一村庄或渠系内部分配给家户或个体使用的水，其支配者为某个家户或个体。因此，本章将"水的使用权归属"作为区分公水与私水的唯一标准。公水交易的对象是公共或集体所有的水使用权和经营权，私水交易的对象是家户或个体所有的水使用权和经营权。无论是公水还是私水，其水资源所有权均为公有。

对于明清以来北方水利社会中频现的买卖水现象，以往的中国水利史、经济史，甚至是社会学研究中早已密切关注，并形成了大体一致的认识，其中比较常见的观点是：水权买卖（尤其是基层水利管理者"卖水渔利"的行为）既不利于政府的赋税征收，也不利于地方水利秩序的稳定，甚至是加速水利共同体解体的一个重要原因。因而在传统时代无论是官府还是民间，对于买卖水权的行为都是严厉禁止的。这些观点在日本学界老一辈的中国水利史研究者如丰岛静英、今堀诚二、好并隆司、森田明等人的研究中体现的较为明显。他们更为强调"地水夫钱"一体化是水利共同体赖以存在的基础，明清以来越来越多的土地和水权交易活动，破坏了"地水夫钱"一体化的原则，引发水权争端，并破坏地方社会正常的用水秩序，最终导致水利共同体的瓦解。②

近年来，随着北方民间水利碑刻和文献资料的发现及整理，中国学界对水权买卖问题的研究愈益深入，特别是注意到传统农业社会中土地与水两大要素"从结合到分离"的长期演变趋势。从萧正洪、饶明奇、田东奎等人的研究中即可发

---

① 目前学界对水权的定义仍有较大分歧，主要争议焦点在于水权是否包括所有权在内。具体可参见冯尚友：《水资源持续利用与管理导论》，科学出版社 2000 年版，第 189 页。裴丽萍：《水权制度初论》，《中国法学》2001 年第 2 期。崔建远：《水权转让的法律分析》，《清华大学学报》2002 年第 5 期。

② 具体可参见〔日〕丰岛静英：《中国西北部における水利共同体について》，《历史学研究》1956 年第 201 号；〔日〕今堀诚二：《中国封建社会の構造：その歴史と革命前夜の現实》，日本学術振興会 1978 年版；〔日〕好并隆司：《近代山西分水之争——以晋水县东两渠为例》，《山西水利·水利史志专辑》1987 年第 3 期；〔日〕森田明：《清代水利社会史研究》，台北"国立"编译馆 1996 年版。

现类似观点。萧正洪分析了清代关中地区灌溉水使用权的买卖现象后指出，尽管清代后期关中地区的水权买卖已较为普遍，即水资源的使用权完全可以独立于地权进入买卖过程，但是水权的商品化依然停留在一个有限的程度上。[1] 饶明奇的研究发现，水权开始出现买卖行为，是明清农田水利领域区别于前代最主要的特点。清代农田水利法对水权买卖的行为一直不予承认，但水权买卖的行为一直存在并不断蔓延，这一趋势在清代有过之而无不及。[2] 田东奎的研究也指出，土地权与水权紧密相连，是古代水权制度的特点之一，水权分配原则是按地定水。明清之后，随着资本主义萌芽的发展，土地买卖日渐频繁，使水权买卖成为可能。水权买卖的原则是水随地行，清末水权与地权分离的倾向已越来越明显。[3] 三人的观点均认为明清时代水权交易中存在一个悖论现象，即一面是国家的严厉禁止，另一面是民间的公然违抗。在水权交易的问题上似乎在反复上演着猫捉老鼠的游戏。三人观点的差异体现在对水权商品化程度的看法上，萧的观点比较谨慎，认为水权商品化程度有限，饶、田二人则认为水权商品化是一种长期趋势，清末以来其程度已经越来越高。

本章核心资料来自笔者参与完成的国家清史项目"清代山西民间契约文书的搜集与整理"。该项目整理了清代山西的5000余件契约，并有5000余件民国时期的契约文书正在整理。笔者在参与该项目的过程中，目前共发现整理了20件与水权买卖有关的契约文书。[4] 其中包括14件买卖水地契，3件单独买卖水程契和3件卖水合同。若以公水和私水交易为标准进行划分，则仅有的3件卖水合同属于公水交易范畴；其余13件买卖水地契约和4件买卖水程契均属私水交易范畴。本文将以这20件契约文书为基础，对照山西方志和水利碑刻中的相关记载，对清至民国山西泉域社会中的公水与私水交易类型逐一加以辨析，力图改变以往研究对于水权买卖行为的刻板印象和认识偏差，通过典型、生动的事例进一步展示山西

---

① 萧正洪：《历史时期关中地区农田灌溉中的水权问题》，《中国经济史研究》1999 年第 1 期。
② 饶明奇：《清代黄河流域水利法制研究》，黄河水利出版社 2009 年版，第 248—249 页。
③ 田东奎：《中国近代水权纠纷解决机制研究》，中国政法大学出版社 2006 年版，第 48—49 页。
④ 此外还有关于买卖水磨、典让水地、买卖水路和渠路的契约若干份，囿于主题和篇幅，本书中暂不予以公布和讨论。

泉域社会的丰富内涵和特质，努力做到进村见人，走入历史行动者的内心世界，把握历史当事人的行动策略，推动水利社会史研究的发展。

一、公水交易的两种类型

按照公水交易行为实施主体的不同，我们可将其分为个体主导的公水交易与集体主导的公水交易两种类型。个体主导的公水交易是由个体（私人）处置公共水资源使用权的卖水行为，这种交易行为的获利者通常是个体而非集体。以往研究中受诟病最多的就是这种由个人主导、支配的买卖公共水资源使用权和经营权的行为，认为它破坏了地方正常的水利秩序，导致了水权争端和混乱局面。反之，集体主导的公水交易则是由集体处置公共水资源使用权和经营权的卖水行为，这种交易行为的获利者通常是集体而非个体。对于这种交易行为，以往研究中尚不多见。两种不同的公水交易，具有完全不同的性质，必须区别对待。

（一）公水私卖：个体主导的公水交易

个体主导的公水交易行为在文献中多被称为"卖水渔利"。行为实施者常常是负责一渠一村水利事务的管理人员，如渠长、水甲、沟头、程头等；或是称霸一方的地方豪势甚至是泼皮无赖。这里的公水包括两种类型：一种是由历史原因造成的村庄水权分配多寡不均。以清代山西省翼城县滦池泉域下游的六个村庄为例，六村水程期限总计180个时辰，其中武池村有地11顷，却独占91个时辰，北常等五村有地25顷，合在一起才有88个时辰。在用水紧张时期，经常出现武池村水多用不完，北常等五村水少不够用的情形。① 于是有买卖水权的事例发生。另一种是在正常用水周期之外、被所属村庄或渠系的民众视为无用的剩余之水。如在

---

① 张俊峰：《前近代华北乡村社会水权的表达与实践——山西"滦池"的历史水权个案研究》，《清华大学学报》2008年第4期。

太原晋水流域，民众灌溉通常在每年的春夏秋季，冬季渠道中虽有水却无人使用，视之为"闲水"。在水资源紧缺的条件下，当两种类型的公水能够产生经济价值时，渠甲和地方豪势就会群起而谋之，借机渔利。

　　1. 公水私卖的类型之一：渠甲卖水——道光二十五年晋祠镇渠长杜杰卖水案

　　据道光二十六年《南河二堰水利文移碑记》所载："道光二十五年三月二十一日决河挑渠，是月二十三日晋祠镇渠长杜杰因索村地多水少，不敷引灌，遂将该镇分定二堰两日灌地剩余之水借与索村灌地，收得布施钱八千文。王郭村渠长刘煜以杜杰卖水渔利，得钱肥己，即与张村渠长朱映芳等至白衣庙前，向杜杰等争较起衅，互殴致伤。"[①]

　　这是一起典型的权力寻租案例。此案中卖水者为晋祠镇渠长，掌握着对水资源的管理权，其所卖之水是晋祠镇合法获取的南河"二堰水"完成灌溉后剩余的水，这部分水属于晋祠镇的公水。买水者则是南河五个受益村庄之一的索村，该村历来地多水少，对水有刚性需求。这桩公水交易原本有助于提高水资源的利用效率，且一方愿卖，一方愿买，是件两全其美的好事。但是问题的关键在于索村为此支付了"布施钱八千文"，相当于这桩水权交易的买水钱，却作为"好处费"落到了晋祠镇渠长杜杰个人的腰包，引起嫉恨，于是才有了王郭村渠长刘煜借端滋事的行为。

　　与此相似的是道光八年、十一年王郭村渠长许恭两次将该村余水卖给杀牛沟的事例："王郭村水程较多，恒有余水卖灌上河田亩。道光八年王郭村渠长许恭卖灌上河杀牛沟地亩六顷有奇。索村渠长控许恭，有案可稽。十一年许恭又卖灌杀牛沟地，且与晋祠总渠行凶。邑宰差役邀同外村人等理处，许恭受罚团棹二十张，椅子六十把。"[②]尽管这一记载寥寥数语，但可以提炼到一个重要的信息，即作为王郭村渠长的许恭两次出卖该村余水的行为都遭遇了官府和外村人的干预和阻挠，并为此受罚，表明公水私卖的行为在晋水流域发展并不顺利。检阅这两起案例可知，公水私卖的弊端在于个人往往依靠公共水利资源去牟取

---

①　《晋祠志》卷三十六《河例七》。
②　《晋祠志》卷三十六《河例七》。

暴利，这一行为无法被官府和民间所接纳，经常面临官方法律和民间舆论的双重拷问。于是，公水私卖客观上提高了水资源使用效率，满足刚性用水需求的功能便受到了抑制。

2. 公水私卖的类型之二：豪霸卖水——道光年间赤桥村王良卖水案

此案系清道光年间赤桥村人王良，与古城营渠长勾结，仗势将北河每年冬季除夕期间无人使用的公水卖给古城营村，并收受水钱的事例。刘大鹏在《晋祠志》中对此事记载甚详：

> 道光年有王良者，赤桥村人。胆大敢为，悯不畏死。某年伊亲某充古城营渠长。良于除夜偷掩下河之水，半入上河，送至古城营，与伊亲某卖水渔利，三日乃止。次年仍然。至第三年小站营渠长知而禁之，良请曰："除日元旦，磨碾皆停，水无所用。暂借三四日以济于有用，何为不可？"小站营渠长畏良威名，因其乞怜而许之。良由是将全河水掩入上河，岁得古城营水钱数十百千。古城营渠长亦借此渔利。自除日朝起，渐至初六七日乃止。同治初年王良既死，古城营欲罢买水钱。良之党羽于初二日将古城营守水人逼抽下河之闸，而小站营渠长亦因古城营强霸，禁水不借。至同治八年乃定四程之例，仍给赤桥村人水钱。①

事件中花钱买水的古城营村，是晋水北河上河的受益村。明代该村曾是晋王府的王田，受王府庇护而拥有较多土地和水程，《晋祠志》记载说该村入例之田（即享有晋水灌溉权力的土地）达五十余顷，但是该村还有一二十顷"例外之田，非用钱买则不能浇灌"②，这样就存在刚性用水需求。问题是最初古城营人虽然想浇这些"例外之田"，却苦于无水可借。赤桥村人王良或许是从其充当古城营渠长的亲戚那里获得了信息，并认定是一个发财良机，遂将目标对准北河下河归小站营村所有冬季无人使用的公水，即"年水"，由其出面找小站营渠长协商借水。需要注意的是并不是谁都有能力从小站营渠长那里借来水。王良

---

① 《晋祠志》卷三十六《河例六》。
② 同上。

利用两个条件，一是下河之水确实在过年期间白白流掉而无人使用，二是他为人霸道，名声在外，无人敢惹。最终王良及其党羽获得了对下河之水的控制权。有此成例后，王良一伙变本加厉，将占用下河年水的时间从最初的三天延长到六七天。这样就形成了一个赤桥村人居间，借小站营水浇古城营地的局面。王良及其党羽长期卖水渔利，古城营灌溉年水之例遂由此而成。同治初年因王良身死，古城营不愿再支付水钱，遭到王良党羽报复，同时小站营也不愿再借水给古城营。然而峰回路转，这一水权交易行为却在同治八年太原县令胡祖望的判决中得到承认，"当堂谕令小站营借与古城营年水三程，本县另借一程以给古城营溉田"①。

从这一案例中我们看到，尽管公水私卖对于卖水者本人而言是一种不正当的渔利手段，客观上却解决了因水资源总体缺乏和制度僵化造成的水资源刚性需求问题，提高了水资源的利用效率。无形之中，名声不好的王良却因自己的投机行为给古城营的老百姓做了件好事。或许正是出于这样的原因，官府才会承认这种借水行为的合法性，从而使赤桥村人和古城营人最终都成为这一公水私卖行为的受益者。

综合比较这两种类型的公水私卖案件可知，清代山西泉域社会中确实存在水资源利用效率不高的问题，两起事例中被买卖的公水都是作为某一渠道或村庄所有的剩余之水或无用之水。这些水如能被合理有效地利用起来，就能满足更多人的刚性用水需求，解决更多人的生计问题。然而在我们所发现的案例中，这样的行为却是由那些名声不好的渠甲或者地方强人来主导的。在此意义上，笔者以为水权商品化或许是解决传统社会水资源配置不公，提高水资源利用效率的一种方式。若承认这一点，则需进一步考虑官府对于公水交易的态度。以上两件案例中，地方官员对于公水私卖行为所持有的态度并不一致，这就使得传统时代的水权商品化缺乏稳定有效的制度保障，因而只能在一个相对有限的空间内运行，难以实现更高水平的突破。

---

① 《晋祠志》卷三十六《河例六》。

（二）公水公卖：集体主导的公水交易

与公水私卖行为相比，这种水权交易的特点是：买卖水的主体均为集体，是一个完全公开公平的交易行为，不存在以权谋私、以水渔利的腐败现象。笔者目前共收集到三份卖水合约，分别是康熙四十二年河津干涧与固镇的卖水合约，光绪二十六年介休洪山泉东河十八村与张兰镇的卖水合约和民国二十七年太原晋汾渠与清源西范庄等五村的卖水合约。无论就年代还是空间分布来说，都有一定的说服力，为我们提供了清代和民国时期山西泉域社会中公水公卖行为的有力证据。

1. 康熙四十二年河津干涧与固镇卖水合约 [1]

> 立公议合约人，干涧渠长史日煊、延越等，固镇里渠长刘国璜、原明才等，先年水利一事，彼此相亲相爱，曾无间隙。乃缘日久人心不古，是以隔绝。今两村欲复旧例，彼此仍前相为。如水利固镇日期，水果系走失，在固镇不得借水妄生枝节于干涧。倘固镇有余水，干涧买时，照依时价，自先卖于干涧。如不用，固镇卖于别村，干涧亦不得阻挡渠路。于固镇自合约之后，永归于好。如一家反目到官，不许说理，并罚白米十石，恐后无凭，和同约照。
> 康熙四十二年五月初七日
> 立合约人　干涧渠长史日煊、延越　固镇渠长刘国璜、原明才

此合约中的干涧和固镇，是位于河津县三峪灌区上游的两个村庄，在当地水利开发史上具有重要地位。两村均长期利用当地遮马峪的清水（即泉水，当地习称清水，与雨后洪水即浊水相对）灌溉土地，其中干涧在遮马峪东，固镇在遮马峪西，干涧在上，固镇在下。两村历史上多次因用水利害关系发生冲突，但也有过密切的合作关系 [2]，该合约即反映了两村之间的合作，通过这份合约可知，它是

---

① 张学会主编：《河东水利石刻》，山西人民出版社 2004 年版，第 202 页。又见王永录主编：《三峪志》，西安地图出版社 1995 年版，第 102—103 页。

② 〔日〕井黑忍：《清浊灌溉方式具有的对水环境问题的适应性 —— 以中国山西吕梁山脉南麓的历史事例为中心》，《史林》第 92 卷 1 号，2009 年 1 月，第 36—69 页。

由两村渠长代表各自村庄出面共同缔结的，是一份公开的协议。其核心内容是固镇有余水出卖时，干涧村有优先选择权。干涧村不买时，固镇再卖给其他村庄使用。显然，这里被买卖的水是余水，即固镇村用不了的公水。

2. 光绪二十六年介休张兰镇与东河 18 村卖水合约 ①

> 立合约人东河十八村水老人张兴廉、张立常同渠长、张兰镇培原局经理人张凤麟等，情因奉军宪朱公祖谕令，东河各村腊正余水，牌内无人使用，每到腊正两月，卖与张兰镇使用。每一时水价少至五百文为止，大至八百文止。倘牌内有人买，则先尽牌内；无人所买，卖与张兰镇使用。倘日期过多，恐淹坏各村河道，张兰修理。渠边地亩，或夏或秋，按收成赔补。以下不准买时辰上牌，下年若有余剩，可卖浇灌里田。两造别无说词，已公禀军宪存案，立此合约一样两张，各执一张合约为据。自杨屯以下入张兰新渠，以上借用七村公渠行水。
>
> 东河值年水老人张兴廉　张立常
>
> 渠长等马道原 黄立戎 黄泳琳　王恩纶
>
> 张兰镇培原局经理人张凤麟同立
>
> 光绪二十六年十月初九日

这份合约中的东河十八村，与介休洪山泉的开发有关。洪山泉是汾河中游的一眼大泉，位于介休县境东南。此泉大规模开发源自宋代"文潞公始分三河"的事迹 ②，之后形成东、中、西三河分水灌溉的局面，受益村庄达七十余村。其中，东河受益村庄为 18 个，是一个相对独立的用水系统。在东河水利系统中，管水者是水老人和渠长，由所属 18 村推选产生。该合约的缔约双方分别是东河 18 村值

---

① 黄竹三、冯俊杰等编著：《洪洞介休水利碑刻辑录》，中华书局 2003 年版，第 254 页。

② 文潞公，即文彦博（1006—1097 年），介休文家庄人，北宋名臣，出将入相五十载。据传当时在汾州府做官的文彦博亲自处理了家乡民众争执许久的水利纠纷，建石孔三眼以分水利，一源三河的分水规矩自此而成。文彦博对洪山水利的有效治理，使他获得了"三分胜水，造福乡里"的美誉。详见张俊峰：《明清时期介休水案与泉域社会分析》，《中国社会经济史研究》2006 年第 1 期。

年水老人及渠长与张兰镇培原局经理人。合约所交易的水是东河各村腊正两月的余水，其性质与河津固镇的余水相同。不同之处有二：一是合约的缔结与当地一位名叫朱祖的官员有关，正是在他的推动下才达成了这份卖水合约。如无这层关系，达成合约或许并非易事。二是这份合约将东河十八村的水卖给了十八村之外的张兰镇，不像固镇和干涧那样属于同一水利系统。正因为如此，所以在合约中明确规定了买卖水权的次序，先保证东河十八村的优先选择权，然后才能卖给张兰镇使用。不仅如此，合约中还附加了很多责任和义务来约束这个水系外村镇的用水行为，最大限度地维护东河水利系统的权益和稳定性，确实是内外有别。通过这份合约，既对内也对外宣扬了东河十八村对水权的绝对控制。

3. 民国二十七年晋汾渠与清源县西范庄等五村卖水合同

　　立合同信约人西范庄、西青堆、东青堆、南青堆、乔武村村公所村长罗谆、毕宗德、王俊杰、吴照旭、戴竹义等，晋汾渠经理姚村张崇福、张致远、贾南山，高家堡高冲霄、高官桂等情，因清源县属西范庄、西青堆、东青堆、南青堆、乔武村定妥晋汾渠水程昼夜三十天，两造言明每昼夜补助大洋七十五元。此款按四期交付。立约之前付过大洋陆百五十元，阴历十一月十五日付洋四百元。阴历十二月初一日付洋四百元。来年阴历七月初一日付洋八百元。至期此款不许挪前兑后。此款到期如付不到，有五村各负各责水程，水送高家堡村南界内。晋汾渠郊界内开口或上游意外之变故，按日扣除。如晋汾渠境外开口，或沿路有何争执，与晋汾渠无干。晋汾渠只可按日算洋。如有大局更动，作为无效。此系两出情愿，永不失言。恐后无凭，立此合同信约，一样两张，各执一张为据。

　　民国二十七年阴历十一月初七日

　　西范庄罗谆、西青堆毕宗德、东青堆王俊杰、南青堆吴照旭、乔武村戴竹义

　　晋汾渠姚村张崇福、张致远、贾南山（后有"太原县姚村晋汾渠"印章），高家堡高冲霄、高官桂（后有"原邑高家堡晋汾渠记"印章）

　　中证人张继鹏　朱文俊　郭筱汾（三人名字后有"晋汾渠章"印章）高

在新　高廷玺（二人名字后有"高家堡村"印章）①

这份合同中的晋汾渠，原本是太原县高家堡村为引用晋祠泉冬日闲水进行冬浇所开凿的一条渠道，其渠首在晋水南河下河末端的新庄村东，开挖于咸丰元年，最初可灌溉高家堡一村48顷土地。民国元年高家堡村村长高登瀛、姚村村长刘纯懿议定联合公办晋汾渠，并向清源、交城两县卖水浇地。② 这份合同即是高、姚二村所属的晋汾渠与清源县西范庄等五村签订的买卖水合同。在此，我们尚不清楚高家堡是以何种方式获得晋祠泉冬日闲水之使用权的。这份合同提供给我们的是高姚二村以每昼夜75元大洋的高价，从晋汾渠买到了30天的用水权，这同样是一个典型的公水公卖事例。

通过对这3份公水买卖合同的剖析，我们得以了解到山西泉域社会中公水公卖现象在有清一代和民国年间长期存在，从空间上则含盖了太原、介休、河津所在的山西经济最为发达的汾河流域。其中的两份合同，即河津和介休还被当地人刊刻于石碑上，作为买卖水权的重要凭据。该现象表明，这种方式的水权交易已得到地方社会的广泛认可，是一种合情合理的行为。从介休的卖水事例中，可见官员对于卖水行为持赞成态度，承认其合法性。这三件卖水合同揭示出清代乃至民国时期由集体主导的公水交易既合理又合法，是普遍存在的一种经济现象，既体现了乡村社会中不同群体之间的合作现象，也体现了水权商品化在清代至民国时期的发展水平。

与公水私卖相比，这种水权交易类型，同样有利于提高水资源的使用效率，同等情况下其投入的成本、承受的压力要比公水私卖类型轻松得多，是一种官府和地方社会都能接受的水权交易类型。两相比较可见，由公水私卖到公水公卖，将个体行为变为集体行为，当是确保公水交易合法性的关键。在清至民国时期的山西水利实践中，两种类型的公水交易方式并存，展现出公水交易的多样性和复杂性。

---

① 山西大学中国社会史研究中心藏，郝平教授收集，王新斐整理。

② 董宝会：《晋水浅谈》，《晋阳文史资料》2000年第3辑。

二、私水交易的两种类型

如果说公水交易中水仍然停留在单个村庄、村庄集团或是某一渠系层面的话，私水交易的水则要落实到具体的家户和个人头上，是私人对个人水使用权的一种支配和处置，具有随意性，是一种独立的个体行为。这与张小军对山西介休洪山泉研究中所指出的家户和个人产权以使用和收益权为主的看法并不一样。[1] 在这里，家户和个人除了享有对水的使用权和收益权外，还应当包括对水的处置权。

根据私水交易中土地与水的关系，可分为地水结合与地水分离两种类型。其中，地水结合的私水交易历来为官方所认可，而地水分离的私水交易则长期受到官方的打压和禁止。尽管如此，从实践层面来看，地水分离的私水交易行为并没有因为官方的阻止而停止，而是与前者一样，长期存在于山西泉域社会中，甚至逐渐演变成一种公开、合法的行为。兹据笔者掌握的清代和民国山西水利契约文书，对这两种私水交易的类型加以分析。

（一）地水结合：官方许可的私水交易类型

地水结合的私水交易，实际是一种转让和买卖水地的行为。在该类型中，水并不单独出售，而是附着在土地之上，遵循"地水结合，水随地走"的原则，即在转让水地的同时，将水的使用权也同时转让出去，不允许"卖地不卖水"或者"卖水不卖地"的现象出现。这种交易行为与其他类型的土地买卖一样，是地方社会极为常见的一种交易行为。笔者目前掌握的 13 件水地买卖契约中，只有 2 件是草契，其余 11 件均为官契。我们知道，官契是民间典卖房屋田产时向官府纳税注

---

① 张小军在《复合产权：一个实质论和资本体系的视角 —— 山西介休洪山泉的历史水权个案研究》（《社会学研究》2007 年第 4 期）一文中曾指出：当地存在的多重经济产权形态：跨村落的 48 村以所有权为主；村落之间以处分权为主；村落内部以处分和控制权为主；家户和个人产权以使用和收益权为主。

册的契据，马端临著《文献通考》中有"民间典卖田产，必使之请官契，输税钱"的记载，表明官契是国家承认并保护私人交易行为合法性的凭证。因此，这11件官契均为受官方法律保护的有效权利凭证。

本节所使用的13件水地买卖契中，年代最早的是顺治十四年，最晚的是宣统二年。空间上主要分布于山西中南部地区，涉及介休、平遥、临汾、襄陵、稷山、新绛等地，此外还有一件乾隆五十四年山西西部吕梁山区的水地买卖草契，唯具体县份不详。通过这13件水地契约，可以从三个方面初步了解水地交易的特点。

首先，就水地交易的对象和范围来看，卖主和买主系同姓或同族关系的数量最多，共有7件。如顺治十四年高国志卖水地契，买主高明志，同姓且同族；乾隆五十四年穆秀先卖水地契，买主穆天禄；道光十三年杨抱国卖水地契，买主杨可观；道光二十二年王子珖让河地契，买主系其侄王兆尧，同姓且同族；光绪二十七年荣炳耀卖水地契，买主荣震儿；光绪二十八年葛秉乾卖水地契，买主葛文盛；宣统二年白立成卖水地契，买主白玉南。

卖主与买主为同村人的共2件，如嘉庆十一年郭梦麟卖水白地契，契中写明"出卖于本村段宽如名下"；咸丰六年李花卖水地契，契中写明"卖与本里七甲本村刘俊名下"。

卖主和买主系相邻村庄的也有2件。如嘉庆二十一年古大京卖水白地契，卖主古大京系东靳村人，买主段大裕系北坛村人。此契中有"今将自己随置业地一段，坐落北坛村西"一语可以证明；嘉庆二十五年李香春卖水白地契，卖主李香春系南坛村人，买主段大裕系北坛村人，此契中同样有"今将自己祖遗业一段，坐落北坛村西"一语可资佐证。同时，从两人各自村名中也很容易判断出双方的关系。

此外，尚有2件契约中无法落实交易双方的关系。如嘉庆九年白锡璟卖水地文契，卖与朱应喜；道光十五年屈万祥卖水地契，卖与郝崇德。两件契约中均未提供有效信息帮助我们判断交易双方的关系。

由于占用的契约数量有限，暂时还不能对于交易双方的关系做出总体评价。但是从目前有限的水地契约中还是可以感觉，在水地交易中似乎还遵循着从同姓、同族优先到同村，再优先到邻村，再到其他村、其他人这样一个由内而外的规律，反映了这种水地交易方式可能达到的限度和范围。①。

其次，关于水地交易的原因，契约中大多语焉不详②，然而也有8件契约交代得略为清楚，如"因为使用不便"、"因短钱使用"、"因为耕种不便"、"因为奉票官银不便"等。此外，在嘉庆十一年和二十五年的两件买卖水地的文契中，原因均为"因为差粮急紧，别无辗转"。道光二十二年平遥王子珧出让河地契中则是将自己一块只有四分面积的河地转让给其侄儿王兆尧经营。此契中王子珧"情愿照原买价银让与侄王兆尧永远作业"之语表明，这块地是以原价而非市场价格交易的，此类发生在家族内部的交易行为或许并不以牟利为目的。

最后，水地交易的价格也值得关注。我们从13件契约中提取出12组有效数据后列表如下：

表1　清代山西部分地区水地交易简表

年代	所属区域	水地数（亩）	价格	亩均价格	银钱换算后的平均价格
顺治十四年	晋南	0.7	银12.6两	18两	18千文
嘉庆九年	介休	3.0	银195两	65两	65千文
嘉庆十一年	临汾	1.823	钱28千文	15.36千文	15.36千文
嘉庆二十一年	临汾	3.4	钱50千文	14.71千文	14.71千文
嘉庆二十五年	临汾	3.0	钱70千文	23.33千文	23.33千文
道光十三年	稷山	1.5	银73两	48.67两	97.34千文
道光十五年	临汾	5.5	钱71.05千文	12.92千文	12.92千文
道光二十二年	平遥	0.4	银16.5两	41.25两	82.5千文
咸丰六年	晋南	1.8	银10两	5.56两	11.12千文
光绪二十七年	新绛	1.5	银20两	13.33两	14.66千文
光绪二十八年	稷山	1.7	银41两	24.12两	26.53千文
宣统二年	新绛	1.0	银12.5两	12.5两	13.75千文
合计	—	25.323	—	—	32.935千文

---

① 笔者以为，受水流时间和距离的影响，属于某一渠道或村庄范围内的水程不可能超越时间和空间被转移其他渠道和村庄的土地之上。这也许与费孝通讨论的差序格局概念有关，反映了水权交易中存在着从血缘到地缘关系的扩展。

② 如乾隆五十四年穆秀先卖水地契中就用"因为不便"四个字来说明卖水地的原因，究竟何以不便，并不清楚。

上表所列数字只是对山西部分地区水地交易数量和价格的一个简单呈现和换算，并不能代表清代山西水地交易数量和价格的总体趋势。就水地交易的数量来看，12次买卖中被交易的水地共有25.323亩，最多的是道光十五年5.5亩，最少的是道光二十二年的0.4亩，单次交易平均值为2.11亩，且多数在平均值以下。从交易价格来看，由于支付的货币不同，故分为白银与制钱两种价格。据民国经济史学者杨端六先生的研究，清代的银钱比价大体可分为三段：第一时期从顺治元年到嘉庆十二年164年间，银钱比价基本稳定在一千文上下；第二时期从嘉庆十三年到咸丰六年49年间，由一千二三百文涨到二千文，道光二十五年且涨到二千二三百文；第三时期，从咸丰七年到宣统三年55年间，由一千五百文跌到一千一百文。[①] 以此为据，我们将三个时期的银钱比价分别按1000文、2000文和1100文为基础统一进行换算后，可以粗略得出一个清代山西水地交易的平均价格水平：从表中可知，最低价格是咸丰六年的亩均11.12千文，最高价格是道光十三年的亩均97.34千文，相差悬殊。[②]

地水结合的私水交易类型作为清代山西泉域社会的一种常态，为法律所承认和保护，在民间得到广泛实践。从水地交易的价格来看，相对于其他类型的土地，北方缺水地区的水地价值更高一些，通过交易能够帮助卖地者暂时渡过难关。尽管如此，由于水地的稀缺和相对稳定的收益，导致水地买卖可能不会很频繁，正因为如此，在我们收集到的5000余件清代山西契约文书中，水地买卖契所占比例极低。

（二）地水分离：禁而不止的私水交易类型

所谓"地水分离"的私水交易方式，是指私人对个人水使用权的单独处置和让渡行为，这里的水原本是与私人的水地紧密结合在一起的，是经过多次再分配后分到个人土地上的水，因而是私水，具有对应性和排他性。在此，问题的焦点

---

① 杨端六：《清代货币金融史稿》，武汉大学出版社2007年版，第179页。
② 受水地买卖契约数量的限制，这里呈现出来的水地交易价格只是描述性的，尚难以做出定性和定量分析。至于水地交易价格悬殊的原因，则应是多种因素共同作用的结果，需要具体问题具体分析，受篇幅和主题所限，此处暂不展开讨论。

是水是否可以脱离土地被单独交易。过去研究者的看法比较一致，认为这种方式与官府所倡导的"以水随地，以粮随水"的原则相违背，如果任其发展，会造成地方用水秩序混乱，并影响国家对水粮的征收。① 的确，由于水的转让过程只是水使用权的转让，并不转让因为用水而附加在原有土地上的水粮或水费，因而极易出现水地变旱地却依旧交纳水粮，旱地变水地只交纳旱粮的情况，也会出现富人借机收购和控制水权的行为，使水权越来越集中到某一个或几个富有者手中，待价而沽，以水谋利。而且，由于私人在享受水使用权的同时，还要承担所在水利组织的渠道挑浚及维修、敬献水神及庙宇修建等责任和义务。在水使用权被单独转让后，这些责任和义务并不同时转让，而是依然附着在失去了水使用权的水地之上，买水者却无须承担这些责任，因而出现权利与义务的不对等，各种摊派和夫役无法落实，最终导致水利运行秩序的混乱。目前成果较多的山陕水利史研究中，研究者所讨论的水权买卖，多属这种类型。② 然而，这仅仅是本文所论四种类型之一，以往研究者在水权买卖问题上的讨论未能明确区分水的性质、地水关系与交易主体等，因而未能呈现水权买卖的整体面相，从而影响到对水权交易性质的总体评价。

问题是，这一自明代嘉靖、万历以来就屡遭官方严厉禁止的私水交易行为，在清至民国的乡村水利实践中并未彻底消失，而是持续存在着，成为山西泉域社会的一个突出现象。对此，笔者将以目前仅有的 4 件珍贵私水买卖契为例来加以分析。这 4 件契约具体可分为两类，一类是私水卖公，即私人与集体间的水权交易，有河津三峪灌区雍正八年、雍正九年两件契约为证；一类是私水卖私，即私人间的水权交易，有介休乾隆三十四年和清源民国十七年两件契约为证。

---

① 此类观点可参见〔日〕森田明著，郑樑生译：《清代水利社会史研究》，台湾"国立"编译馆 1996 年版，第 341—405 页；萧正洪：《历史时期关中地区农田灌溉中的水权问题》，《中国经济史研究》1999 年第 1 期。

② 详见萧正洪：《历史时期关中地区农田灌溉中的水权问题》，《中国经济史研究》1999 年第 1 期；钞晓鸿：《灌溉、环境与水利共同体——基于清代关中中部的分析》，《中国社会科学》2006 年第 4 期；赵世瑜：《分水之争：公共资源与乡土社会的权力和象征——以明清山西汾水流域的若干案例为中心》，《中国社会科学》2005 年第 2 期；张小军：《复合产权：一个实质论和资本体系的视角——山西介休洪山泉的历史水权个案研究》，《社会学研究》2007 年第 4 期。

1. 私水卖公的水权交易类型

雍正八年和九年，河津三峪灌区固镇里人原颜伦和宁某某，先后将作为自己祖业的"随地清水"卖给固镇里，随后即以固镇全里的名义，"将原买本里清水特刻契书刊列于石，以垂永久"，从而使这两件卖水契完整地保存了下来，兹将两件契约内容整理如下：

A. 雍正八年原颜伦立卖水契

　　立卖清水契人原颜伦，今将遮马峪自己祖业下随地清水七时五刻，立契卖与本里合村永远为业使用。同中言定水价纹银一百二十七两五钱。当日交足，无□□缺。恐后无凭，立卖契存照。雍正八年三月初八日。立卖水契人原颜伦、同侄原之锏。见人卫如珍、董冉、邵弘际、董一瑾、原名禄、贺王宝、原鉴、原演。渠长王绍□、贺鼎钦。提锣人王进昌。雍正八年九月吉旦。[1]

B. 雍正九年宁某立卖水契

　　立卖清水契人宁□□，今将自己祖业下随地清水五刻，立契卖与本里合村永远为业，言定水价纹银八两五钱。当日交足，立卖契存照。雍正九年四月初九日立卖水契人宁□□。渠长原大□、（缺）。提锣人（缺）。见人（缺）、（缺）、（缺）、邵（缺）、董（缺）、原（缺）、刘（缺）、贺（缺）。[2]

两件契约形成年代前后仅差 1 年，因而有很多相同之处：两人所卖之水，均为各自祖业的"随地清水"，归私人所有。水量按时间多寡计算，前者是七时五刻，后者是五刻。1 时共 8 刻，1 刻相当于 15 分钟。水价上略有差异，两人分别以每刻水 2.1 两和 1.7 两的价钱将水权出让，前者总水价为 127.5 两，后者为 8.5 两。卖水者是私人，买水者是固镇里，由该里水利管理人员来代表，这些人是渠

---

① 此契系笔者 2007 年在河津调查时实地抄录，原文刻于石碑上，碑存河津市固镇村卫生所内。

② 同上。

长与提锣人。[1] 两件契约均属"私水卖公"性质，存在高度相似性。尽管我们对于两位卖水者的动机和原因尚不清楚，但可以明确的是，这里出现了地水分离的现象，即他们只将水卖给了固镇里，与这些水结合在一起的土地，并未同时出让。据康熙二十三年《干涧村三峪水规碑》"每亩分水一刻"的记载，原颜伦的七时五刻清水共计应可浇地 61 亩，宁某的五刻清水可浇地 5 亩。这 66 亩水浇地在这件契约生效后，遂成为"无水之地"。

受契约本身信息的局限，我们尚难回答原、宁二人将水卖给所在村庄而非个人的原因。笔者推测可能有两点，一是与官方严禁"地水分离"的政策规定有关，把个人的水程卖给村庄，由村庄水利组织统一调度重新分水给个人，虽然违犯了国家的政令法规却能被乡村社会所接受，不会引起太大混乱；二是与水权的分配与再分配有关。在水的分配上显然遵循先由渠到村，再由村到人的原则。水首先是村庄的，然后才能是个人的。个人对水的处置行为就不单单是个体的行为，而是要受到村庄的限制。加之受时间和空间等因素的影响，导致在某一村庄范围的水程不可能偏离该村太远，在客观上造成了水不离村的效果，从而保护了村庄水权的完整性。

再就交易性质而论，无论将水卖给集体还是个人，虽然都不符合明清以来国家所坚持的"水随地走，按地定水"的原则，但是乡村社会却发挥了高度的智慧，将两件卖水契公开刊刻于碑，以公示的方式造成一种已得到全体公众认可的事实来宣扬其行为的正当性与合理性，通过这种擦边球的方式，完成了村庄对私人水权的收购，保证了村庄水权的完整性。

与此相反，笔者注意到清代陕西清峪河流域诸村中存在的"卖地不带卖水"之例，与河津的两件卖水事例形成了鲜明的对比。清人刘屏山在《清峪河各渠记事簿》中详细记录了当地通过"卖地不带卖水"之例来保护村庄水权完整性的事例，据载：

---

[1] 据《清代固镇水利八要》所载，清代固镇里的水利组织是由渠长、公直、提锣督水和巡水人构成。渠长在 66 名小甲中遴选产生，任期一年，管理全渠公共事务。公直由当地有名望的人担任，辅助渠长，监督提锣督水。提锣督水又称提督，提锣人，由公直之中遴选，带领巡水人巡视水利中的不端行为。参见王永录主编：《三峪志》，西安地图出版社 1995 年版，第 82 页。

　　沐涨渠有卖地不带卖水之例。余自司农以来，每留心于水程。周心安系余同学友，李庭望系余同事人也。周心安是孟店里八甲宋家庄人，李庭望是孟店里九甲李村人，均沐涨渠利夫也。言伊村堡均有买来孟店里一甲之水地，因自己无水程，都不能浇。余始细问原因，云该水在孟店堡，地已买过，水仍在孟店村，仍是该村之水，不能随意浇地。是地卖而水不带卖也。若逢自己村中水程，因地多时少，不能浇溉；逢彼村之水，水不随地行，亦不能浇。以故沐涨渠有卖地不卖水之例。是以各村之地，均有出入之不齐，粮赋均有多寡之异。而水程之起止，各村均照旧规时刻浇灌，不曾稍有参差之异同也。①

　　这是一个地水分离，"卖地不卖水"的典型事例，严格遵循了"水不能单独买卖"的原则，反映了水在村庄层面受到的限制。此例中宋家庄人和李村人均购买了孟店村的土地，没有买到该村的水程，因而既不能用孟店村的水来浇这块地，更不能用自己村的水去浇孟店村的地。在这个水利社会中，每个村的土地都可以有变化，唯独水程是固定的，不能有丝毫差错和变更，体现了水权分配中的刚性结构。同样，在刘屏山记录的清峪河源澄渠的水利旧规中，也谈到了该渠水地买卖中的一个旧规，即买地带水与买地不带水的现象。买地带水，就是本文前面所说受政府法律保护的"地水结合"的私水交易类型。买地不带水则反映了地与水的分离，但同样恪守"土地可以交易，水不可以交易"这一原则。

　　因此，同样是地水分离，在山陕地区却有着迥然不同的内容：在山西是"卖水不卖地"，私水的交易尽管受到一定限制，却依然可以像土地一样被自由买卖；在陕西则是"卖地不卖水"，土地可以自由买卖，私水却不能被买卖，性质完全不同。所以，单在水权商品化程度这一点上，山西的步子较之陕西迈的要大一些。②然而更值得追问的是，在山西河津的两个事例中，私水虽然是被买卖了，却并未脱离其所在的固镇里合村。陕西的两个事例中，私水之所以不允许买卖，同样是

① 白尔恒、〔法〕蓝克利、魏丕信编著：《沟洫佚闻杂录》，中华书局 2003 年版，第 133—134 页。
② 笔者以为这体现了不同区域政府及民众在贯彻和执行国家"地水结合，水随地走"这一政策法规时的不同理解和相应的变通、应对方式。尽管目前在陕西的水利社会研究中，尚未发现有"地水分离"的私水交易方式出现，但并不能证明陕西省不存在水被单独买卖的现象，这也有赖于今后进一步的资料搜集来证明。

为了保证村庄水权的完整性。在此意义上，二者只有程度的不同，并没有什么本质差别。可见，私水卖公的交易方式，是将私水控制在政府法律法规和地方社会所能允许的范围之内进行，超出这个尺度的私水交易行为，将受到严厉的制止和处罚，这也表明私水交易行为在空间上的局限性。

2. 私水卖私的水权交易类型

就山西水权商品化的程度和发展趋势而言，乾隆三十四年介休宋贤侯卖水程契和民国十七年清源县孙振恩卖水程契不仅提供了私人之间水权买卖的证据，而且有助于改变"私人之间水权买卖不合法"的观念，因为这两件契约均为官契，得到国家的认可和保护。

兹将乾隆三十四年介休"宋贤侯卖水程契"内容整理如下：

> 立卖地水文契人张氏同男宋贤侯，今因为作业不便，今将自己原分到本村南门外刘屯道西平地一段，系南北畛，共计一亩，狐村河九程水一亩。南至宋奇文，北至真德，东至大道，西至宋贤敩、宋贤忠。四至明白，上下金土石木相连。共地、水二宗，同中人韩成龙等说和议定。时值死价银五十五两整，出卖与李耳名下，永远作业管业。同中人其纹银当日交足两清，并无短欠争差。若有亲族人等谈言异争论，尽在卖主一面承当，不与买主相干。恐后无凭，立此永远卖契为照。随认到地水秋粮八升一合，东北房甲完纳。乾隆三十四年十二月二十六日立卖地水文契人张氏同男宋贤侯。同中人韩成龙。代笔宋奇凤。乡耆宋述圣。约保宋邦荣宋智。契尾：业户李耳买田价银五十五两，税银一两六钱五分，布字749号，右给业户李耳准此。乾隆三十四年十二月廿二日发，介休县。①

细读此契不难发现该契中的四个细节：一是"狐村河九程水"，二是"地水二宗"，三是"平地一段"，四是"随认到地水秋粮八升一合"。以下结合介休洪山泉水利碑刻对此契进行分析。

---

① 此契系山西大学历史文化学院郝平教授收集，现收藏于山西大学中国社会史研究中心。

首先，契约中所言狐村河，位于介休县东南的洪山泉域。洪山水利系统比较复杂，除东中西三河外，泉水发源地另有狐村河一道，专供狐村和洪山村两村水利。据万历十六年《洪山河与狐村河分水程碑》所载：

> 介休县东南离城二十里，古有狐岐山源泉圣水。计开：狐村与洪山同用一河，有南北古石堰一条，以致通流至洪山村心，分为两河，四六水平。洪山本村分水六分，狐村分水四分，溉地至大许村十五里。狐村河共水地四顷七十二亩三分四厘，共水粮三十八石二斗五升九合五勺四抄，共水程一十七程六时。[①]

在这里，狐村河水程共17程6时，契约中的"狐村河九程水"当在其中。该碑还显示狐村河水地共4顷72亩3分4厘，共交水粮38石2斗5勺4抄，换算后每亩水地应交纳的水粮为8.1升，每程水可浇地26.99亩。这是明万历时的情形。到了清代，狐村河的17程6时水增加为26程水。假如清代狐村河受益土地数量不变的话，此时每程水约可浇地18.17亩，已明显减少。[②]不过，将狐村河分为26程轮流浇灌土地的格局在康熙八年源神庙置地碑、乾隆八年万民感戴碑和乾隆五十九年重修架水桥碑的碑阴均有记载[③]，显示了一定的连续性。

同时我们还发现，担任狐村河第九程水的程头（即分段管水的头目）自明至清均为宋姓，与契约中的宋贤侯或为同族关系。如万历十六年碑的17名程头中第9名是宋惟忠，康熙八年为"九程宋光通、宋养孔"，乾隆八年为"九程宋邦贺、举人宋邦和、生员赵璧英"，乾隆五十九年"第九程宋果公"。因此，乾隆三十四年契约中宋贤侯所卖的"狐村河9程水一亩"即可理解为将其拥有的"狐村河第9程水"中能够满足1亩土地灌溉的水使用权转让出去。

---

① 黄竹三等编著：《洪洞介休水利碑刻辑录》，第185页。
② 狐村河水程由原来的17.5程变为26程，笔者以为极有可能与清代洪山泉水的减少有关，水少了导致水量不足，浇一亩地用水的时间相应地就要延长，因而会有此变化。关于洪山泉水量的变化，可参见拙文《明清时期介休水案与泉域社会分析》，《中国社会经济史研究》2006年第1期。
③ 黄竹三等编著：《洪洞介休水利碑刻辑录》，第198、216、231页。

其次，契约中"平地一段"、"地水二宗"、"随认到地水秋粮八升一合"等信息表明，这既不是一件单纯的土地买卖契，也不是一件单纯的水程买卖契，而是既有土地又有水，而且被交易的水和地之间不存在对应关系，因为平地是不可能带水的，否则就应该直接称为水地才是。张小军在对介休洪山泉的研究中，曾注意到清代《介休县志》中有关土地等级、类型和征粮多少的问题。据县志所载，该县土地分为六等六类，分别是上等稻地、上次等水田、中等平地、中次等坡地，下等沙碱地和下次等岗地。其中，水田征粮标准为每亩 8.1 升，中等平地为每亩 6 升。对照该契中相关信息可知，如果宋氏所卖土地是一亩平地、其征粮应为 6 升，而不是 8.1 升，而且这块平地的价格正因为有了水灌溉权才会被卖到 55 两的高价，这与前列表格中嘉庆九年介休白锡璟卖水地契中每亩 65 两的价格差不多。这件契约最大的特点在于：它提供了一个"平地变水地"的重要证据，其中狐村河九程水发挥了至关重要的作用。由于"狐村河九程水"原本是独立于这块平地之外的，即契约中的水和平地原本没有对应关系，处于相互分离的状态，因而在契约中会明确强调"地水二宗"。经过这次交易行为，平地变成了水地，并且开始认纳每亩 8.1 升的"地水秋粮"，从而实现了从地水分离到地水结合。

最后，关于这一交易行为是否合法的问题。如果认可上述说法的话，这件契约中显然出现了土地和水被单独买卖的现象。这一现象在明代万历十六年就在介休县令王一魁颁布的"介休县水利条规碑"中被严厉禁止。为什么在乾隆三十四年会被官方公然认可，并颁发象征合法交易的纳税凭证？笔者以为，这件契约既展示了民间水权交易的实际情形，也反映了民众的高度智慧。尽管被交易的水和土地最初并没有对应关系，但是经过这次买卖行为，却实现了土地和水的结合，平地开始以水地的标准交纳水粮，被交易的水权只是从与甲地的结合变成与乙地的结合，并不会给国家的水粮征收造成任何损失，从而巧妙地实现了从地水分离到地水结合的转变。就最终的结果而言，并不违反国家的政策法规。乾隆三十四年介休宋贤侯卖水程契进一步表明水权商品化在当时的山西泉域社会中已有较大发展。

如果说乾隆三十四年民间对于地水分离为特征的水权买卖还存在一些顾忌的话，民国十七年清源县孙振恩卖水程契，则体现了水权商品化在山西泉域社会中所达到的更高水平。先看这件契约整理后的内容：

> 立卖水卷水约人孙振恩，情因正用，今将自己原分到白龙庙前后水卷水，十八日一周第七抽内有自己水二厘五毫，轮流使用，周而复始，人路水路俱通。情愿出卖与赵中和名下永远为业。同中言明，作卖价大洋三百八十元整。当日洋约两交不谦（欠）。此水自卖以后，倘有人等争碍，有卖主一面承当。恐口难凭，立契约为据。此水原硃契一纸，系在孙宝丰手经掌。中华民国十七年十月，出卖水卷水约人孙振恩亲立。中证人孙宝丰、姚润五。刘充实代书。①

此契共三联，第一联即以上所录，为契稿，第二联为经官用印的红契，将第一联内容原文誊写。第三联为纳税凭证，上写应纳税额为"二十八元八角附加三分洋一十一元四角"。表明水在这里已经允许被公开买卖且得到政府的认可与保护，具有合法性了。此契交易双方均为个人，且与乾隆三十四年相比，这件契约中只有水程而没有土地，可见此时的水权买卖已经无须顾及地水结合的原则，水权商品化程度今非昔比。就交易价格而言，18 天一轮第七抽内"二厘五毫"的一段水程，卖价已高达 380 元大洋，价格不菲。此契中唯一不够清晰的是交易双方的关系问题，即民国时期的水权交易是否已经超出了村庄或者渠道的范围，尚有待进行深入的田野调查方能解决。

至此，我们对清至民国山西的私水交易行为已有了一个初步的印象，由于清代的水程买卖受地水结合规定的制约，因而在实践中民众发明了很多规避官方处罚的办法，或者将水卖给村庄，或者将水卖给个人，尽管出现了地水分离的现象，但均以维护村庄水权的完整性和保证国家赋税征收为前提。有了这一前提，清代官方对于民间地水分离的私水买卖行为遂采取睁一只眼闭一只眼的态度。到了民国时期，私人水权的买卖已经无须顾忌地水结合的限制了。就此意义而言，从地

---

① 山西大学中国社会史研究中心藏，此契系业师行龙教授收集，张仲伟整理。

水结合到地水分离，应该是水权买卖的一个长期发展趋势。在此过程中，官方对私人水权的买卖经历了一个由禁止到默许再到完全认可的变迁过程。同时，水资源时空配置不合理的问题也通过水权商品化的持续存在和发展而得以改善，因而有助于提高水资源的利用效率。

三、结论

在对四种水权交易类型实证研究的基础上，不妨从四个方面对清至民国时期山西泉域社会中的水权交易行为加以把握和理解：

第一是清至民国山西泉域社会中水权交易行为类型多样，相当普遍。就其性质而言，既有合理合法的行为，如公水交易中的公水公卖和私水交易中以地水结合为特征的水地买卖行为；也有以以权谋私、非法侵占为主要特征的渠甲卖水和豪霸卖水的公水私卖行为，这种水权交易方式历来会受到地方舆论的批评和法律的制裁，却屡禁不止，构成了山西水权交易行为中的一种重要类型。与这两种或合法或非法的水权交易行为相比，以地水分离为主要特征的私水卖私行为则介乎合法与非法之间，并经历了一个由严厉禁止到合法存在的历史过程。三种性质的水权交易行为并行不悖，共同构成清至民国山西泉域社会中水权交易的不同面向，并具有各自存在的条件和理由。这才是水利社会运行的真实状态，它与以往水利史研究者所揭示的那种单纯为了满足个人私欲，扰乱地方水利秩序的水权买卖行为是不能画等号的。也就是说，本文所揭示的水权交易的四种类型，不同于以往人们对水权交易行为的片面认识和理解。对水权交易行为做出这样的区分，有助于人们认识和理解水在山西乃至整个中国北方水资源匮乏区域所扮演的重要角色，从而为制定更加合理合法的水资源利用机制提供历史借鉴和启示。

第二是对清至民国山西泉域社会中水权交易类型的分析，有助于修正人们对水资源所有权和使用权关系问题的认识。以往在涉及山陕水利社会中的水权争端时，不少研究者指出水资源的公共所有性质与水使用权的私人占有性质之间的矛盾，致使水资源产权界定困难，从而引起水利纠纷。[①] 通过本研究我们发现，在山西泉域社会中，人们对水所有权和使用权的界定其实是非常清晰的，水权界定困难的问题似乎并不存在。比如在地水分离的私水交易中，我们从卖水契约中可以看到人们所处置的是个人拥有的水使用权而非水的所有权，因为人们头脑里都很清楚水的所有权是不可以被交易的。即便在公水私卖的水权交易中，我们也可以清晰地看到侵占水资源的地方豪霸也在有意识地要得到水权所有者的认可和授权。哪些水是公有的，哪些水是私有的，哪些水可以侵占，哪些水不可以被侵占都是非常明确的。就水权交易的实质而言，其所让渡的只是水的使用权而非水的所有权。水的所有权始终为某一个公共机构或团体，而水的使用权既有公共的，也有私人的。因此，对于交易双方来说，水使用权的意义要远大于水所有权的意义，这也正是本文将水使用权归属作为划分公私水唯一标准的原因所在。

第三是要客观认识和评价山西泉域社会中的水权交易行为。从实践层面来看，权势、关系和社会资本构成了水利社会的基础，体现了水利社会实际运行状态。就本文揭示的四种水权交易类型而言，公水公卖和以地水结合为特征的私水交易是传统水利社会中的较为常见的一种民间合作方式。借助于公水私卖中渠甲和势豪的斡旋，实现了对水利社会中余水的重新配置和利用。这些个体借水渔利的行为虽不值得提倡，但正是这一行为打破了僵化的水权分配制度，使得公共之水不被浪费，无水者有水可用。同样，地水分离的私水交易行为之所以能够在山西泉域社会中公然出现，也得益于乡村民众的智慧和策略。河津的两起私水卖公行为，表面上看尽管是卖水者的地水分离，但是从另一个角度来看，可以将其理解为是将私水上交到公家（或是集体）层面进行的水权重新分配，其结果仍然是实现了地水结合，只不过是从与甲地的结合转移到与乙地、丁地的结合。这无疑是一种乡村水利运营中的良好变通方式，既不违反国家政策，也满足了水利社会中不同利益群体的现实诉求。在水资源供给不足时，山西民间通过自发的水权交易展示了自身高度的智慧和创造力，既不妨碍国家的赋税征收，又提高了水资源利用效

[①] 参见赵世瑜：《分水之争：公共资源与乡土社会的权利和象征 —— 以明清山西汾水流域的若干案例为中心》，《中国社会科学》2005 年第 2 期；钞晓鸿：《灌溉、环境与水利共同体 —— 基于清代关中部的分析》，《中国社会科学》2006 年第 4 期。

率，且有助于乡村社会自身的发展，说明山西泉域社会中并非只有竞争和冲突，更有合作与共赢。

第四是对清至民国山西泉域社会中地水关系的一个新认识。无论是公水交易还是私水交易，最后均揭示出地与水的结合而非分离这一事实。单就这一结果本身而言，似乎说明山西泉域社会在清代至民国年间并未发生太大的变化。但是，透过表相我们却发现该时期的地水关系已经彻底发生了改变：从过去的以土地为中心，水随地行变成了后来的以水为中心，地随水走。流动的水终于摆脱了附属地位，彻底地解放出来，水的买卖具有了极大的自主性。水不再机械地对应于某一块土地，水流到哪块土地上，哪块土地就变成了水地，就要缴纳水粮，不再死板地遵循"水地永远是水地，旱地永远是旱地"的原则。如此一来，国家的赋税征收便在水与地的不断分离与重新结合这一动态变化中得到保证。从根源上讲，之所以发生这样的变化，还是与明清以来人口、土地日益增加而水资源供给量不足有关。水资源一旦稀缺，便产生了巨大的价值，加之水权拥有者自身的贫富分化，水的买卖遂成为一种必然的结果。早在明万历十六年，介休洪山泉域就已有这样的事情发生，时任介休县令王一魁曾感慨："盖缘利之所在，民争趋赴，奸伪日滋，弊孔百出，是以有卖地不卖水，卖水不卖地之说。"[1]尽管如此，在王一魁颁布的《介休县水利条规碑》中，却仍然强调的是"以水随地，地水结合"的原则，与传统时代相比，地水关系未见有任何松动。最迟到本文中使用的乾隆三十四年介休"宋贤侯卖水程契"时，才以"地随水走"取代了"水随地行"，地水关系实现了从结合—分离—重新结合。这个过程的顺利实现和合法化，是以保证国家的赋税征收为前提的。正是在此意义上，我们认为在水资源日益匮乏，价值不断凸显的历史条件下，山西泉域社会存在着从"以土地为中心"到"以水为中心"转变的可能与趋势。

---

[1]　万历十六年《介休县水利条规碑》，《洪洞介休水利碑刻辑录》，第161—170页。

第八章 清至民国内蒙古土默特地区的水权交易
——兼与晋陕地区的比较研究

引 言

　　水作为一种特殊的资源，具有商品属性和经济价值，然其脱离土地并被单独买卖却非一夜之间完成，而是经历了一个相对较长的转变过程。这里既有市场和民间力量的推动，又有来自国家上层、各级地方政府和法律条文的规范与调整，是一个相当复杂的历史演变过程。本章对清至民国蒙地水权交易问题的研究，旨在揭示作为商品的水是如何一步一步地脱离土地并被合理合法地转让和买卖的。水从依附于土地，不得随意买卖，到脱离土地进行自由买卖经历了一个较长的历史过程。这个过程是如何开始并在越来越大的空间范围内推广开的，以往的研究并未能够给出整体而准确的解释。最新的一项研究曾以山西地区新发现的14件水地契、3件水程契和3件卖水合同为核心资料，揭示了清至民国山西水利社会中存在的多种水权交易方式。其中，以地水分离为特征的私水交易类型显示了该历史时段内地水关系的松动。这一研究表明，土地与水的关系可能存在一个从"地水结合，水随地走"到"地水分离，地随水走"的转变，在水资源日益匮乏，价值不断凸显的历史条件下，山西水利社会存在着从以土地为中心到以水为中心转变的可能与趋势。[①] 然而孤证不立，山西水利社会中地水关系的这一转变具有怎样的普遍性和解释力？它对于我们理解近代北方缺水地区社会经济的历史变迁，又有着怎样的价值和意义？囿于资料和学识，这一问题在当时未能得到很好的解答。

[①] 张俊峰：《清至民国山西水利社会中的公私水交易 —— 以新发现的水契和水碑为中心》，《近代史研究》2014年第5期。

　　就学术价值而言，尽管学界对于蒙地经济社会及其变迁的研究成果斐然，但是对于蒙地水权问题的讨论却是为数不多的。究其原因，恐怕与研究者秉持的以土地问题作为观察视角的倾向有关。[①] 在与蒙地水利史研究相关的诸多论文中，日本学界的水利共同体论可以说是最为凸显的。1956 年，丰岛静英《关于中国西北部的水利共同体》一文揭开了二战后日本中国水利史研究会关于中国是否存在水利共同体问题的讨论。他利用《满铁调查月报》和伪民国司法行政部所编《支那民事惯习调查报告》，将当时山西、河北、绥远、察哈尔、内蒙古、甘肃等均纳入了西北的范围，分别探讨了内蒙古包头、河北的平山、绥远的河套地区、察哈尔的张家口、甘肃的导河县以及山西的介休、洪洞、太原、榆次、孝义、原平、定襄等地的水利管理组织和水权分配特点。[②] 受时代和资料局限，他当时讨论水权买卖的目的主要是为了解释日本学者所理解的水利共同体解体的原因。作者认为，用水权的商品化导致水利共同体走向解体，这个观点与森田明后来提出的土地集中导致水利共同体解体说形成了日本学界关于水利共同体解体论的主流观点。[③] 值得强调的是，丰岛注意到包头农圃社成员手中握有水股的现象，并发现水股与耕地是分开进行自由买卖和借贷的。这与本文所讨论的地水分离水权交易公开化、合法化的主旨是一致的。由于丰岛掌握的资料过于分散，使得蒙地水权交易的历史过程未得到清晰地呈现，内蒙古与山西等地域之间水权交易行为的内在关联也没有得到应有的揭示。结合晚近发现的蒙地水权交易契约文书等新史料和学界已

---

① 代表性的成果有：黄时鉴：《清代包头地区土地问题上的租与典 —— 包头契约的研究之一》，《内蒙古大学学报》1978 年第 1 期；王建革：《定居与近代蒙古族农业的变迁》，《中国历史地理论丛》2000 年第 2 期；《清代蒙地占有权、耕种权与蒙汉关系》，《中国社会经济史研究》2003 年第 3 期；牛敬忠：《清代归化城土默特地区的土地问题 —— 以西老营村为例》，《内蒙古大学学报》2008 年第 3 期；《清代归化城土默特地区的社会状况 —— 以西老营村地契为中心的考察》，《内蒙古社会科学》2009 年第 5 期；田宓：《清代归化城土默特地区的土地开发与村落形成》，《民族研究》2012 年第 6 期；《清代内蒙古土地契约秩序的建立 —— 以"归化城土默特"为例》，《清史研究》2015 年第 4 期。由这一简要的梳理不难发现，以土地为中心的研究一直是清代蒙地社会经济历史研究中一个稳定不变的观察视角。

② 〔日〕豊島静英：《中国西北部における水利共同体について》，《歴史学研究》1956 年 11 月，第 201 号，第 24—35 页。

③ 〔日〕森田明：《清代華北における水利組織とその性格 —— 山西省通利渠の場合、清代華北の水利組織と渠規 —— 山西省洪洞県における》，収入森田明《清代水利社會史の研究》，国書刊行会 1990 年，第 268—325 页。

有的水利社会史研究，恰恰可以弥补这一缺憾和不足。

反观近年来国内学界对蒙地尤其是河套水利的研究，大多是在国家与社会互动关系视角下，重点放在清代蒙地开发中的商业资本、民间社会组织、地商经济、水利制度、以贻谷放垦为标志的国家权力刚性介入等涉及内蒙古近代社会历史变迁的中观层面①，未见有专门关于蒙地水权交易问题的讨论，更勿论与晋陕历史水权问题的先行研究加以比较。相比之下，晋陕地区由于近年来新发现的大量民间水利文书②，如水册、渠册、水碑、水契等，使得开展区域性水利社会史研究成为可能。其中，钞晓鸿、萧正洪等人对于关中水权问题的讨论③，赵世瑜、张小军、张俊峰对山西历史水权问题的讨论④，均向学界展示了利用新史料和新视角推进水利社会史研究的可行性。

本章之所以能够将清代以来北方水权交易问题的讨论扩展至内蒙古中部的土默特地区，实仰赖于近年来当地学者整理出版的多部契约文书著作，主要见于《清代至民国时期归化城土默特土地契约》（全四册）⑤、《内蒙古土默特金氏蒙古家族契约文书汇集》⑥以及内蒙古土默特左旗档案。复旦大学博士生穆俊在其博士学

---

① 代表性的论文有王建革：《清末河套地区的水利制度与社会适应》，《近代史研究》2001 年第 6 期；杜静元：《清末河套地区民间社会组织与水利开发》，《开放时代》2012 年第 3 期；燕红忠、丰若非：《试析清代河套地区农田水利开发过程中的资本问题》，《中国社会经济史研究》2010 年第 1 期；付海晏：《山西商人曹润堂与清末蒙旗垦务》，《暨南学报》2013 年第 1 期。

② 该方面的史料主要有白尔恒、〔法〕蓝克利、魏丕信编著：《沟洫佚闻杂录》，中华书局 2003 年版；黄竹三、冯俊杰主编：《洪洞介休水利碑刻辑录》，中华书局 2003 年版；董晓萍、〔法〕蓝克利：《不灌而治：山西四社五村水利文献与民俗》，中华书局 2003 年版；郝平主持的大清史项目 "清代山西民间契约文书的搜集与整理"，该项目整理了清代山西五千余件契约文书，成果将由商务印书馆出版发行；刘大鹏：《晋祠志》，山西人民出版社 1986 年版；孙焕仑纂：《洪洞县水利志补》，山西人民出版社 1992 年版，其中收集的明清渠册数十种，其史料价值近年来已引起水利社会史研究者的高度重视。

③ 萧正洪：《历史时期关中地区农田灌溉中的水权问题》，《中国经济史研究》1999 年第 1 期；钞晓鸿：《灌溉、环境与水利共同体——基于清代关中中部的分析》，《中国社会科学》2006 年第 4 期。

④ 赵世瑜：《分水之争：公共资源与乡土社会的权力和象征——以明清山西汾水流域的若干案例为中心》，《中国社会科学》2005 年第 2 期；张小军：《复合产权：一个实质论和资本体系的视角——山西介休洪山泉的历史水权个案研究》，《社会学研究》2007 年第 4 期；张俊峰：《前近代华北乡村社会水权的表达与实践——山西 "滦池" 的历史水权个案研究》，《清华大学学报》2008 年第 4 期。

⑤ 分见内蒙古大学图书馆、晓克藏：《清代至民国时期归化城土默特土地契约》（第一、二、四册），内蒙古大学出版社 2011 年版；杜国忠：《清代至民国时期归化城土默特土地契约》（第三册），内蒙古大学出版社 2012 年版。

⑥ 铁木尔主编：《内蒙古土默特金氏蒙古家族契约文书汇集》，中央民族大学出版社 2011 年版。

位论文《清至民国土默特地区水事纠纷与社会研究（1644—1937）》中，亦曾利用上述资料整理出清至民国土默特地区水权交易的契约文书总计 45 件，与山西地区相比，数量相当丰富。这批水利契约文书年代最早的是 1790 年（乾隆五十五年），最晚者为 1936 年。不过，由于研究者重点在于讨论蒙地开发过程中的土地和水利纠纷及其解决机制，未能充分挖掘出这批反映蒙地水权交易的珍贵文献对于理解近代北方水权问题具有的重要价值。与晋陕地区发现的水契和水碑相比，这批契约文书全部都是私契，是土默特蒙古人与自晋陕移入当地的汉人之间达成的有关水使用权的经济文书，是一种非正式制度和习惯，具有较强的约束性和实践意义。必须指出的是，土默特水利契约文书的发现，对于我们从更大地域范围内去认识和比较北方不同地区历史水权问题的异同，探讨其内在关联性及其差别，提供了条件和可能。

一、地水结合：附着在土地交易中的水权

　　蒙地的开发与清以来晋陕民众走西口有极大关系，更离不开山西商人的主导作用。所谓"先有复盛公，后有包头城"，讲的就是晋商群体对于蒙地开发做出的重要贡献。[1] 虽然清初政府对蒙地和汉地实行分而治之的策略，不允许内地汉人前往蒙地活动。但是随着康雍乾时代"滋生人丁，永不加赋"和摊丁入亩等一系列有助于人口和经济发展政策的推行，内地人口激增，人地关系紧张，内地有限的土地已经难以适应人口膨胀和社会发展的需求。在此背景下，走西口成为内地人民获取生存资源，养家糊口的一个重要策略，他们为此也甘愿铤而走险。清廷为阻止内地汉人进入蒙地的所谓"黑界地"和一系列禁令，已经难以抵挡住民众的步伐。进入蒙地的晋陕汉人移民数量不断增加。蒙古族是游牧民族，不擅长农业

---

[1]　该方面有启发性的研究可参考安介生：《清代归化土默特地区的移民文化特征 —— 兼论山西移民在塞外地区文化建设中的贡献》，《复旦学报》1999 年第 5 期；王卫东：《融汇与建构 —— 1648—1937 年绥远地区移民与社会变迁研究》，华东师范大学出版社 2007 年版；樊如森：《清代民国的汉人蒙古化与蒙古汉人化》，《民俗研究》2013 年第 5 期。

水利，更不懂得精耕细作。汉人进入蒙地后所具有的优势便是拥有丰富的农耕经验和水利开发的技术。无论对于蒙古王公贵族还是普通蒙古族民众而言，他们自身所拥有的最大优势便是广袤无垠的土地和草原。随着蒙汉交流的加强，获取属于蒙古人的土地进行农业经营，便成为进入蒙地的多数汉人首要的目标和谋生方式。

　　然而，蒙地与内地毕竟是有区别的。对于农业经营最为根本的土地和水这两大资源而言，在蒙地都有特别的规定。关于蒙古土地所有权问题，已有研究指出："从严格意义上讲，蒙地并没有现代意义上的所有权，因土地不能买卖，无论蒙民和蒙旗王公，都不是所有权的法人代表，只是占有权的代表。"[①] 这些土地包括官地、半官地、户口地和公共游牧地。其中，户口地作为普通蒙丁的生计地，是土默特地区最为复杂的土地类型，也是内地汉人或租或佃或买卖的主要对象。清政府为了防止蒙地流失，禁止出卖蒙地，尤其是用来维持普通蒙丁生业的户口地，如果蒙丁无嗣绝户或正法，户口地随即收为国有。然而，乾隆八年重新分配户口地之后，一方面因为土默特蒙古不善耕作，另一方面土默特蒙丁承担清廷的差兵，对所分土地还是以出租为主。蒙丁及其家人为了维持生计，不顾清廷禁令，将户口地租典，更有甚者将户口地出卖。清咸丰年间，由于土地租典关系的发展，土默特蒙古的户口地，已多半典卖。[②]

　　至于水权，在清代康熙年间以前，由于土地尚未被大规模开垦，因而不存在水利灌溉的问题。康雍乾时期以来，随着土地开垦力度和范围的不断扩大，水利灌溉的重要性日渐凸显，水权才逐渐明确起来。对此状况，王建革认为："如果原蒙古地主有水权，无论土地如何转租，水租也随之转移。收水租的权利，即水权总归蒙古地主，但用水权总是随土地的使用权转移。"[③] 换句话说，仍然是遵循"水随地走"的原则，与明代晋陕地区的情况相似，强调土地与水的结合。对于户口地的水权问题，穆俊的研究中引用了土默特左旗档案馆的一则 1922 年官方水利呈文："查绥远实划特别区域，本旗（即土默特旗）东至察哈尔镶蓝旗，西至乌拉特

---

①　王建革：《清代蒙地的占有权、耕种权和蒙汉关系》，《中国经济史研究》2003 年第 3 期。

②　穆俊：《清至民国土默特地区水事纠纷与社会研究》，复旦大学博士学位论文 2015 年，第 113 页。

③　王建革：《清代蒙地的占有权、耕种权和蒙汉关系》，《中国经济史研究》2003 年第 3 期。

东公旗，五百余里逢沟有水，有水者必灌地。此即雍正十三年暨乾隆八年两次赏放户口地亩，水连地，地连水，凡系蒙民自种者，池水随其自用。"[1]这里描述的应该是雍乾时期土地开垦不多，水源充足而且使用便利的情形。

蒙地开垦日益广泛，对水的使用就不能再沿用档案中所谓"随其自用"的旧办法了，而是有了固定的份额和轮流灌溉时间——水程。对于普通蒙民而言，这个水程应当是对应他的某一块户口地，这在土默特地区的水利契约文书中有显著体现。如乾隆五十五年，蒙民公庆将其云社堡的水地一顷，白汗地五顷和渠水三俸、空地基一块典给一个名叫"雇法"的人耕种。所谓"渠水三俸"，当指一顷水地所连带的水程。[2]嘉庆二十五年，蒙民聂圪登因差事紧急无处辗转，将自己云社堡村祖遗户口白地一顷，随水一俸二厘五毫，租给杨光彦耕种。[3]道光十二年，立租地约人永成店，永成店应是一个商号名称，"言明每一年出地租钱八千文"[4]。道光二十年，一个名叫乔安的人，租到蒙民八扣名下祖遗水地一块，"随带第八天大水一奉"，"同人言定连水带地每年共出租钱二十千文"[5]。蒙民在出租水地的同时，将地上的水程也连带一并租出去，说明地水结合，水随地走的原则在蒙地还是较为常见的一种现象。延至民国，出租各种不同类型水地的合同依然大量存在。如民国七年蒙民考院政将自家的一块户口地——水地，租给贾仁为业，"随带东头水渠一半，渠水轮流浇灌"[6]。1936年，汉人王恩渥租到蒙民巴政祥的两块熟茬地，这两块地系清洪水地，契约中"地内原有渠路一直通至桥眼接水地带，夏冬两季灌溉地亩毫无阻碍"[7]，最后写明"空口无凭，专立一式合同出租永远清洪水地凭据

① 《请转呈水利公司立案的呈文》，1922 年 5 月 22 日，土默特左旗档案馆，全宗 79，目录 1，第 872 件。转引自穆俊 2015 年博士学位论文，第 162 页。
② 铁木尔主编：《内蒙古土默特金氏蒙古家族契约文书汇集》，中央民族大学出版社 2011 年版，第 6 页。
③ 铁木尔主编：《内蒙古土默特金氏蒙古家族契约文书汇集》，中央民族大学出版社 2011 年版，第 8 页。
④ 内蒙古大学图书馆、晓克藏：《清代至民国时期归化城土默特土地契约》（第四册），内蒙古大学出版社 2011 年版，第 302 页。
⑤ 内蒙古大学图书馆、晓克藏：《清代至民国时期归化城土默特土地契约》（第一册），内蒙古大学出版社 2011 年版，第 142 页。
⑥ 《永租朱尔圪岱村水地契约》，1918 年 12 月 27 日，土默特左旗档案馆，全宗 79，目录 1，第 953 件。
⑦ 内蒙古大学图书馆、晓克藏：《清代至民国时期归化城土默特土地契约》（第二册），内蒙古大学出版社 2011 年版，第 350 页。

文约为证，以资信守而重产权"。

还有一些土地原本没有水利灌溉，但是具备引水灌溉的条件，因此在汉人承种后，通过投资挖渠引水，变成有水地。这种情况在部分契约文书中也有体现，兹略举一二事例以说明。道光十二年，蒙民聂圪登将自己祖遗云社堡村东北的一块户口沙地，共计 68 亩，租给一个名叫玉成山的人，看名字似乎也是蒙民。在租约中写到这块地在玉成山名下永远耕种为业，"开渠、打坝、洪水淤地、修理柱座、取土、吃水"等，任其自便。但是另有规定说，如果玉成山在地上开渠，那么"至开渠十年以外，每年地租钱二千七百二十文"，十年以内每年支付的地租钱则为一千三百六十文，整整少了一半的价钱。[①] 可见有无水利灌溉条件对于土地出租价钱是相当关键的。类似这种内容的租地契，还有蒙民三皇宝、八扣、海宝、观音保、达木气、塔速合等人与汉民签订的租约。时间也大致为清道光、同治和光绪年间，可见这种形式在蒙地也是很普遍的现象。

二、地水分离：脱离开土地单独交易的水权

无论如何，上述契约所展现的地水关系仍为传统的"地水结合，水随地走"的固有套路，与内地相比没有差异性。如果仅仅如此，那么蒙地水利也就没有什么有趣的地方了。重要的是，在上述水利契约文书之外，我们又发现了其他的类型。如果用山西的经验来讲，就是水与地分离被单独交易的类型，在蒙地也同样存在着。这使得研究者在山西区域的研究不再是孤证，而是有了互证和比较的可能。

根据此前对晋陕历史水权问题的研究结论，在公私水交易的多种类型中，最具有时代转折意义的应当是私水交易中的"私水卖私"，亦即私人之间相互进行的水使用权、经营权和支配权的转移。晋陕地区的研究已经指出，私水卖私存在一个由非法到合法的转变过程。目前能够找到的最有力证据便是山西介休洪山泉域

---

① 铁木尔主编：《内蒙古土默特金氏蒙古家族契约文书汇集》，中央民族大学出版社 2011 年版，第 10 页。

的乾隆三十四年私水买卖官契文书。令人惊喜的是，在土默特地区，涉及单独出让和转移水权问题的契约文书共计9件。其中乾隆朝2件，嘉庆朝1件，同治朝1件，光绪朝5件，显现出一种连续性的特点，说明蒙地民间的私水交易并非孤例。为便于了解和讨论，兹誊录年代最早的两件乾隆朝水契约内容如下：

　　1. 张木素喇嘛约[①]

　　立租水约人张木素喇嘛，今租到什不吞水半分。同人言定，租钱七钱五分。以良店合钱，使钱三千整。许用不许夺，秋后交租。如交不到，许本主人争夺。空口无凭，立租约存照。

　　合同【骑缝】

　　乾隆五十六年九月廿五日

　　中见人　王开正　水圪兔　范士珍

　　2. 寡妇莲花同子伍禄户约[②]

　　立租水约人寡妇莲花同子伍禄户二人，因为无钱使用，情愿将自己水半分租与张惟前使用。每一年出租钱七百五十文。现使押水钱二千文。不许争夺，永远使用。立约存照用。

　　合同约存照【骑缝】

　　乾隆六十年二月廿五日

　　中见人　郭世英　那速儿　武慧章　那旺　绥克图

　　比较可知，这两件水契约的形式和内容大体是一致的，与此前我们看到的地不同，这里只有水，没有地，水是被人们单独转让的。在人们眼里，水本身具有可观的价值，通过出让水使用权有助于缓解日常生活中的经济困难。因此对水的

---

① 内蒙古大学图书馆、晓克藏：《清代至民国时期归化城土默特土地契约》（第四册），内蒙古大学出版社2011年版，第113页。

② 内蒙古大学图书馆、晓克藏：《清代至民国时期归化城土默特土地契约》（第四册），内蒙古大学出版社2011年版，第126页。

处置与常见的对土地的交易一样，都带有蒙地的一些基本特征，如许用不许夺、押水钱等规定。这些规定使人们对水的租佃带有永佃权性质，实际上相当于变相卖水。尽管在乾隆三十四年萨拉齐县五当沟海岱村水利碑中尚有"蒙古永不许图钱卖水，民人亦不许买水浇地。日后倘有卖水买水情弊，执约禀官究治"[1]的禁令，但是已无法阻挡民众对水的需求，实践中官方的禁令屡屡被突破，已经形同具文了。不仅如此，当人们发现单独租佃水的价钱比起租种价格较高的水地更省钱时，那些拥有土地且距离水源较近的人们，会想方设法通过单独租水的途径获得水使用权，再将其用于灌溉自己租种的无水土地，如此便大大节约了生产成本。嘉庆二十三年，蒙人尔登山将自己名下的一昼夜蒙古水分推予范德耀等 8 人，并与他们订立水约。具体内容如下：

> 立推水文约人尔登山，今将自己蒙古水一昼夜情愿推与范德耀、刘永兴、刘通、张承德、刘永琦、刘仲风、刘永德、色令泰、范瑛各等名下开渠使用。同众亲手使过清钱五十七千文整，其钱分毫不欠，每年打坝，有坝水银四两以八合钱。自推之后，如有蒙古人民争夺者，尔登山一面承当。恐后无凭，立推水约为证。
>
> 嘉庆二十三年十月十五日立
> 中见人 杨明昱 高培基[2]

无独有偶。道光十年，民人卢恒山租到蒙人更庆南的一块滩地用于开渠引水。该契约中说，"立租地约人卢恒山，今租到更庆南滩地一块……四至分明，情愿租到开水渠永远为业，同人言明，每年出租钱一百文。现支过押地钱三百文。两家情愿，空口无凭，立租地约照用"[3]。可见，在分别获得土地和水权后，人们还会创造条件通过买地开渠的方式，将水引到自己的田间地头。这样的事例在蒙地可

---

[1] 此碑现存于内蒙古萨拉齐县沙尔沁乡海岱村，又见于《包头市郊区志》，内蒙古人民出版社 1999 年版，第 308 页。

[2] 《将自己蒙古水分一昼夜推予范德耀等八人》，土默特左旗档案馆，全宗 80，目录 14，第 121 件。

[3] 杜国忠藏：《清代至民国时期归化成土默特土地契约》（第三册），内蒙古大学出版社 2012 年版，第 38 页。

以说是屡见不鲜，所在多有，反映了人们灵活的才智和解决问题的策略。

如果说这两件契约反映的只是两个不同地方片段信息的话，那么光绪十六年直至光绪三十四年，蒙古人富老爷与汉人陈元喜、武占鳌因为过水约而引起的风波更为完整，足以说明地水分离在当地已经是一种普遍的现象了。兹先将这两件水契全文誊录如下，以便讨论：

1. 陈元喜约 [①]

立租到永远大水合同约人陈元善，兹因光绪十六年蒙古富老爷水租错过成地租，待至光绪卅三年因错起诉，当堂断给。又央请中人说合，改换新过租水约。至此，从立园行第八天大水二厘，轮流浇灌。此水专卖与武占鳌名下管业。中人说合，由己误错，连武姓重新过蒙租约，共作押水租银四十两整，至今改正并无差错。所有富老爷迷失地约合同，嗣后此地约出来以为故纸勿论。若有别人见出此约，有富老爷一面承当，己存地约归与富老爷存放，此地向蒙古巴俊对换过租约，承主另立新合同为似。至此各出情愿并不反悔。同人言明，每年应纳水租钱三千文。按春秋二季缴纳，不许长支短欠，亦不准长跌水租。恐后不凭，端立永远合约为证。

立合同两张各执一张

光绪三十三年八月二十七日

知见人：陈元喜　牛光　石有贵　张有成　园行甲头郭成九　翟鸣山

2. 武占鳌约 [②]

立租永远大水合同约人武占鳌，今租到土默特旗蒙古富老爷东河槽必气沟第八天轮流大水二厘。同人言明，情愿租到自己名下管业，承受轮流灌溉、挑渠打坝。一切由己自办。此契向陈元喜以水换水，过约银陈姓带过，多寡不论，执约承产，于过年应出水租九十现成钱三千文，按春秋二季交完，不

① 内蒙古大学图书馆、晓克藏：《清代至民国时期归化城土默特土地契约》（第二册），内蒙古大学出版社2011年版，第257页。

② 内蒙古大学图书馆、晓克藏：《清代至民国时期归化城土默特土地契约》（第二册），内蒙古大学出版社2011年版，第254页。

准长支短欠。又不准长跌水租。水渠通行官渠到地。若有蒙民人等争端者，有承主人一面承当。此系两出情愿，永不反悔。恐后难凭，同立永远租到大水合同约为证。

立合同两张各执一张

大清光绪三十三年八月廿七日

此产原在巴俊名下调错，三十二年十二月廿一日陈元喜佃与武姓。三十三年八月间调正。

知见：李尚文　牛光　石有贵　张有成

园行甲头郭九成　翟凤翱

分析可知，光绪十六年，土默特旗蒙古人富老爷把自己名下的户口水租给陈元喜，户口地租给蒙古人巴俊，结果却在过约时把水租错为地租。到了光绪三十三年，当陈元喜把富老爷名下的"立园行第八天大水二厘"转让给汉人武占鳌时，才发现当年犯下的这一"乌龙"，于是因错起讼，当堂断令更正。经中人说合，武占鳌和巴俊对调租金，重新过约，此事才得以平息。富老爷分别租让户口地和户口水的行为，使我们看到蒙地地水分离，分别交易的行为事实上已经是相当普遍了。

同时，我们还注意到，蒙地的地水分离与内地不同之处还在于转让水权的方式多种多样。除了租外，还有典和佃两种形式。兹各举一例。

首先是典的形式。同治某年，蒙古人金宝、金印同母将自己名下所有的三分户口水，一半典给顾清、顾存仁，一半典给杨喜凤：

立典清水约一分半，归化城蒙古金宝、金印同母，自今使用不足，今将自己□□清水一分半，情愿出典与顾清、顾存仁二人名下用。清水价钱同人说合，现使过典价钱一百二十吊文，其钱当交不欠。日后钱到回赎，乃钱不到，不限年。现约外杨喜凤清水一分半，同人说合，典清水价钱一百二十吊文，其钱当交不欠。日后有蒙民人争夺者，归化城宝、金印当面承当。空口无凭，立合同约为证用。

大清同治□年十二月十三日　立

知见人：马元　王永福　乌尔贵布　根焕子　郝全福[1]

其次是佃的形式。光绪十一年，汉民张维善将自己名下佃到的西包镇园行第四天轮流大河大水二厘五毫，推佃到自己侄子张治邦名下：

> 立推佃永远第四天大水文约人张维善，今因自己时需缺乏，不能管业，无奈央人说合，愿将自己祖遗置到西包镇园行第四天轮流大河大水二厘五毫，将自己大水情愿推佃与侄子张治邦名下，永远使水浇地立业。同人当面言定，诸等出佃水价，街市外兑钱二百五十吊文，九十现钱一百吊文整，其钱笔下交清不欠。每年随带蒙古水租钱二千六百文。按春秋二季交纳。不许长支短欠。嗣后倘有家族户内蒙古人民等争夺者，有张维善一面承当。系事情出两愿，永无反悔，恐后有疑无凭，立约为证用。
>
> 大清光绪十一年二月廿六日立
> 同中人：乔德财　张功德　张有成　张江[2]

与此相似，我们手头还有光绪三十四年四月初五日蒙人达木歉与富先子、益罗图分别订立的出佃清水协议。内容与张维善约相仿，不同的只是契约双方均为蒙人，而不仅仅限于汉人和蒙人之间。篇幅所限，不再赘述。

此外，在光绪年间土默特地区契约文书中还有一些比较特殊的类型。如光绪四年汉人李海与蒙人海宝所立契约中，可见名为"永远地水合同文约"的说法与前述直接写明水地、沙地、滩地、白水地、洪水地、荒滩地等名称不同，这里的地水合同表明仅为地和水两个，而非单纯的某一种土地类型。笔者以为，李海和海宝达成的这件契约中，地和水并非是对应关系，而是通过这次租地行为，将原本没有关系的地和水结合在了一起。接着再看这件契约，李海租到蒙古人海宝位于西包镇南龙王庙南的四块白地。其中说，"各块地四至分明，随带第四天轮流大水二厘五毫"，

---

① 铁木尔主编：《内蒙古土默特金氏蒙古家族契约文书汇集》，中央民族大学出版社 2011 年版，第 41 页。

② 内蒙古大学图书馆、晓克藏：《清代至民国时期归化城土默特土地契约》（第二册），内蒙古大学出版社 2011 年版，第 96 页。

并且言定"押地水过约钱四十千文"、"所有各块地内使水渠路通行老坝"、"每年随代蒙古地、水租钱五千六百文"[1]。如果是单纯的水地或者说其他土地类型的话，在租约中通常会直接写作"地租钱若干"、"押地钱若干"，而不会是采用这种奇怪的写法。这就证明了笔者的推测：这是一种地与水重新组合的形式。目前所见土默特地区这种形式的契约共有5件，其年代主要集中于清光绪年间，民国初年1件，其他时间未见。这或许表明随着清末水资源稀缺问题的加重，水权问题的凸显，水与地的固定结合关系在当时已经出现了某种松动迹象。

需要强调的是，这与研究者在山西介休洪山泉域观察到的乾隆三十四年地水买卖红契具有极大的相似性。不同之处在于，这里的行为仍停留在民间层面，未得到官方的正式认可，官方的态度充其量还是一种无视和默许。之所以如此，恐怕还与清代国家制度和宏观政策层面，禁止户口地买卖和出租的硬性规定有关。历史的惯性有时往往很难一下子改变，直至民国初年这种习惯还在延续。1914年在汉人刘宪文与蒙人富珠理所立契约中，再次出现"永远地水合同文约"的字样。契约的形式与光绪年间几乎没有什么区别，刘宪文租到富珠理祖遗西包镇东河村南水地11亩，又随带第四天轮流大水2.5厘，言定这笔交易共做过约现平足银27两，每年随带蒙古地地水租钱6250文。[2]

三、同中有异：与晋陕水权交易的比较

在对清以来蒙地水权交易问题的研究基础上，结合学界对晋陕两省相关问题的研究结论，有助于我们在一个更为广大的空间范围内去认识和理解水权商品化的问题。水权商品化这一观念的形成，其实经历了一个比较长期的过程。换言之，今人的水权观念其实是建立在历史水权实践基础之上的，并非凭空生成。

---

[1]　内蒙古大学图书馆、晓克藏：《清代至民国时期归化城土默特土地契约》（第一册），内蒙古大学出版社2011年版，第384页。

[2]　内蒙古大学图书馆、晓克藏：《清代至民国时期归化城土默特土地契约》（第二册），内蒙古大学出版社2011年版，第286页。

本研究显示，在明清以来人口资源环境关系日渐紧张的大背景下，原本附着在土地上的水的价值日益凸显，其潜在的价值逐渐被人们所发现和认识。水权交易从非法到合法，官方对买卖水的态度从严厉禁止到睁一只眼闭一只眼地默许，再到公开承认其既合理又合法，这背后既有生态环境的因素，也有市场和民间的因素，还有价值观念以及监督管理成本核算的因素。水权交易的普遍化和正当化，正是诸多因素合力作用的结果。其中，最具革新意义的是人们对水的态度和观念的转变。过去的地水结合，将水固定在土地之上不允许其自由转让和买卖，对于管理者而言，并非没有意义，甚至是合理合法的，可能是众多解决问题的策略中最为稳妥的办法。然而，人地关系的紧张，水资源需求量的加大，水资源空间配置的不合理和低效率，使这种平稳发展的态势已经难以适应来自现实生活的压力。变革势在必行，在所难免。水权从被束缚的土地上分离出来，打破制度和空间限制，通过市场调节的方式被较高效率地配置到最需要的地方。在客观上对于提高农业生产、改善民众生活，具有划时代的意义。这个问题的背后，最具决定意义的其实是人们观念的转变。以此来看，自清乾隆以来出现的地水分离、水权商品化的现象，对于传统农业社会而言，预示了一个新时代的到来。

在此基础上，我们再来看清以来蒙晋陕水权交易之空间差异性问题。在讨论差异性之前，先说一下统一性的问题，这样或许更有助于我们来认识差异性。在蒙晋陕这样大的地理空间内，自明清代以后的水利社会运行中，均出现了买卖水的现象，这里的水尤其是指私水的买卖问题，它表明长久以来地水结合的态势已经处于瓦解的状态，水地关系的松动是一种历史内在动力的驱动，也可以说是大势所趋。

我们在陕西、山西和内蒙古所观察到的其实是地水关系松动的三个不同节点。在陕西，现有研究指出，虽然地水关系松动，但是地水买卖的行为只限于地下，始终未能公开进行。① 在山西，地水关系在明代万历十六年就出现了松动，但是传统和革新的力量进行了博弈，以介休县令王一魁所代表的传统力量占据一时之利，

---

① 有关论述参见萧正洪：《历史时期关中地区农田灌溉中的水权问题》，《中国经济史研究》1999 年第 1 期。张俊峰：《清至民国山西水利社会中的公私水交易 —— 以新发现的水契和水碑为中心》，《近代史研究》2014 年第 5 期。

将民间和市场要求把水从地上分离出来的愿望暂时打压了下去，但是这并不能阻挠地水分离的步伐。乾隆三十四年介休洪山卖水红契为这场争论打上了一个句号，并宣告了新时代的来临。清代和民国时期山西的私水买卖事例表明，在山西水的买卖进行得是多么彻底和久远。最后再来看蒙地，蒙地与晋陕传统农业社会相比具有特殊性，因为这里过去是游牧社会，其农业化只是在清代康雍乾时期以后才发生的事情。与山西相比，这里虽然没有出现受到地方政府公开承认的水交易文书，却并不代表其水地分离的程度不高。蒙地与山西一样，自清乾隆年间以来就开始了地水分离，单独转让和买卖水的行为。而且就交易形式而言更为多样化，他们对水权的交易虽然仅限于租、典、佃等方式，但就其实质而言，与山西地区的水权买卖并无二致，这就是蒙地的特点，是受制于清代国家制度和政策层面不允许蒙古土地和水被随意买卖的现实规定而进行的一种灵活变通。

此外，对于蒙地地水分离的时间节点和原因，我们也需要倍加关注。不难发现，反映蒙地水权交易的契约文书，其时间最早者为乾隆五十六年，数量更多的是嘉庆、道光、同治、光绪和民国时期。因此，以现有契约文书资料为据，可以判断蒙地的私水交易发生在乾嘉年间以降的历史时期。这个时间点稍晚于山西在乾隆三十四年政府对水买卖合法性的公开授权，显示了山西和蒙地的前后延续性，这与蒙地大规模开垦和农业化进程主要发生在乾嘉年间以降应有直接的联系。进入蒙地的汉人移民主要是以晋陕移民为主的，这是清代内地民人进入边疆地区的移民高潮 —— 走西口 —— 的结果。内地民众在进入蒙地的过程中，不仅带去了劳力，也带去了内地农民对于用水的观念和态度。蒙地的水权交易行为，一定程度上可以视为对内地已经发生的地水分离现象和水权买卖行为的一种移植。只是在观念植入过程中，还要充分考虑蒙地的历史、制度和环境因素。因此，蒙地的水权交易，就有了其自身的特点。

四、若干理论性的思考

综合蒙晋陕历史水权交易的区域实践，有助于我们在理论层面从以下四个方面加以总结和反思：

第一是怎样理解通过以水为中心去认识乡土中国社会经济的核心问题。在近年来颇引人关注的山西水利社会史研究中，研究者曾提出以水为中心开展山西区域社会史研究的观点。[①] 这一观点旨在强调水在山西这个水资源相对匮乏省份的乡村社会变迁中所具有的重要作用，引起学界或褒或贬的评论，产生争议的焦点在于：尽管研究者承认水资源对于传统农业社会发展所具有的重要作用，但是过度强调某一要素在地域社会发展中的中心作用，可能会有夸大之嫌。即便人们承认水资源很重要，但是土地、森林、植被、矿产资源等自然禀赋和市场圈、祭祀圈、宗族等经济社会层面的因素又何尝不会对区域社会的发展起到某种主导作用呢。[②] 应当说，这样的反思不无道理。然而，通过对晋陕蒙历史水权问题的探讨，笔者以为强调水的中心地位其实是与学界以往强调较多的以土地为中心的研究视角相对立提出的。必须承认，以土地为中心的乡土中国说是以往理解传统中国社会一个常见的视角。倘若站在地水关系变迁的立场，不难发现，传统乡村社会中土地与水的关系，随着水资源供给的日益不足，人地关系的紧张，水的价值不断凸显，原本附着于土地之上没有太高价值的水开始脱离土地，具有了较高的商品价值，单独出售水权的行为能够为水权拥有者带来丰厚的经济利益，这一特点在蒙晋陕的水权交易实践中已经得到很好的证明。在此意义上，水相对于土地而言，已经成为一种关键要素，只要有水流到的地方，地价就会提高，产量就会提升且有保障，相应的土地上承担的赋税也会有保障。正是在这种意义上，体现了水的某种中心地位。2004 年，有学者曾对水利社会的概念进行过这样的界定：水利社会是以水利为中心延伸出来的区域性社会关系体系。对于中国"水利社会"类型多样性的比较研究，将有助于我们透视中国社会结构的特质，并由此对这一特质的现

---

① 行龙：《水利社会史探源——兼论以水为中心的山西社会》，《山西大学学报》2008 年第 1 期。
② 参见张俊峰：《明清中国水利社会史研究的理论视野》，《史学理论研究》2012 年第 2 期。

实影响加以把握。[①] 正是在此意义上，近些年方兴未艾的水利社会史研究中，涌现出了"泉域社会"、"库域型水利社会"、"沟域社会"等不同的水利社会类型。从以土地为中心到以水为中心这一视角的转换，对于区域社会史研究而言，无疑是有创新意义的。明清以来地水关系的转变，正是对此研究取向的一个有力注解。再扩展言之，冀朝鼎在 20 世纪 30 年代所开启的以水利事业来理解中国基本经济区的努力，似应在当代水利社会史研究的发展背景下得到更进一步的理论提升，成为我们理解乡土中国社会经济的一条新的路径。

　　第二是怎样理解水利共同体论及其水利共同体解体说。水利共同体论是日本学界从事中国水利史研究的学者在 20 世纪五六十年代提出来的一个学术观点。该观点认为，明清时代中国农村的水利共同体原本是建立在地水夫钱一体化的基础之上。但是随着土地交易的频繁和水权买卖的商品化，致使地水夫钱一体化的原则遭受破坏，结果导致水利共同体解体，乡村社会水利秩序混乱。[②] 结合蒙地和晋陕水权交易的契约文书可知，无论是官契还是民间的草契，在涉及水权交易问题时，对作为水程相应负担的水钱是有明确规定的，不会因为水权的转让而导致有关赋税无所落实。如果水钱没有着落，地方政府或水利管理组织会立即追究责任。如山西介休在明代万历十六年整治当地水权交易中出现的有地无水、有水无地现象时，就显示了相当积极的态度，对逃避缴纳水利赋税的行为进行了严厉处罚。因此，由于水权交易造成地水夫钱一体化原则被破坏并导致水利共同体解体的结局在实践中是根本不存在的。基于共同用水关系而形成的水利共同体，如果解决不好这个问题，是不可能维持一个地方长期稳定的用水局面。至于水利纠纷不断的原因，研究者早已指出，"前近代华北乡村社会水权具有分等级、不公平、不合理等特点。随着水资源稀缺程度的加深，乡村社会产生了重新界定水权的要求，原有的文化安排却由于拥有低成本、低风险的特点，为地方政府和村庄普遍接受，使前近代以来形成的水权分配格局持久维系。由于水权的不合理界定，致使水资源时空分布不均，利用效率

①　王铭铭：《水利社会的类型》，《读书》2004 年第 11 期。

②　参见〔日〕好并隆司：《中国水利史研究论考》，冈山大学文学部研究丛书 9，1993 年 12 月；〔日〕森田明，郑樑生译：《清代水利社会史研究》，台湾"国立"编译馆，1996 年版。

极低，水利纠纷因而难以避免"①。

第三是怎样理解明清以来北方区域社会的水权观念。必须明白的是水权是水资源稀缺条件下的产物。水权交易所转让的并非水的所有权，而是具有实际意义的水使用权、支配权和处置权，在这个意义上的水权是私有的，是神圣不可侵犯的，是有财产意义的，更是个人财富的象征。侵犯个人私有水权的行为，不论在道义上还是法律上都是无法许可的。丰岛静英前揭文中曾讲到道光年间包头农圃社制定的轮流浇水之法，这个办法被记录在《遗注大小水花名册》上。其中大水是河水，小水是泉水。从他们实施的办法来看，每天的水依据公鸡打鸣和太阳上下山的时间，被区分为早水、晚水和夜水。大水和小水均包括这三个时段。其中，大水的早晚夜水按照 1 个水股 10 厘计算，小水的每个水为 1 厘。1 厘水股可灌溉面积平均是 4 亩半。灌溉一个周期按照 11 天计算，大水 330 厘、小水 33 厘，合计 363 厘，这些水被分配给 90 余人共同享用。一个灌溉周期里，每天的灌溉人、灌溉顺序、灌溉量都是固定好的。②内蒙古包头即是如此，晋陕地区的水册、渠册亦然。本文所展示的土默特水权交易契也显示了水权的明晰可辨，并不存在因为水的流动性而导致的水权界定困难问题。在此意义上，我们认为正因为蒙晋陕地域范围内水权交易实践中呈现出来的水权归属的确定性，保证了地水夫钱一体化原则的贯彻执行，因而维护了正常的用水秩序，水权交易并非水利秩序的破坏者。

第四是怎样理解历史水权问题研究的现实意义。本文对清至民国蒙地水权问题的讨论，有着极强的现实意义。就当今社会的水权观念和水权交易现状而言，早已超越了明清和民国时期。形成于清至民国的水权观念，不断凸显和强化了水作为一种资源所具有的不可替代的经济价值。这个观念对于解决当下中国城市化、现代化进程中水资源瓶颈问题是有启示性的。建立人水和谐的节水型社会，建设资源节约型、生态友好型社会是我国当前和今后面临的一项重要战略任务。要实现这个目标，转变观念是至为重要的。近代蒙晋陕水权观念的形成和变迁轨迹，呈现出来的也正是观念的力量。这正是本文对于解决好当下问题最有价值的思考和启示。

---

① 张俊峰：《前近代华北乡村社会水权的表达与实践——山西"滦池"的历史水权个案研究》，《清华大学学报》2008 年第 4 期。

② 〔日〕丰岛静英：《中国西北部的水利共同体》，载钞晓鸿主编：《海外中国水利史研究：日本学者论集》，人民出版社 2014 年版，第 3 页。

第九章　率由旧章：山西泉域社会水权争端的 处理原则

前近代以来的山西，由于水资源的严重匮乏，在该省大河谷地一些地下水资源丰富，泉眼出露的地区，自唐宋以来水利就得到了极大程度的开发，在干旱半干旱的山西乡村社会形成了一个个呈圆点状分布的水利灌区，且多有"小江南"、"赛江南"之类美誉。笔者在以往的个案研究中，曾从类型学视角出发，将其称作"泉域社会"，正是因为该社会的形成和发展与当地丰富的泉水资源密切相关。[①] 作为本章讨论对象的四个泉域，主要分布在山西省汾河流域的中南部，自北而南分别是太原难老泉、介休洪山泉、洪洞霍泉和翼城滦池泉。

对于以上四个泉域，研究者已分别选取不同角度，或微观或中观地展开研究，成果斐然。其中，以山西大学行龙为代表的山西水利社会史研究者，分别从理论和实证研究出发，尝试以水为中心来解释前近代以来的山西区域社会变迁，尤其注重考察水神信仰与祭祀行为的多层象征意义、水利与人口资源环境的关系，其核心观点认为明清以来山西泉域社会不断出现的水案，是区域人口、资源、环境状况日益恶化的表征，只有将各种文化现象纳入到地域社会整体变迁的历史过程中加以考察，才能揭示其丰富的内涵。[②] 与此不同，赵世瑜同样以山西汾水流域三个泉域大体相似的分水纠纷和传说故事为主线，指出将明清以来诸泉域水利纠纷不断的原因归结为资源短缺并非问题的主要方面，认为问题的关键是水资源的公

---

① 张俊峰：《介休水案与地方社会——对泉域社会的一项类型学分析》，《史林》2005 年第 3 期。
② 行龙：《从"治水社会"到"水利社会"》，《读书》2005 年第 8 期；行龙：《以水为中心的晋水流域》，山西人民出版社 2007 年版。

共物品特性以及由之而来的产权界定困难[1]，从而将问题引入到对历史产权问题的讨论这一领域。随后，笔者以翼城滦池泉的个案研究为据，指出："以往研究中将明清以来华北乡村水利冲突不断的原因归结为产权归属与界定困难是有失妥当的。滦池的经验研究告诉我们：前近代水权分配中的等级性、不公平性与不合理性，导致水资源时空分布不均，配置不合理，利用效率低下才是问题的主要方面。"[2] 在此基础上，张小军并不仅仅在经济产权的范围内讨论水的公有与使用权的私有这一问题，而是从实质论和资本体系的视角，进一步讨论大量以社会、文化、政治和象征资本形式表达出的水权，提出"复合资本产权"的理论来解释与水权争端相关的一系列问题，并推断中国社会将长期处于复合产权的状态之中。[3]

相对而言，以上有关水权问题的争论，均以探讨前近代以来山西水案频仍的根本原因为基本出发点，却忽视了问题的另外一个方面，即水权争端的处理过程。应该说，水权争端处理中地方官员群体的认知态度和一贯的心理、行动逻辑，也可能是导致水争不断加剧的一个重要因素，有时甚至会成为决定因素。为此，本章将放大前述四个泉域水案处理中该方面存在的问题，并进一步探究，以裨于对该问题的认识与解决。

一、率由旧章的具体表现

唐宋以后尤其是明清以来水利冲突的不断升级，集团殴斗、流血事件不断发生，严重影响到地方社会的长治久安，也超出了民间社会自我调节的范围，各级官府屡屡介入，居间调解。在多数情况下，官员们采取了率由旧章、尊重传统的

---

[1] 赵世瑜：《分水之争：公共资源与乡土社会的权力和象征 —— 以明清山西汾水流域的若干案例为中心》，《中国社会科学》2005 年第 2 期。

[2] 张俊峰：《前近代华北乡村社会水权的形成及其特点：山西"滦池"的历史水权个案研究》，《地理论丛》2008 年第 4 期。

[3] 张小军：《复合产权：一个实质论和资本体系的视角 —— 山西介休洪山泉的历史水权个案研究》，《社会学研究》2007 年第 4 期。

举措，只求平息事端，少有官员敢冒风险、锐意进取、打破旧的分水格局和秩序，采取一些与时俱进的改革举措，表现出一种相对保守、谨慎的风格：

如介休洪山泉，自明嘉靖二十五年（1545）就出现买卖水程的现象，隆庆元年又有有地无水，有水无地，地和水被分别买卖的事情发生，延续42年之久。此间民众聚讼纷纭，历届官员仅将民众买卖水权的行为视作水利弊端来加以革除，殊不知地水分离现象的背后意味着大批新用水者试图加入用水行列，取得使水权的客观事实。在此过程中，又出现民众买卖土地，互相倾轧，卖水渔利的混乱局面。

万历十五年，介休县令王一魁在试图根除该积弊时，拿出这样一套解决的办法：

> 将查出有地无水，原系水地而从来不得使水者，悉均与水程；有水无地，或原系平坡碱地窜改水程，或无地可浇而卖水者，尽为改正厘革。惟以勘明地粮为则，水地则征水粮，虽旧时无水，自今以后例得使水；平地则征旱粮，虽旧时有水，今皆革去，以后并不得使水。不论水契有无，而惟视其地粮多寡，均定水程，照限轮浇。日后倘有卖水地者，其水即在地内，以绝卖地不卖水，卖水不卖地之凤弊。[①]

这个办法的基本原则就是保证纳水粮者用水，将不纳水粮却仍在用水者剔除出去。同时，在万历九年清丈地亩的基础上，对万历十年至今"平坡沙碱改水地"者加征水粮，这就保证了地水相连、赋役均平，也是规定土地买卖中地水分离的行为是违法的。

该办法获得了上级官员的高度赞赏，称王知县是"锐意更张"、"其用心诚勤，而弊端可永绝矣"。在这里，王一魁尽管做到了与时俱进，却做得不够彻底[②]，如对张世德等人"原非水地，止以另买水券，强使水程，不纳水粮地壹拾三顷玖亩

---

① 万历十六年《介休县水利条规碑》，介休源神庙西侧廊下。
② 只是在旧日规章制度的框架内做了些微调整，触及皮毛，打打擦边球而已，不敢有太大更动。官员们没有十足的把握，不轻言变革。如对于王一魁整顿洪山水利的举措，山西监察御史曾提醒他说"今者一旦骤为更张，民情果否相安？"即是担心做太大的调整会激起民变。此当视为官员在治理水利问题时态度谨慎、畏首畏尾的重要原因。

陆分陆厘"的行为，王一魁采取了严厉的惩罚，将这些人的非水地"仍改平坡，不得复分水泽，赎瑗百金，以充源神庙修葺之资"。从中不难看出，随着土地的增垦，出现了一批符合使水条件的土地，但是这些土地因不纳水粮，因而不得使水。在官员眼里，地户们花钱买水的行为是不合法的，是破坏水利秩序的行为。

　　明清时代洪山泉域水权争端处理中官员的反应和思维逻辑在山西其他泉域也普遍存在。如按照翼城滦池的水利古规，武池一村土地虽然仅有 11 顷，却能使水 91 个时辰；北常等 5 个村有水地 25 顷，却总共才使水 88 个时辰。这一古规的形成，固然有其最初的道理，但从表面上来看显然不利于资源的有效配置。在"生齿日繁"、"水地增加"、"水量有所减少"的条件下，若能适时地调整，照地分水，就可以满足现实用水需求，民众自然不会有争斗。但是清初翼城官员在民间争水斗讼的行为面前，依然未做丝毫调整，而是一味地坚持率由旧章的行事原则，下引碑文即如实记录了当时官员们的思维逻辑：

　　　　议者谓计时使水，在昔地少可均，今各村新垦地多，必计亩再为均融，难执往例胶柱之见，而不知地可曰关，水源有限，当日分村定时，正虑后世奸豪私治旱地使水，致他村不得灌溉故也。若此端一开，则百世之后，势必至上流之旱地尽成水地，仍纳旱地之粮，下流之水地转为旱地仍包水地之赋，其流弊宁有底止？那今惟仍照原定时数，如一村之内虽地有私开而水不增刻，则私垦者本村必不相容，而伎俩自□，争端自息。

　　　　又说者谓武池一村计地一十一顷，却使水九十一时辰，北常等五村计地二十五顷共使水八十八时辰。从中秋后之水独许五村灌溉，以补前者地多水少之数，夫武池使水独多，当初立例，必有缘故，抑系创渠之始，该村李惟翰等为首必其渠价工程独倍五村耳，清明之水一刻千金，武池尚然，多分犹不足用，以致挽越，而况中秋以后之水，涓滴不与，势必构讼争斗，岁无宁日矣。夫天一生水原以养人，今且以养民者病民，岂非有司不善调停之过哉，合得中秋以后之水仍照清明所定日期，挨次照刻轮使。八月十五日吴村起，酌定时日，不用者听其空悬日数，要用者必待原定时候，若云不限日期，不轮番次，是以又起之争端，终非画一之法也。卑职细阅古昔碑文等厉审积案，再□为酌时救敝，亦不外率由旧章之意。[①]

　　这段话表达了清初翼城官员对乡村社会传统用水制度的基本态度。简而言之，就是说乡村社会的分水、轮水制度本身具有其存在的合理性，是对祖先的贡献、用水的习惯、民众的心理以及民间伦理纲常的适应，具有广泛的认可度。对于这样一种长期流传的制度，官员们采取了相当谨慎的态度，尽量遵从民间的传统习惯和处理办法，这应当说是一种相对妥帖的方式。对于前近代翼城滦池泉域社会水权的形成过程及其特点，笔者已有专文论述，兹不赘言。[②]

　　晋祠和洪洞的情况也具有类似的特点。晋水北河在明初实行"军三民三"轮水制度，所谓"军三"是代表晋藩王府的军屯地和王府地每轮用水三昼夜，"民三"即北河水权村庄的民地每轮用水也为三昼夜。这一规则至弘治年间发生了变化，北河渠长因故将民间三日夜水私献给晋王府，变成"军三昼六夜民三昼"的用水格局。这一变化，令位于北河末端的金胜、董茹二村常苦用水不足。于是在万历十三年，北河下游村庄民众提出恢复以前的"军三民三"制度，试图将民间的三日夜水夺回。这一要求遭到上游花塔村、古城营（属晋王府）等村的强烈反对。因涉及王府权益，地方官员不敢怠慢，巡按山西监察御史亲自出面调停：一方面考虑到弘治以来王府三日六夜、民间三日的轮水制度已施行二百余年，且牵涉到晋王府、宁化王府，不好轻动；另一方面北河下游村庄确实使水艰难，于是从长计议，想出一个折衷的方案："将现行初一日至初六日使水一轮，周而复始之制，改为七日一轮。于初一日至初三日止，昼夜之水是晋府等府军校所使；初四日至初六日，是县南民间所使，其此日夜水仍归晋府军校所使；第七日方令县北罗城、棘针窝、城北金胜村以至董茹村止使水，此日夜水仍归晋府军校所使。庶王国终得便益，县南县北之村可以遍及，情法兼尽，

<hr />

① 顺治六年《断明水利碑记》，碑存翼城滦池武池村乔泽庙。
② 张俊峰：《前近代华北乡村社会水权的表达与实践 —— 山西"滦池"的历史水权个案研究》，《清华大学学报》2008 年第 4 期。

水利均沾。"①但是，这一方案遭到王府的强烈反对，王府方面认为"民有不均只宜在百姓中调停，不可以王府应轮之水以便百姓"，"王府屯庄自与小民不同，不可违旧例也"。种种说词，硬是将这位试图一劳永逸解决民众疾苦的御史官给顶了回来。迫于王府的压力，该官员最后只得遵从旧例，并严惩了敢于出头与王府争讼的金胜村"豪民柳桐凤"。北河下游村庄尤其是金、董二村水不足用的局面就这样悬而未决。

延至清代，虽然晋王府的势力已经消失，但不利于下游的用水制度依然在发挥作用，未做任何改动。乾隆四年，金、董二村民人再次兴讼，试图获得正程之外的春秋水例。二村此举得到官府的认可，依据水利均沾的原则获得了部分水权②，这当然与王府势力消除有很大关系。尽管如此，六日一轮的使水制度并未动摇。可见，官府对用水秩序的调整一般只限于旧日的传统和制度框架允许的范围之内，此当视作前近代华北乡村社会水权争端处理中的最大特点。

在洪洞霍泉，洪洞与赵城三七分水之制由来已久。明清时代，随着水资源需求量的不断增加，南北霍渠、洪洞与赵城二县三七分水之争又起。隆庆二年，赵城人王廷琅在淘渠时，偷将分水处壁水石掀去，并将渠淘深，致使"水流赵八分有余，洪二分不足"，激起洪洞人不满，径告至巡按山西监察御史宋处。宋御史命平阳府查报，知府毛自道令同知赵、通判胡共同审理。二位官员参照金代碑文，采取了如下措施：重新确定两渠渠口原定尺寸，重置拦水石。考虑到南渠较北渠地势低，恐分水不均，便新增门限石（即限水石）。按理说，无论拦水石还是限水石均是参照唐宋成规办理的，已做到公平了断，但是对于现在是否仍需设置限水、拦水二石这一技术问题，两县人又表达了各自的看法。如碑载："洪洞县之人称，陡口当中地势原高，当离中各五尺量之方准。依此较量，两渠地势并无高下，则门限石似无谓也。但赵城之人坚不肯去此石，不得已将南霍西壁拦水石与之俱去。盖此石虽古碑所原有，而历年以来已经损没。近虽添立，高不过三寸，留之亦无甚益，以此易彼，各去一石，两渠始无异词。"③宋代设拦水、限水二石的做法至明

---

① 万历十六年《水利禁例移文碑》。
② 乾隆七年《申明北河春秋水利碑文》。
③ 隆庆二年《察院定北霍渠水利碑记》，水神庙明应王殿前檐东侧。

代是否已成多余姑且不论。明代官员采取了相当务实的态度，即只要两县之民相安无事，改变古规也未尝不可，加上知府毛自道堂审两渠渠长时又发现，此次讼争"只因不遵禁例，每私行开淘，故纷纷告扰"，"看来若无私行开淘之事，则旧规一定，决无相争，今撤去二石，依然如旧，此正行所无事息争之良法也"①。

　　但是与晋祠的情形一样，平阳府官吏所采取的措施依然局限在三七分水的旧框框中，没有丝毫改变。至雍正初年，南北两渠"又因渠无一定，分水不均，屡争屡讼，终无宁岁"，于是平阳知府刘登庸使用连体铁柱 11 根，分为 10 洞，照旧南北三七分水，并加铸铁栅，上下控制水流，彻底取代容易毁坏磨损的分水、限水石。此举得到多位官员的赞赏，如山西布政使分守河东道潘宏裔评价说"改置铁柱、铁墙，比旧制分水更均，奸民亦无所逞喙矣"；山西等处承宣布政使司布政使高成龄则称赞说"该署府留心民疾，铸画精详，甚为可嘉"，其他高级官员亦有"其法至善"、"甚为允协"等语。应该说，自宋开宝年间一直缠绕于洪赵三七分水之争中的技术问题至此已发展到相当完美的地步。只是与前朝一样，仍未触及争水问题的核心：无论是设置分水石、撤去分水石还是用铁栅栏来代替，均是为了保证三七分水。

　　但是，在当时的条件下，即便能够保证三七分水不变，依然不能杜绝争水事件发生。分水技术再完美也不能彻底解决因水资源利用效率低下、时空分布不均、资源得不到优化配置而形成的用水不足问题。这个问题在明清时代技术水平、政治经济体制范围内是根本无法解决的。明清历代官员殚精竭虑地忙于分水的行为正是受到时代和阶级的局限性，无法从传统体制中跳出来，于是只能凭靠国家的政治权威，通过推行严格的法律制度来加以调控。这样，各泉域便留下了大量旨在"维持旧规，重申传统"的水利法规，不胜枚举，如元大德十年以后通行于霍州、曲沃等县的《霍例水法》、洪武二十二年《平阳府蒲州河津县水利榜文》、万历十五年晋祠《水利禁例移文碑》、雍正七年《晋水碑文》、万历十六年《介休水利条规碑》、康熙十八年襄汾《灵源泉水利碑记》、康熙龙祠《陈士枚平河均修水利碑》、乾隆五十六年滦池《滦池水利古规碑》，等等。正因为这些水利法规长期

---

① 隆庆二年《察院定北霍渠水利碑记》，水神庙明应王殿前檐东侧。

起作用，维持了旧的水权分配格局，不能满足现实需求，才无法发挥杜绝水争的作用。

二、率由旧章的驱动机制

如果单单从具体情境出发去评价每位官员在水权争端处理中的行为，由于识者个人偏好和立场的不同，可能会对官员们的行为持褒贬不一的态度，这就不利于我们从根本上认识事物的本质，使对该行为的讨论失之肤浅。在此，笔者欲以制度经济学中的交易费用理论和制度变迁的路径依赖理论对此加以剖析。

首先要回答的一个问题是历代官员在处理水权争端时，为什么不能够与时俱进、锐意更张，根据变化了的现实需求，积极主动地采取措施改变现行水权分配制度，优化水资源的时空分配，提高资源的使用效率？为什么会不约而同地选择传统，其内在的驱动力何在？在我看来，这一问题应从前近代国家的赋税征收特点和政府的组织管理特点两个方面来分析。

先来看国家的赋税征收特点。前近代的华北乡村，国家对农民土地赋税的征收，并非整齐划一的，而是按照土地的类型划分不同的等级收取相应的赋税。土地一般被分为稻地、水地、平地、坡地、沙碱地、岗地六种类型。其中，稻地为上等地，水地为上次等地，平地为中等，坡地为中次等，沙碱地为下等，岗地为下次等，等级越高，单位征收的赋税钱粮越多。根据这个规则，本文研究的四个泉域内享有水权的村庄，就需要向政府缴纳较高的赋税钱粮。事实上，这些泉域的村庄历来都是各自所在地区的赋税钱粮大户，不仅仅是因为土地的关系，而是与水的利用密切相关。于是，通过政府征收和民众缴纳稻地、水地钱粮的举动，就完成了国家对村庄集体和民众个体水使用权的确认，具有了合法性。

问题是水与地的这种一一对应关系并非一成不变的。就本文所讨论的四个泉域来看，明清时期均出现了两种趋势：一是泉水水量发生变化，出现日益减少的趋向，与气候的干旱成正比。如翼城的滦池泉，自明弘治十八年（1505）起至民国二十七年（1938）止，共发生 5 次停涌，陷于完全干涸境地，其中 4 次因大旱引起。泉水干涸时间最短者一年，最长达十年，"池水涌涸不常"引起的水量减少导致人心惶惶，舆论骚然；介休洪山泉则出现三次断流。其中，康熙五十九年（1720）连续四年大旱，泉水断流数年，20年后始恢复原状。另据太原刘大鹏《晋祠志》记载，晋泉也出现过三次水量减少的现象：崇祯二十二年（1650）善利枯竭，连续10年；雍正元年鱼昭泉"衰则停而不动，水浅不能自流，水田成旱"；民国十七年至十八年，鱼昭泉曾结冰。水量的减少势必使泉域一些享有水权的村庄或个人利益受损，出现"纳水粮种旱地"的不经济状况。

其次是因人口土地增加导致水资源需求量日益增加的趋势。如晋祠泉域，自明代晋藩王府势力介入后，将大量民地划作官地并开始独立用水，与晋水北河村庄实行"军三民三"的分水制度，该制度强调王府用水在先，民间用水在后。弘治年间，北河渠长张弘秀因人命事私自将民间三日夜水献给晋王府，于是"军三民三"之制遂变成军队三日六夜，而民间只有三日昼水之例，北河下游村庄的水权大受影响，因水不足用，屡屡兴讼。不仅如此，王府和军队在泉域新开垦出来的屯地也加入了用水序列，与民分水。据嘉靖《太原县志》记载"晋府屯四处：东庄屯、马圈屯、小站屯、马兰屯；宁化府屯二处：古城屯、河下屯；太原三卫屯三处：张花营、圪塔营、化长堡营"[①]。明代晋水流域还有"九营十八寨"之说，单单军队人口就有大约两万之众。尽管明代大兴军屯，由军队自行解决粮食供给，却无法避免对地方资源的竞争和长期攫夺。

其他泉域亦有类似情形，如介休洪山泉，"揆之介休水利，初时必量水浇地，而流派周遍，民获均平之惠。迨今岁习既久，奸弊丛生，豪右恃强争夺，奸滑乘机篡改，兼以卖地者存水自使，卖水者存地自种，水旱混淆，渐失旧额。即以万历九年清丈为准，方今七载之间，增出水地壹拾肆顷有奇，水粮三拾捌石零。以此观之，盖以前加增者，殆有甚焉。是源泉今昔非殊，而水地日增月累，适今若不限以定额，窃恐人心趋利，纷争无已，且枝派愈多，而源涸难继矣"[②]。

洪洞霍泉，"向来毗连赵境之曹生、马头、南秦诸村，收水较近，灌溉尚易。

---

① 嘉靖《太原县志》卷一《屯庄》。
② 万历十六年《介休县水利条规碑》，碑存介休洪山源神庙内。

至下游冯堡等村之地，则往往不易得水，几成旱田者已数百亩矣。闻北霍之地，则年有增加，即南霍距泉左近支渠之水，亦有偷灌滩地者"①。

翼城滦池，"昔时水地有数水源充足，人亦不争，自宋至今而明，生齿日繁，各村有旱地开为水地者，几倍于昔时。一遇亢旸便成竭泽，于是奸民豪势搀越次序，争水偷水，无所不至。其间具词上疏，案积如山，至正德四年方勒文立石，仍循旧制，至今未改"②。

上述记载均表明同样一种事态：随着新增土地的出现，一些原先没有使水权的村庄和个人试图加入用水者行列，采用各种手段参与到对水的竞争中，各个泉域普遍陷入水紧张的状态，水权争端正是这种状态下的产物。

从根本上来讲，上述两种趋势的结果完全打乱了原先水地——一对应的局面，产生出两种不良后果，使政府在赋税征收上出现了困难：一种是部分原先缴纳水粮者，因水量减少，长期无水可灌，纳水地粮却不能享有对等的使水权，心生不公；一种是新增使水村庄和个人虽然享有灌溉条件，却不能随便用水，因其土地是旱地而非水地，没有正当的使水权，于是产生了缴纳水粮，变旱地为水地的要求。问题是政府赖以征收赋税钱粮的地亩丁粮册，却未能跟上形势的变化做出灵活的调整，对失去用水条件的土地改征旱地钱粮，新增的可灌溉旱地改征水地赋税，做到一种动态平衡。于是造成了引文中所说的混乱局面，产生了买卖水地、地水分离、以水渔利的不公现象。

再来看政府的组织管理特点。很显然，上述现象反映出政府监督和管理能力的低下。前近代时期的政府，为何不能做到灵活机动，及时地调整土地变动信息，预防地亩粮册与实际情况的脱节？在我看来，这与传统时代政府机构设置和人员安排有着必然的联系。传统时代的国家对地方社会的控制只到县一级，县以下的乡村社会则依靠里甲、保甲等非正式权力组织来管理。担任里甲长、保甲长者与所在社区有着千丝万缕的联系。在上述情形出现时，除非政府号召实施大规模的地亩清丈工作，否则民间很少会自主地进行这一工作，因为谁都清楚，清丈土地

---

① 民国六年《洪洞县水利志补》，山西人民出版社1992年版，第60页。
② 顺治六年《断明水利碑记》，碑存翼城县武池村乔泽庙内。

是最容易得罪人、出纰漏的事情。对于政府来说，实施清丈工作也并非年年月月随时可行之事，由政府组织的两次土地清丈之间，有时会间隔数十年甚至数百年。很多地方的土地数字完全因袭了前朝而不加改变，其本身就存在很多名不副实的情况，再加上新的变化包括民间土地交易频繁，水旱地转换频繁等，更加混乱不堪。换言之，私人的财产所有制性质因多次变动造成所有权模糊，重新界定产权的成本相当昂贵。

作为政府，能够认识并估计到进行一次土地清丈工作所具有的困难和高额成本，但却不能完全做到对民间的土地交易行为进行实时监督，因为政府缺乏必要的人力、财力和物力。于是前近代的政府采取了一种放任自流的态度，与其另辟蹊径冒险变革，倒不如沿着原有制度的路径和既定方向前进来得方便些。只要能够保证额定赋税的征收，只要地方能保持安定，民众不闹事，就可撒手不管，"无为而治"。反映在水权争端的处理上，就是坚决奉行率由旧章为中心的行事原则。于是乎，以不公平、低效率为特征的水权分配制度依然能够为政府所支持，长期延续而得不到任何质的变革，前近代的政府因此丧失了进行制度创新的可能性。

三、率由旧章的影响

至此，我们可以对前近代华北乡村水权争端中率由旧章这一行事原则及其后果得出如下结论：

首先，率由旧章原则，是政府对现实社会中因水资源紧张和用水需求量增加引发的制度变革要求的一个被动应对。采取这一行为的原因，则与传统时代政府的赋税征收和国家的组织管理特点具有内在关联。由于政府受人财物力的限制，不能够对变化了的现实社会进行有效的监督和管理，因此只能退而求其次，维持原有的用水制度，仅有的变革也只是在旧日制度框架内做些微调整，无益于制度本身的变迁。由于传统时代政府无法承受过高的监督、管理成本，因而缺乏进行制度创新的能力，率由旧章遂成为其外部表征。

其次，从本质上讲，率由旧章的行事原则是一种文化安排的结果。换句话说，是对泉域社会长期以来形成的惯例、认知、信仰、仪式、伦理观念以及相应的庙宇祭祀等文化传统的适应。违背这一文化安排的行事方式，必将导致地方社会水利秩序的混乱造成难以估量的损失。历代官员正是认识到这一点，因而在水利纠纷的处理中能够充分权衡利弊，尊重传统，选择率由旧章的处理方式。实践证明，在尽快消除对立双方的水权争端方面，该原则确实起到了一种积极的作用。

最后，率由旧章的行事原则对前近代华北乡村社会产生了严重的影响，主要表现在两个方面：一是政府尊重传统，坚持原则的姿态，导致水权争端无法彻底解决，水资源供求不平衡的矛盾依然存在，政府对原有水权分配制度的保护，具有强制性，一旦这种强制性消失或出现大旱等水紧张形势，水权争端依然会层出不穷。二是政府的行事原则，无形中加剧了水权分配不公的现象，使前近代的水权越发呈现出不公正、不合理的特点，甚至捍卫了地方暴力与强权，导致水资源无法实现优化配置，资源利用呈现出低效率的特点，并由此延缓了制度变迁的整体进程。

第十章　油锅捞钱与三七分水：山西泉域社会的
分水文化

通过跳油锅捞铜钱的方式确定不同社会群体的分水比例，是山西泉域社会史中一个流传极广的传说母题。该传说版本极多，民众多耳熟能详，且笃信有加。至今山西很多传统老灌区，仍大量留存着纪念和祭祀争水英雄的水神庙宇和水利遗迹，这些庙宇和遗迹大多是根据传说修建而成。如太原名胜晋祠的张郎塔，就建于晋祠难老泉南北两河三七分水处，民间传言塔下葬有争水英雄张姓青年的遗骸，北河花塔村张姓一族视其为祖先，岁时祭典。与此相似，介休洪山泉的五人墓，洪洞霍泉的好汉庙，翼城滦池的四大好汉庙等，都是为纪念那些敢于跳油锅捞铜钱的英雄好汉所建，不同之处仅仅是更换了故事的主角、故事情节略有增减而已。山西的引泉灌区如此，引洪灌区亦然。据目前笔者所掌握的资料，位于晋西南的襄汾县三官峪和豁都峪，河津的遮马峪等传统洪灌区均建有祭祀争水英雄的庙宇，只是襄汾的争水英雄庙又有不同的名称 —— 红爷庙，河津则仍保留着每年清明，民众集体赴争水好汉坟前祭祷的习俗。

这些庙宇和习俗，不但反映了民间社会对争水英雄的崇敬，更反映了油锅捞钱确定分水比例的方式在地方社会所具有的深远影响。然而，更令人感兴趣的问题在于：其一，传统时代中国民间社会在分配稀缺水资源时，为什么会不约而同地选择油锅捞钱这种极其残酷的方式，它究竟是民众竞相仿效的客观事实还是有意虚构的故事文本？各地是否都曾真正发生过油锅捞钱的争水事件，油锅捞钱对于水资源缺乏地区而言，究竟具有怎样的意义和功能？其二，在诸多传说流行地，为什么分水最终确定的都是三七比例而非其他，它是一种偶然巧合还是另有深意，如何解释这种现象？

应当说，学界在近年来的研究中，对上述问题已有所关注。如赵世瑜在对晋祠难老泉、介休洪山泉和洪洞霍泉三个泉域个案研究的基础上，指出油锅捞钱与柳氏坐瓮、天神送水等传说故事一样，是处于不同地位的村庄、宗族势力获取水资源控制权的一种手段，但他并未就油锅捞钱的真假、传说普遍流行的原因等问题做出令人信服的解释；对于三七分水，他分析说这是由地势高低、水流缓急、土地多寡、泉源所在地对水权的控制等多方面因素共同作用的结果，其中不排除官府分水的技术性因素，然此却不能雄辩地解释三七分水跨区域普遍存在的根本原因。不仅如此，在油锅捞钱、三七分水与明清争水的关系问题上，赵文在逻辑上也出现了自相矛盾之处：他一方面强调油锅捞钱、三七分水具有的权力和象征意义，比如对个别村庄用水霸权的维护，另一方面他又断然否定了三七分水与民间水利纠纷之间的必然关联，反倒认为三七分水并非民间水利纠纷不断的根源，认为水资源的公共物品特性及其随之而来的产权界定困难才是问题的关键所在。[①]循着这种逻辑，我们进一步往下推理发现：三七分水所解决的其实恰恰是水使用权的问题。在这里，水使用权比水所有权更具实际意义，因为水所有权从来都是国家的，根本无须界定。在用水过程中，正是因为水使用权的模糊不清，所以人们要通过特定的方式来解决，油锅捞钱即是其中一种。既然三七分水明确了水使用权的归属，就不应当存在水资源的产权界定困难问题了。但是我们发现，三七分水的分水方案似乎一直困扰着明清以来的山西社会，尽管很多水案最终都是通过率由旧章方式恢复了往日三七分水秩序而得到平息，却显然不是彻底的解决办法，很多地方人们仍在不断要求改变这种分水格局。[②]在此，我们不禁要问，三七分水与明清水争不断的现象之间到底何者为因，何者为果？事实究竟如何，看来还有待回答。

与此不同，英国学者沈艾娣对晋水水利系统的研究中，则从道德价值体系的角度，指出油锅捞钱所体现的暴力手段，是民间社会争取水资源控制权的重要手段，它不同于官方出于维护儒家伦理道德而主张的公共资源必须公平分配的立场。

---

① 赵世瑜：《分水之争：公共资源与乡土社会的权力和象征 —— 以明清山西汾水流域的若干案例为中心》，《中国社会科学》2005 年第 2 期。

② 张俊峰：《率由旧章：前近代汾河流域若干泉域水权争端中的行事原则》，《史林》2008 年第 2 期。

油锅捞钱与乡村用水过程中其他使用武力的事件一样，构成了一套不同于儒家正统道德伦理的价值体系。在晋水流域，这样两套道德价值体系长期并存。[①] 艾娣的这一见解，显示了国外学者从话语权角度进行文本分析的一种尝试，对本研究极具启发性。

与此类似，行龙对晋水流域多层次水神祭典活动的研究中，也很关注油锅捞钱、三七分水的问题。他指出：根据油锅捞钱故事塑造出来的张郎塔，显示了个别村庄利用传统文化资源获取水权的心理，与晋水流域其他水神信仰如圣母娘娘、水母娘娘、台骀、黑龙王神等共同构成了地方社会的神祇空间秩序，与现实社会不同用水群体对水权的支配与分割秩序相对应。不过，他更为强调从多层次水神祭典活动的角度讨论国家与社会的复杂互动关系。[②]

张小军对介休洪山泉历史水权的个案研究则更具理论意义。他从当前经济学界和社会学界热烈讨论的产权问题入手，依据布迪厄的资本理论体系，从实质论的角度出发，指出产权不仅仅是资本主义时代的产物，相反在前资本主义时代就早已存在，不过它是以复合产权的形式出现的。经济学者所讨论的经济产权只是产权的一种形式而已，与之并行的还有文化产权、社会产权、政治产权和象征产权。他将历史上的油锅捞钱故事视为水权的文化资本权属，认为三七分水是一种文化安排，油锅分水的故事表达了传统时代水权分配的诸多产权原则：如非个人的集体性、天然公平的伦理以及竞争的分配，等等。[③] 这一从文化人类学角度建构出来的理论体系，虽然为解释水利社会中的诸文化现象提供了新思路，却缺乏更为扎实、严谨的史料基础，本文欲以此为起点，通过丰富的史料对其加以验证和补充。

上述研究成果，基本反映了目前学界对本篇所关注问题的研究进展，尽管它们对于了解油锅捞钱、三七分水的基本面目、功能和意义等颇有助益，却并未有效解决笔者在开头所提出的两点疑问，这就存在深入研究的可能。为此，本章将

① 沈艾娣：《道德、权力与晋水水利系统》，《历史人类学学刊》2003 年第 1 期。
② 行龙：《晋水流域 36 村水利祭祀系统个案研究》，《史林》2005 年第 4 期。
③ 张小军：《复合产权：一个实质论和资本体系的视角 —— 山西介休洪山泉的历史水权个案研究》，《社会学研究》2007 年第 4 期。

在借鉴以往成果的基础上，选择山西省汾河流域更多区域、更多个案作为研究对象，对油锅捞钱、三七分水的发生和普遍流传的机制加以探讨，期望借此加深对区域社会历史变迁过程的认识和理解。

一、好汉精神：油锅捞钱的思想根源

对于油锅捞钱，赵世瑜根据故事主题称其为分水故事，并在前引文中分别对山西省汾河流域三个引泉灌区流行的故事一一做过介绍和分析。这些故事其实都在颂扬争水英雄舍身为民的义举，反映了民间对好汉精神的崇尚。赵世瑜进一步指出油锅捞钱的故事是为了显示民间用水的合法性与权威性。但是，他对于民间社会何以选择油锅捞钱的分水方式，是否真实存在的问题却未深加追究，而是将问题引入到对水资源产权问题的争论中去，这就使民间社会处理地方公共事务中的一个重要环节被完全忽略。

实际上，中国民间社会历来就有崇尚好汉精神的传统，这种传统乃是广大民众道德伦理与价值观念的直接表现。它来源于日常生活中的耳濡目染与宣传教化。在传统时代，民众接受思想教化很少来自于学堂，因为多数人并没有受教育的机会。直至今日，在我国广大的农村地区，年龄在五十岁上下的人群中，多数依然只有高小、最多是初中文化水平，农民平常很少看书。因此，他们接受道德伦理和价值观念的途径，主要来自于社会生活本身。其中，戏曲、说书、秧歌以及乡村公共场合茶余饭后的闲谈、舆论等可以说最为常见的。在看戏、听书、闲谈、倾听的过程中，人们形成了自己的道德伦理观念和价值评判标准。以笔者熟知的晋东南地区为例，自古以来各地就有逢庙会、集市唱戏的传统，除非战争、政治和其他不可抗拒因素，从未间断。该地区民众多喜好上党梆子和豫剧两种艺术形式，戏曲内容多以传统老戏为主，这些曲目多宣扬忠孝、善恶、礼义、伦常、义举等，如《铡美案》"杀庙"一场中不愿助纣为虐加害秦香莲母子，被迫杀身成仁的义士韩琪；《杨家将》中杨家七郎八虎战幽州，舍生忘死的忠勇精神……这些舞台上的表演无不在潜移默化地向民众灌输着一种人生应当遵守的道德、伦理和价值观念。戏曲如此，其他艺术形式亦然。在本章讨论的汾河流域，也一直流传有类似的英雄故事。如位于晋水流域智伯渠上的赤桥村，就有“豫让刺赵”的典故：

> 春秋末期，晋卿智伯瑶为夺取赵家封地，决晋水以灌晋阳，兵败被诛。家臣豫让为报仇谋刺未成，又漆身毁容，吞炭变哑，趁赵襄子游晋祠之际，怀利刃伏于祠北里许桥下，赵至马惊，仍未刺成。赵执豫让欲杀，豫让写道：“忠臣不忧身之死，明主不掩人之善，愿请君之衣而击之，则虽死无怨矣！”赵怜其义，脱下锦袍，豫让击袍三剑而自尽。后人以豫让血流桥下，因名赤桥，亦称豫让桥，桥侧立有碑记，建有祠宇，祠内奉晋哀公、智伯瑶及豫让坐像。

与此相得益彰的是，位于汾河下游的翼城滦池泉域不仅流传有关于忠义、无畏之士的典故，而且建有纪念他们的祠宇，得到民众世代祭祀。直至解放初，滦池泉域仍流行着以殡葬形式祭祀乔泽神的习俗，这一习俗与滦池历史上的一位英雄好汉有关。据《史记·晋世家》记载，春秋时期翼城曾为晋国都。公元前745年，晋国新任国君晋昭侯封其叔父成师于曲沃，史称曲沃桓叔，由靖侯之庶孙、桓叔的叔祖栾宾辅佐，而栾宾的出生地即在滦池附近，滦池水利碑中“翼邑东南翔山之下，古有东西两池，晋栾将军讳宾，生其傍，故以为姓”[①]的记载，即是言此，后晋国长期限于内乱。至晋哀侯时，曲沃桓叔之孙曲沃武公伐晋，双方战于汾水河畔，哀侯被擒死难，晋大夫栾共叔成（即栾成）亦殉难。因栾成之父栾宾曾是武公祖父桓叔的师傅，所以曲沃武公有心劝降栾成，但被栾成拒绝，苦战力竭而亡。晋小子侯继位后，为表彰栾成的忠勇，“遂以栾为祭田，令南梁、崔庄、涧峡立庙祀焉”[②]。可见，滦池庙最初乃是祭祀晋将军栾成的祠宇。至宋大观四年，“县宰王君迩曾会合邑人愿，集神前后回应之实以闻朝廷。至五年，赐号曰乔泽

---

① 乾隆五十六年《滦池水利古规碑记》。
② 同上。

庙"①，由是栾将军祠始改称乔泽庙，并长期沿用下来。因三月初八为栾成忌日，故每年滦池十二村要在此时以殡葬形式祭祀他。②

这些发生在区域社会中的历史典故，无形之中已经将忠勇、好义的精神深深植根于民间，伴随着世代流传的民间祭祀活动和祖祖辈辈的口耳相传广泛流布民间，构成了民众精神世界的一个重要组成部分，塑造了民众的伦理道德和价值观念。当地方社会发生紧急事件时，这些深藏于民众思想中的伦理道德和价值观念，便会直接转化为实际行动，得到充分的释放和张扬。这样的事例在山西乡村社会水利争端中可以说更是屡见不鲜。

如道光二十二年，洪洞县洪安涧河沃阳渠发生的一起争水事件中有古县、董寺、李堡三村，因干旱异常，遂偷挖新渠，盗取范村泉水浇三村地。范村掌例范兴隆等率本村渠甲前往三村理论，"谁料伊等恃强，遂约数百余人与吾村相为斗殴"，争斗中范村人误伤古县村人命，知县断令由范村掌例范兴隆抵命。对此事，范村渠册中有记载说："但范兴隆既为村人承案，是以公共之事，而不惜一己之命，真可谓义气人也！吾村聚众遂议：范兴隆以为永远掌例，传于后辈，不许改移。伊之地亩，有水先浇，不许兴夫，以为赏水之地，永远为例。且于每年逢祭祀之时，请伊后人拈香，肆筵设席，请来必让至首座，值年掌例傍坐相陪，以谢昔日范某承案定罪之功。"③在官府眼中致死人命的凶手，在老百姓心目中却因具有为公众的集体利益牺牲个人生命的品质和勇气，赢得范村民众的尊敬和颂扬，成为他们心目中的英雄好汉。可以说，范兴隆的行为最能反映民众的伦理道德和价值观念。

与此类似，乾隆二十七年解州盐池所立好汉碑也反映了民间社会的这种价值取向，此碑是为纪念解州底张村村民任曰用、曹文山带领群众抗洪救灾而立。此碑现已剥泐不清，难以辨认，但英雄好汉的事迹仍流传至今。据考，乾隆二十二

---

① 金大定十八年《重定翔皋泉水记》。

② 民国《翼城县志》亦有解释说："曰栾者，疑当时以死难，赐栾共子，因人名地，去晋为栾，故曰栾池。因栾宾及其子栾成生其旁，故以为姓。又栾共叔死哀侯之难，小子侯嘉其忠，赐以为祭田，故易为栾，后人渐讹写为滦耳。"此外民间也有传说称三月初八栾成下葬之日，挖坟出水，形成滦池泉，故而以殡葬形式来祭祀他，此说在滦池泉域流传甚广，姑且记录备考。

③ 民国六年《洪洞县水利志补》，山西人民出版社 1992 年版，第 192 页。

年七八月间秋雨大作，洪水泛滥，解州一带农田皆淹，农民要求州官破堤泄洪，州官不允，农夫任曰用、曹文山等带领群众破七郎、卓刀等堰，使洪水直泻盐池。这一举动虽然解了群众燃眉之急，却冲毁解州盐池西禁墙五十余丈，淹没黑河，使盐花不能再生，损失极大，由是官府处决了二人。尽管如此，群众却对二人的义举感激不尽，遂立好汉碑以示纪念。①

《襄汾水利史志》中记述的一起争水事件也颇具代表性。相传清朝中叶，位于襄汾豁都峪引洪灌区的侯村和贾朱因用水发生纠纷导致恶斗。侯村人把贾朱一个叫关老三的用铁叉穿透抬回村中架柴烧死，又将骨灰撒在天池里。侯村吴严寺的和尚慈悲为怀，不忍坐观惨状，脱口说道："有了尸首好见官，没有尸首怎么办？"侯村渠长刘继先听了，大怒道："好汉做事好汉担，哪用秃驴来多言！把秃驴拉下送进鬼门关！"吓得众僧逃之夭夭，一去不返。渠长本人也畏罪潜逃，并用油煎面孔，令人不能相认。官府绘像通缉，到头来还是投案自首。②侯村与贾朱的这起争水命案，因侯村渠长勇于承担责任，因而为民众所称颂并流传下来。

由此观之，英雄好汉精神可谓深深蕴含于民间社会传统文化的沃土之中，代代相沿。中国民间社会历来就存在这种不怕死、为集体利益而牺牲个体利益的精神。如果我们站在这个角度来看待油锅捞钱这一争水英雄们的壮举，便会有一种更深层次的认识和理解。

但是，以往研究者对于油锅捞钱故事的真实性多避而不谈，也有人认为油锅捞钱故事的广泛流播其实只是反映了现实社会中激烈的争水斗争，不可能真正发生。如清末民初太原晋祠名士刘大鹏在谈到晋祠张郎塔时，曾议论说："俗传塘中分水塔底，葬鬵塘时争水人骸骨。谓当日分水，南北相争，设鼎镬于塘边，以赴入者为胜。北河人赴之，遂分十之七，葬塔底以旌其功。说涉荒唐，不可信也。然迄今北河都渠长、花塔村张姓，每岁清明节在塘东祭奠，言是祀其当年争水之先人。询之父老，众口一词，不知其所以然，亦惟以讹传讹而已。"可见，刘大鹏对油锅捞钱的故事持断然否定的态度。相比之下，赵世瑜则强调争水故事背后的

---

① 张学会主编：《河东水利石刻》，山西人民出版社 2004 年版，第 53 页。
② 张随意：《豁都峪轶闻》，《襄汾水利史志资料》2002 年版，第 306 页。

权力和象征意义，认为油锅捞钱反映了明清以来现实社会激烈的争水斗争和某些利益集团的用水特权或霸权。至于油锅捞钱是否确有其事，则同样持怀疑的态度。与此不同，艾娣的研究认为："这个故事和其中提及的习俗清楚揭示，水利系统的设立，源于村庄间的械斗。这个故事后来另一个修订的版本，讲述一位官员设立了一个油锅，他预料没有人有足够的勇气去趟油锅，借此达到自己控制这条河的目的。与此同时，每年花塔村的村民都要利用清明的祭祀颂扬他们祖先运用武力捍卫他们水源供应的自发行动，又常常追溯到铜钱和滚油的故事，以称赞个人在肉体考验中表现出的勇气和为本村做出的牺牲，以及他们对官方干涉这一水利系统的运作所做出的抗争。"[①]艾娣虽同样是从故事文本出发解读油锅捞钱所反映的现实社会，但她认为三七分水与村庄间的械斗有关，似乎倾向于认可油锅捞钱在晋水流域发生的可能性。

至此，我们不难看出：油锅捞钱究竟是确有其事还是子虚乌有才是问题的关键所在。它不仅是研究者和地域社会各阶层民众长期争论的焦点和疑点，而且关系到如何正确理解和诠释区域社会的历史变迁。如果我们能够站在民间社会伦理道德和价值观念的角度来审视这一问题，就不会简单地将其视为一种充斥着野蛮、暴力和荒诞不经的行为，而会将其理解为古代中国民间社会解决水争端的一种重要方式，它反映了中国民众对英雄和好汉精神的尊崇，由它决定的分水方案，在地方社会才是最具权威性、最令人信服的，在实践中它也是一种能够迅速、有效地解决纷争的最佳方案。以下，我们将结合山西各个传说油锅捞钱加以分析和验证。

二、三七分水：油锅捞钱的必然结果

根据现有文献资料和学者的研究，在汾河流域众多油锅捞钱故事流行的区域中，三七分水的制度大多形成于唐宋时代。如太原晋水流域，有宋嘉祐五年太原知县陈知白三七分水的记载；介休洪山泉有北宋文彦博主持的东中西三河分水；

---

① 沈艾娣：《道德、权力与晋水水利系统》，《历史人类学学刊》2003 年第 1 期。

洪洞霍泉的分水记载则最早见于唐贞元十六年。在此，我们权且不论这些区域究竟是依据何种原则来进行分水的，单从这些分水记载便能明白，其实早在唐宋时代，三七分水的分水制度就已在山西各大泉域出现了。因此，油锅捞钱作为一种平息水利纷争的手段，倘若真正发生过的话，其发生年代应该在唐宋时代甚至更早，而不应该在唐宋以后。这是因为在三七分水方案已经早已确定了的情况下，唐宋以后再采取这种方式来分水已没有任何意义。

接下来再来讨论三七分水方案究竟是如何出台的。赵世瑜研究认为，在汾河流域的这三个个案中，其分水之事都发生在唐宋时期政府在全国大兴水利工程的背景下，水利工程的兴修至少把如何处理公共资源的问题明确地摆在了大家面前，特别是水利工程兴修之后，还涉及赋役的征派，这个分水原则就必须确定。无论百姓还是官府，从结果看，分水的根据既有地势的因素，也有灌溉面积的因素，更有源泉所在地的控制权因素，经过较长期的时间，诸多因素造成了民间的认同，最后得到官府的许可和认定而成为官民共谋的准则，一个相对的公平就这样产生出来。[①]这一解释尽管很合理，却未必能反映历史真实情形，充其量只是一种可能性。

关于三七分水，历来就是山西各大泉域社会最有争议的问题。比如刘大鹏就坚持认为晋祠虽然是三七分水，但三分水与七分水的水量大致相当，表面上的三七分水实质上是对半分水。赵世瑜据此比较了清代晋水南河与北河各自的灌溉土地面积，发现北河灌溉170多顷，南河灌溉140多顷，断定基本上是按土地多少平均分配水额的。但这仅仅反映的是清代的情形，他并未注意晋水历史上灌溉土地数字不断变化的情况。据北魏郦道元《水经注》称晋水"有难老、善利二泉，大旱不涸，隆冬不冻，灌田百余顷"，隋开皇六年，"引晋水溉稻田，周围四十一里"，唐代又有新发展，贞观十三年，长史李架汾引晋水入晋阳东城，一方面解决了东城因土地盐碱化所致"井苦不可饮"的问题，同时通过冲洗盐碱农田，灌溉面积扩大至120顷。北宋嘉祐五年，陈知白"知平晋县，分洒晋水，使民得溉

---

① 赵世瑜：《分水之争：公共资源与乡土社会的权力和象征——以明清山西汾水流域的若干案例为中心》，《中国社会科学》2005年第2期。

田之利"。嘉祐八年（1063），太谷知县公孙良弼在赞扬陈县令的这一功绩时说："其溉田以稻数记之，得二百二十一夫余七十亩，合前为三百三十四夫五十九亩三分有奇。……于是晋水之利无复有遗，倍加于昔矣！"（《重广水利记》）由此可见，晋水自北魏时期出现的1万余亩的灌溉数字，历经隋唐两代至北宋陈知白分水时已扩展至33459.3亩。此后，熙宁八年（1075），"太原人史守一修晋祠水利，溉田六百有余顷"，晋水灌溉面积又成倍增加。面对这一系列不断增长的土地数字，仅仅用清人的议论和土地数据进行由今推古式的推断，难以令人信服。晋祠最初的三七分水方案究竟依据的是什么标准，已有的研究中并未搞清楚。

　　介休洪山泉的三七分水主要是指中西二河的矛盾。关于分水的依据，赵世瑜再次援引后世人的做法来进行推断。万历二十六年介休大旱，"西河之民聚讼盈庭，知县史记事询，分水之初有石夹口、木闸板，三分归中河，七分归西河。今木朽石埋，三七莫辨，但地数既有多寡，应照地定水。中河地近四十顷，水四分，西河地近六十顷，水六分。乃筑石夹口，铸铁水平，上盖砖窑，下立石栏，一孔四尺归中河，一孔六尺归西河，门锁付水老人掌之，无故擅启者以盗论"。在此，史家记事将分水之初的三七分水改为四六分水，其依据是"照地定水"，但是宋代文彦博给中西二河三七分水时是否也依据的是这一原则，则同样缺乏有力的佐证。

　　对洪洞霍泉的研究中也存在类似的问题。赵世瑜在讨论洪洞分水问题时，所使用的是清雍正三年的土地数字，时北霍渠24村385顷，南霍渠13村69顷，在进行比对后他发现南霍渠灌溉土地数不及北渠的18%，与三七分水有差别，于是认为洪洞与晋祠一样，三七分水实质都是水量相当，这显然是一种错误的判断。笔者在比对了明清不同版本的《洪洞县志》、《赵城县志》以及水神庙水利碑、南霍渠册等资料的基础上，发现唐代贞元分水时，南霍渠可灌溉13村215顷土地[1]，北霍渠可灌溉46村592顷土地[2]，两渠可灌溉土地大致接近三七开。因此，如果以土地多寡作为依据来解释三七分水的话，洪洞的三七分水与介休应是相同的，都是照地定水，并非刘大鹏所言之"三七水量相当"的情形。至于说宋代晋祠分水

---

① 雍正三年《南霍渠册》，载民国《洪洞县水利志补》，山西人民出版社1992年版，第60—73页。
② 万历四十八年《水神庙祭典文碑》，碑存洪洞县霍泉水神庙。

时，是否也是照地定水，将水量按照三七比例分开，就不得而知了。假设晋祠也同样是依据照地定水的标准来分配水量的话，虽然能够对上述三个区域的分水现象做出一个非常明确的解释，却又要面临一个更大的困惑：为什么在三个区域以外的其他地区也一律实行三七分水，难道当初各地在分水的时候，不同区域的土地全都无一例外符合三七比例这一标准吗？这在实践中显然不太可能。

因此，在笔者看来，以地亩多寡、地势高低、水流缓急以及人为垄断水源等因素来解释三七分水问题，从表面上看固然是一种合乎逻辑的分析方法，而且在解释单个区域分水问题时，似乎很有道理。但是当以同样的方法去解释其他个案区域的分水问题时，却会出现相互抵牾的情况，比如在洪洞和晋祠，三七分水常被解释为水量相当，在介休却被解释为水量不同。虽然同样是照地定水，含义却大为不同。这就提醒我们，从上述角度解释三七分水现象是有问题的，它忽视了油锅捞钱这一所谓的传说故事在唐宋时代发生的可能性，也忽视了油锅捞钱在传统社会所具有的道德伦理与价值观念这一思想基础，更忽视了油锅捞钱与中国传统文化之间的内在关联性。倘若将三七分水仅视为官府照地定水的结果，就等于割裂了分水事件与传统社会之间的相互关联性，致使很多民俗文化现象变得令人费解。

进一步而言，三七分水极有可能是在一系列激烈的争水斗争后，由官方和民间各方力量共同商量、妥协，并最终为各方接受的一个解决问题的方案，油锅捞钱则是实现这一方案的重要手段。尽管我们现在看到的各种资料中，多以称颂各地官员主持分水，平息争端为主，鲜有此方面的文献记载。但是，广泛流传于民间的油锅捞钱传说和相关的水利习俗，却可以作为油锅捞钱真实发生过的间接证据。在本文开头我们就提到，至今山西省汾河流域的众多区域，仍流传着有关的争水遗迹和习俗，如晋祠的张郎塔与分水石孔、洪洞的好汉庙与分水铁栅、介休的五人墓。此外，襄汾的红爷庙、圣旨碑和河津三峪的好汉坟也均与此有关。

据襄汾县尉村石碑记载，该村自唐代始引三官峪洪水灌田，现存该村北门外的红爷庙，据说就是为纪念争水英雄而建。据说很早以前，为修渠浇地，尉村和盘道两村时常争水打架，官府调解不下，就用炭火把水缸烧得通红，要人们往里钻，哪个村的人先钻进去，哪个村就可用水浇地。尉村有个老汉，无儿无女，家境不佳，但性情刚烈，从不服人，为了给尉村人争水，他奋不顾身，一头钻进了火缸。村里人为了纪念他，便在北门外盖了这座庙，内塑老汉遗像，慈眉善目，周身通红，被称作红爷。从此，尉村每年农历的六月初六要唱一台戏，说是祭渠，实际是祭奠龙王和红爷，以保佑尉村多多浇地。[①]

这一传说与笔者在介休洪山泉域调查中了解到的争水英雄钻火瓮的故事很相似，它虽未涉及分水，却同样与争夺用水权有关，说明在民众观念中对这种手段的认同。此外，从当地人采集到的水利史料中，我们又发现红爷庙的故事反映的只是尉村上渠与盘道村的争端。资料显示：尉村渠分上下二渠，上渠很窄，仅能浇地一千多亩，所以只能拦小水，不能拦大水，一遇大水渠口就被冲开。大水下来又存在尉村下渠与盘道渠的分水问题，如何分这次是用油锅捞钱的办法解决，"一口滚烫得油锅内放铜钱 10 枚，双方各出一代表捞钱，根据捞钱多少确定渠口的大小。结果尉村捞了 7 枚，盘道捞了 3 枚，故定为三七开成"。

同处襄汾的豁都峪引洪灌区，也一样流传着油锅分水的说法。据张随意《豁都峪轶闻》记载，豁都峪引洪灌溉始于金皇统四年（1144），在洞水出峪口半里许，有候村汧与贾村汧并峙，按七成三成分水。为避免争论，金代在狼尾山山脚石刻圣谕，俗称圣旨碑，双方遵守古规。据说候村与贾村曾因用水发生血战，发生命案。后经官方裁决，像洪洞广胜寺那样，在峪口架起油锅，在沸油中摸钱而定为候贾七三开成分水。[②]与之类似，笔者在晋西南吕梁山区南麓的稷山县黄华峪、马壁峪，河津县遮马峪、瓜峪和神峪这些具有古老引洪灌溉历史的区域调查中，也常常听到油锅捞钱、三七分水的说法。

不仅如此，各地现存的各种水利习俗中，也无不透露着昔日油锅捞钱的信息。比如在介休洪山泉域 48 村，每年三月三祭祀源神时，各村都要准备整猪、整羊前往源神庙，唯独张良村要另携带草鸡一只。据说先前张良村和洪山村争水，争执不休，无奈之下定下钻火瓮的办法，哪个村人敢冒死钻火瓮，就让哪个村人使水。张良村人示弱，没人敢去，表示以后不再争水，愿意听从上游村庄的安排来用水。

---

① 张秋景：《三官峪洪灌区实录》，载《襄汾水利史志资料》2002 年版，第 42 页。
② 张随意：《豁都峪轶闻》，载《襄汾水利史志资料》2002 年版，第 306 页。

该村的软弱行为不但使其失去了水权，而且为周围村庄所嘲讽。据位于中河的三佳村人乔开勋先生说："张良村人祖祖辈辈都不愿提此事，倍感羞辱。有一年，张良村人去洪山源神庙时将草鸡换成了公鸡，洪山村人不干，非叫张良村人拿草鸡不可。"与此类似，位于翼城滦池泉域下游的梁壁村也因村人软弱，不敢去油锅里捞钱，而失去了用水权，当地流传的民谚称："梁壁村，无别计，丢了水权缠簸箕"，"水打门前过，鸡鸭不得喝"。这类习俗、民谚均反映了跳油锅、钻火瓮事件给当地社会水权分配造成的影响和后果。此外，晋祠北河花塔村张姓奉分水塔底争水英雄张郎为祖先、赵城道觉村的争水英雄郭雷达、河津固镇村的光姓好汉都是在各地有名有姓且为灌区内其他村庄所承认和熟知的争水人物。这无疑更令我们对油锅捞钱的事实笃信无疑。

其次，如果与中国的传统文化相结合，我们还会发现，三七比例更可能是中国传统社会解决各类社会经济问题时的一个惯用比例，类似于数学中"黄金分割线"这样的性质。这是因为三七分水并不仅仅是山西泉域社会史中独有的现象。在著名的都江堰水利工程，"深淘滩，低作堰"、"遇湾截角，逢正抽心"、"三七分水、二八分沙"等治水经验是古老先人智慧的结晶；位于桂林北部的兴安灵渠，与都江堰齐名，同样开凿于秦代，它将湘江水三七分流，三分水向南流入漓江，七分水向北汇入湘江，沟通了长江、珠江两大水系，成为秦以来中原与岭南的交通枢纽。这两处古代著名的水利工程，均包含了三七分水的思想，反映了我国自古以来就有的一套治水哲学。尽管至今人们对于其中的奥妙仍无法做出科学的解释，然此并不妨碍我们对三七分水问题的讨论。笔者甚至觉得，山西泉域社会史中的三七分水现象，似乎可以视为对自古以来类似于李冰、史禄这样的治水专家所积累的成功治水经验和知识的一个继承和利用，尽管时人未必清楚其中所包含的科学原理。田野调查中笔者发现，在洪洞当地社会，至今仍有将水神庙内的大郎神称作李冰的说法，该神像着秦汉服饰，与都江堰水神庙水神塑像颇为相似。

结合前述诸般事例，我们还可将三七分水理解为乡村社会中一种有效的激励举措。尽管说三七分水具有一定的现实依据，却不会轻而易举地得到实施。在纷纷扰扰的各方争水者面前，究竟三七应该怎样归属，在没有先例可循的情况下，绝非官方一纸判决可以轻易决定和顺利施行的。在此情况下，通过油锅捞钱的方式决定三七归属就成为一种最公道、最令人信服的方式，正是在这一点上官府和民间社会最终达成了共识。尽管从表面来看，油锅捞钱似乎是残忍、极端的象征，但是比起不同利害群体时时因水哄抢械斗，造成社会秩序混乱和人员伤亡而言，跳油锅捞铜钱损害的只是一个人的身体或生命，它能够以牺牲一己之利换来持久的和平和利益，这恰恰与中国民众思想世界中的道德伦理和价值观念相吻合。在此，经过油锅捞钱决定的三七分水就会被视为一种天经地义的结果，具有毋庸置疑的权威性。在无休止的争斗中，这个分水方案的出台使得胜负立分、纠纷立解，对争水各方来说也是认赌服输。对于油锅捞钱分水的行为，张小军也认为这种水权分配形式借用了一种民间契约的形式，这种民间契约不是形成法律条文，而是用某种集体认同的通常是自然天定的说法来确定。① 他的这一分析颇为中肯，正因为油锅捞钱能够得到民间社会的集体认同，由此决定的分水结果自然能够在地方社会顺利施行，得到遵守。至于油锅捞钱分水现象在山西各地的普遍存在，则可以理解为各地官员和民间社会对分水经验的分享和推广。②

　　总体而言，三七分水可谓山西区域水利史上具有重要意义的转折性事件，影响到区域社会长期以来的发展变迁。油锅捞钱决定的分水结果起初可能并未考虑争水各方拥有的可灌溉土地数量。后世一些区域，争水各方的土地比例与三七分成相符，可以理解为是三七分水的结果，而非导致三七分水的原因。这是因为各地区自唐宋不同时期完成分水后，受益土地数量一直在不断发生变化。如果单纯以土地多寡作为分水依据，那么三七分水极可能只是在某一时期与土地比例相符，随着土地数字的增减变化，三七分水在某一时期又不符合新的土地比例了。如果这样的话，势必要改变三七分水的配水局面，导致水利秩序的不断变化。但是，从山西水利史的实践来看，三七分水不论在当时还是在后世一直被地方社会长期遵行，从未更改。这与按照土地多寡来配置水资源的所谓公平用水方案就形成了

① 张小军：《复合产权：一个实质论和资本体系的视角 —— 山西介休洪山泉的历史水权个案研究》，《社会学研究》2007 年第 4 期。
② 不可否认的是，并非所有油锅捞钱故事流传的地方，均真实地发生过油锅捞钱三七分水的事件，在一些地方则可能存在编纂、虚构的成分。对此，我们将在后文做进一步的辨别。

鲜明的对比，这恰恰表明油锅捞钱分水的方案才是地方社会用水实践中真正起作用的东西，以土地多寡来分水只是明清时代某些地方官员，如介休的史记事，改革地方水利秩序的一种努力，并不具有普遍意义。

三、倒果为因：油锅捞钱、三七分水与明清争水问题

油锅捞钱、三七分水可以说结束了汾河流域各灌区早期无水利规制可循的历史，因而成为区域社会发展中具有转折意义的重大事件。我们从唐宋以后汾河流域各区域水利灌溉规模不断扩大这一事实上基本可以断定：水在唐宋时代的汾河流域，远未达到后世，主要是明清以来那种相对不足的紧张程度。在水资源相对富裕的条件下，当时主要是针对水资源的权属关系进行了公开的确认，明确划分了不同用水者的权利边界。

在明确了水资源的权属关系后，地方社会还要通过各种技术手段来加以维护。这就是我们现在能够看到的各种保证三七分水的水利遗迹。比如在洪洞的霍泉，最初是通过设立分水石、限水石来保证三七分水，后来又变成分水的木隔子，再后来是在分水处先做水平，然后置分水铁栅栏，种种措施都是为了保证三七分水的精确无误。现存霍泉水神庙的金天眷二年水利碑就有这样一段记载称：

> 其洪洞县见今水数不及三分，寻将两县见流水相并等量，得共深一尺九寸。依古旧碑文内各得水分数比附内，赵城县合得一尺，洪洞县合得九寸。若便依此分定，缘洪洞县陡门外地势低下水流缓急，减一寸只合得水深八寸。赵城县水只与深一尺，又缘陡门外地势高仰水流澄漫，以此更添深一寸，共合得一尺一寸。遂将两渠水堰塞，令别渠散流，两陡门内阔狭依古旧。将两渠陡门中用水斗量定，于洪洞县限口西壁向北，直添立石头阔二尺，拦水入南霍渠内，以此立定。赵城县合得水七分，洪洞县水三分。

通过精确的丈量与计算，并综合考虑了地势高低的因素，洪洞与赵城三七分水的比例得到了准确界定。这种慎重的态度，应当说正是对油锅捞钱确定的分水秩序的一种坚决维护。只有在技术上、制度上确保三七分水，才能有一个稳定的用水环境。赵世瑜在分析明清时期汾河流域的争水事件时曾经提出过："三七分水的比例不像是个引起冲突的问题，至于它是否为冲突之后的平衡结果，目前并无材料说明。"通过以上分析，我们知道三七分水正是作为冲突之后的平衡结果而存在的。然而，这只是唐宋时代三七分水制度确立初期的状况，明清时代三七分水却倒果为因，渐渐成为诱发冲突的制度根源。

与唐宋时代相比，汾河流域诸水利区域在明清时代出现了两大趋势。一是各区域来水量出现日益减少的趋向，与气候的干旱成正相关。如翼城的滦池泉，自明弘治十八年（1505）起至民国二十七年（1938）止，共发生五次停涌，陷于完全干涸境地，其中四次因大旱引起。泉水干涸时间最短者一年，最长达十年，"池水涌涸不常"引起的水量减少导致人心惶惶，舆论骚然；介休洪山泉则出现三次断流。其中，康熙五十九年（1720）连续四年大旱，泉水断流数年，20年后始恢复原状。另据太原刘大鹏《晋祠志》记载，晋泉也出现过三次水量减少的现象：崇祯二十二年（1650）善利枯竭，连续十年；雍正元年鱼昭泉"衰则停而不动，水浅不能自流，水田成旱"；民国十七年、十八年，鱼昭泉曾结冰。水量的减少势必使泉域一些享有水权的村庄或个人利益受损，出现"纳水粮种旱地"的经济不良状况。

二是因人口、土地增加导致水资源需求量日益增加的趋势。如晋祠泉域，自明代晋藩王府势力介入后，将大量民地划作官地并开始独立用水，与晋水北河村庄实行"军三民三"的分水制度，该制度强调王府用水在先、民间用水在后。弘治年间，北河渠长张弘秀自作主张，将民间三日夜水献给晋王府，于是"军三民三"之制遂变成军队三日六夜，而民间只有三日昼水之例，北河下游村庄的水权大受影响，因水不足用，屡屡兴讼。不仅如此，王府和军队在泉域新开垦出来的屯地也加入了用水序列，与民分水。据嘉靖《太原县志》记载"晋府屯四处：东庄屯、马圈屯、小站屯、马兰屯；宁化府屯二处：古城屯、河下屯；太原三卫屯三处：张花营、圪塔营、化长堡营"①。明代晋水流域还有"九营十八寨"之说，单单军队人口就有大约两万。尽管明代大兴军屯，由军队自行解决粮食供给，却无法避免对地方资源的竞争和长期攫夺。

其他区域亦有类似情形发生，如介休洪山泉，"揆之介休水利，初时必量水浇地，而流派周遍，民获均平之惠。迨今岁习既久，奸弊丛生，豪右恃强争夺，奸滑乘机篡改，兼以卖地者存水自使，卖水者存地自种，水旱混淆，渐失旧额。即以万历九年清丈为准，方今七载之间，增出水地壹拾肆顷有奇，水粮三拾捌石零。以此观之，盖以前加增者，殆有甚焉。是源泉今昔非殊，而水地日增月累，迨今若不限以定额，窃恐人心趋利，纷争无已，且枝派愈多，而源涸难继矣"②。

洪洞霍泉，"向来毗连赵境之曹生、马头、南秦诸村，收水较近，灌溉尚易。至下游冯堡等村之地，则往往不易得水，几成旱田者已数百亩矣。闻北霍之地，则年有增加，即南霍距泉左近支渠之水，亦有偷灌滩地者"③。

翼城滦池，"昔时水地有数水源充足，人亦不争，自宋至今而明，生齿日繁，各村有旱地开为水地者，几倍于昔时。一遇亢旸便成竭泽，于是奸民豪势搀越次序，争水偷水，无所不至。其间具词上疏，案积如山，至正德四年方勒文立石，仍循旧制，至今未改"④。

上述两方面客观因素致使明清时期汾河流域三七分水的地区均出现了水紧张的状况，争水事件也日渐频仍。这些争水事件多以瓦解以三七分水为基础的用水秩序为目标，旨在获取更多的使水权。如果说唐宋时代一直被官府和民间所强调的三七分水对于平息水争端仍然有效的话，明清时代在水资源本身的紧张和水需求量增加的双重压力下，三七分水秩序已无法解决现实社会越来越普遍的用水困难问题，反而成为引发争端的根源。于是，三七分水秩序便不断面临来自区域社会内部的挑战和威胁。比如清代介休的洪山村，就一直在利用其位于水源地的地理优势，控制源神庙这个象征资源，取得对洪山泉的霸权，公然破坏旧有规章；

---

① 嘉靖《太原县志》卷一《屯庄》。
② 万历十六年《介休县水利条规碑》，碑存介休洪山源神庙内。
③ 民国六年《洪洞县水利志补》，山西人民出版社1992年版，第60页。
④ 顺治六年《断明水利碑记》，碑存翼城县武池村乔泽庙内。

明清时代，洪洞霍泉的三七分水也处于岌岌可危的状态。隆庆二年，洪洞人告赵城人破坏逼水石，将渠淘深，以至"水流赵八分有余，洪二分不足"。官府重新立石后，双方仍有争执，于是将南渠之限水石与北渠之逼水石同时去掉。后又因"渠无一定，分水不均"，清雍正初两县民再起争端。地方官无奈，重立两石，但立即被洪、赵两县人分别将限水和逼水石击碎。平阳知府刘登庸决定用连体铁柱11根，分为10洞，照旧北七南三分水，并加造铁栅，上下控制水的流量，彻底取代容易毁坏磨损的两石，于是争端渐息。但直至民国时期，洪赵争水仍时有发生，这些历史事实充分说明：尽管在区域社会初期形成的三七分水规则，对各方的使水权做出明确的规定，而且随着时代变迁和技术进步，为三七分水秩序提供了日益严密的法律和技术保障，却再也无法达到长久平息争端的目的。变革水利秩序以满足现实用水需要，已成为明清山西泉域社会的一大主题。

同时，在水资源日益紧张的压力下，油锅捞钱也被某些村庄和家族堂而皇之地作为伸张甚至争夺水利特权、霸权的依据，这也在无形之中加剧了地方社会用水不公的局面，导致水利秩序越发混乱。如晋水北河都渠长向来由花塔村张姓一族担任，世代不替。花塔村张姓担任都渠长，凭借的是张氏祖先油锅捞钱的义举和功绩。由争水英雄的后人担任管水的渠长，原本反映了地方社会对争水英雄的崇敬和报恩心理。但是张氏后人却在明弘治年间自作主张，将民间三日夜水献给晋王府，致使民间水不足用，屡起讼端。从表面上看，它虽然无碍于三七分水之制，却得益于油锅捞钱的传统。与此相比，翼城滦池北常村则通过编造四大好汉油锅捞钱的故事来与其他村庄争夺水权。据北常村王永贵老人回忆：村里原有座四大好汉庙，老辈人讲是因为县官断案不公，他们就抠了县官的眼睛放在盒子里。后来四大好汉跳油锅争得了阴历八月十五至清明之间的用水权，清明以后各村才能开始轮水。但是，根据滦池现存水利碑文，笔者却了解到，该故事中四大好汉的原型分别来自明弘治年间和顺治六年北常村参与的两起争水案件，该村油锅捞钱的故事纯属编造。尽管如此，北常村四大好汉的故事却成为彰显该村水权正当性的最佳方式，成为村人捍卫和夺取水权的重要精神动力。很显然，油锅捞钱、三七分水的故事无论真假，在明清时期都已成为维护村庄水权、诱发水利纠纷的传统根源。

尽管如此，三七分水在现实社会变迁过程中，仍未得到丝毫改变。明清时代山西各地官员在处理汾河流域的水利争端时，通常采取率由旧章这一习惯性行事原则。[①] 对此，笔者曾以山西四大泉域的个案研究为例，指出率由旧章的行事原则从本质上讲乃是一种文化安排的结果。换言之，是对各泉域社会长期以来形成的惯例、认知、信仰、仪式、伦理观念以及相应的庙宇祭祀等文化传统的适应。违背这一文化安排的行事方式，必将导致地方社会水利秩序的混乱，造成难以估量的损失。历代官员正是认识到这一点，因而在水利纠纷的处理中能够充分权衡利弊，尊重传统，选择率由旧章的处理方式。实践证明，在尽快消除对立双方的水权争端方面，该原则确实起到了一种积极的作用。但是，它却对明清时代汾河流域社会发展产生了严重的影响，主要表现在两个方面：第一，政府尊重传统、坚持原则的姿态、导致水权争端无法彻底解决，水资源供求不平衡的矛盾依然存在，政府对原有水权分配制度的保护具有强制性，一旦这种强制性消失或出现大旱等水紧张形势，水权争端依然会层出不穷。第二，政府的行事原则，无形中加剧了水权分配不公的现象，使前近代的水权越发呈现出不公正、不合理的特点，甚至捍卫了地方暴力与强权，导致水资源无法实现优化配置，资源利用呈现出低效率的特点，并由此延缓了社会变迁的进程。

---

① 张俊峰：《率由旧章：前近代汾河流域若干泉域水权争端中的行事原则》，《史林》2008 年第 2 期。

第十一章　象征与秩序：山西泉域社会的
水母娘娘信仰解读

　　水利社会史是近些年来学界关注的一个热点领域，吸引了多学科学者的积极参与，在资料、方法和理论方面均实现了突破性进展。其中，华北区域的水利社会史成果尤为显著。从目前研究者关注的主要问题来看，大致集中在三个方面：一是对水利组织、水利制度及其特性的探讨，尤其注重对民间水利组织和管理问题的分析，意在揭示水利组织与国家权力、村落社会的多重互动关系，并对水利共同体论、国家与社会关系等理论提出新的见解[①]；二是以水权为中心的讨论，主要关心水权的形成、水权的表达、水利争端的解决等。学界在该方面争论较大，引入了产权经济学、文化人类学的有关理论，争论的焦点在于传统时代产权的存在方式、产权争端不断究竟是人口、资源、环境的关系紧张使然还是传统时代产权自身的文化特性使然[②]；与此相应，第三个方面的问题即是对与水有关的文化现象的解读，诸如水利传说、水神信仰、庙宇空间、祭祀仪式等[③]，学者们试图以此探讨乡土社会中权力与象征符号的建构过程，剖析文本背后的意志与利益，并不关心文本叙述内容的真假，带有浓郁的后现代解构意味。本篇对传统时代山西社

---

①　如韩茂莉：《近代山陕地区地理环境与水权保障系统》，《近代史研究》2006 年第 1 期；钞晓鸿：《灌溉、环境与水利共同体 —— 基于清代关中中部的分析》，《中国社会科学》2006 年第 4 期。

②　如萧正洪：《历史时期关中地区农田灌溉中的水权问题》，《中国经济史研究》1999 年第 1 期；赵世瑜：《分水之争：公共资源与乡土社会的权力和象征 —— 以明清山西汾水流域的若干案例为中心》，《中国社会科学》2005 年第 2 期；张小军：《复合产权：一个实质论和资本体系的视角 —— 山西介休洪山泉的历史水权个案研究》，《社会学研究》2007 年第 2 期。

③　如钱杭：《"烈士"形象的建构过程：明清萧山湘湖水利史上的"何御史父子事件"》，《中国史研究》2006 年第 4 期。

会中普遍流传的水母娘娘传说和信仰问题的解读，即带有这一学术追求。因此，本章将在对水母娘娘传说加以系统梳理的基础上，通过实证分析，对隐藏在该传说文本背后的深层意涵加以剖析，并以此来把握传统时代山西泉域社会的发展变迁逻辑。

一、作为母题的水母娘娘

母题是国际民间文艺学界一个相当重要的概念。所谓母题，是指民间叙事作品（包括神话、传说、民间故事、叙事诗歌等）中最小的情节元素。这种情节元素具有鲜明的特征，能够从一个叙事作品中游离出来，又组合到另外一个作品中去。它在民间叙事中反复出现，在历史传承中具有独立存在能力和顽强的继承性。他们本身的数量是有限的，但通过不同的组合，可以变幻出无数的故事[1]。我们知道：任何一个神话传说，都是由一系列故事情节组成的；而每一个情节，又是若干母题的有机组合。本文讨论的水母娘娘传说这一文本，即是山西泉域社会史中一个重要的母题，饮马抽鞭、柳氏坐瓮则是该母题的精华所在。

水母娘娘的传说可谓老少皆知，流传甚广。多数人对这一传说的了解，大概是来自于中学语文课本中作家吴伯箫的作品《难老泉》。难老泉是山西省太原市最重要的历史名胜 —— 晋祠三绝之一[2]。水母娘娘传说，其实是以神话故事的方式讲述难老泉的来历，该传说坊间流传版本极多，兹录入最常见的一种说法以便分析：

> 相传水母名叫柳春英，太原金胜村人，嫁到古唐村（晋祠）为媳。春英生性善良贤惠，勤劳俭朴，能忍能让。而她的婆婆却十分刁蛮。柳氏所做饭菜，婆婆嫌缺盐少醋，常常倒掉重做；柳氏从好几里以外挑来的水，婆婆嫌

---

① 陈建宪：《神祇与英雄：中国古代神话的母题》，生活·读书·新知三联书店 1994 年版，第 11 页。
② 西周时期成王"铜叶封弟"的故事发生后，叔虞即受封于唐国，即今晋祠所在的晋水流域。晋祠镇原名古唐村，即与这段历史有关。叔虞死后，其子燮因境内有晋水，遂改国号为晋。为纪念叔虞而建于晋水源头的唐叔虞祠，后亦改称晋祠。

身后桶里的水不干净而倒掉，只吃前桶，这样害得春英天天都得去挑水。但春英对这些刁难并无怨言。有一天，她正挑着水往回走，半道上遇到一位牵着白马的老头，请求让他的马喝点水。柳氏指着后桶水说，喝吧。老人为难地说，这马只喝前桶的水。柳氏爽快地答应。如此三日，柳氏都满足了老人的要求。尽管自己多挑了三趟水，但第三天饮完马，柳氏正要返回重挑时，老人对春英说：我是白衣大仙，你是位心地善良的大嫂，我送你一条马鞭，把它放在水瓮里，用水时只要轻轻一提，水就会上涌，要多少就提多高，但千万不要提过瓮沿，不然就会遭水淹，切记！说罢，老人和白马化作一朵白云而去。柳氏望着空中拜了几拜，就高高兴兴地回了家，从此免却了挑水之苦，而且四邻五舍也不用翻山越岭去挑水了。但这引起了婆婆的不快，一天她趁柳氏回娘家不在，想把马鞭藏起来，可马鞭刚一提出水瓮，滔滔大水顷刻涌上，转眼间淹了整个村庄。正在娘家的春英闻讯，来不及把头梳完便急急赶回家中，把一草垫扔在瓮上不顾一切地往上一坐，大水顿时变小，只剩下一股泉水从坐下溢出，这便是晋水源头 —— 难老泉。

我们仔细分析这一传说，可见其试图传达这样一个信息：晋祠原来是个水资源非常缺乏的地区，老百姓连日常生活汲引都很困难，勿论灌溉了。金胜村柳氏心地善良、任劳任怨，感动了天上的神灵，赐给她马鞭，不但解决了自己的吃水问题，而且惠及四邻。为使村人免遭洪水涂炭，毅然舍身于危难之中，不仅挽救了全体村庄父老，而且给后人留下一眼清泉，使晋祠从一个极端缺水的村庄变成一个泉水长流的村庄。它不仅解决了晋祠及周围区域人们的吃水问题，还可用于农田水利灌溉，利及邻封。应当说，这一神话传说的产生主要是源于人们对水的敬畏与崇拜。由于人们受知识水平的限制，常常不能够解释周围很多事物和现象的存在，比如泉水为什么会在这里涌出而不在其他地方，为什么会昼夜长流？因为解释不了，所以就将其归于某种神秘力量的指引。这样就产生了水母娘娘之类关于泉水来历的传说，成为人们的精神依托。该说法在地方社会还是具有很强说服力的，一般老百姓更是抱着"宁信其有，不信其无"的心态，于是便一传十、十传百，长此以往，成为在地方社会占据支配地位的主流话语，也就是葛兆光先生所言之"一般民众的知识、思想和信仰"。

对此，并非没有反对的声音。如明代太原知县高汝行就曾说过："坐瓮之说，盖出田夫野老妇人女子之口，非士、君子、达理者所宜道也。"对于俗传柳氏为金胜村人，嫁于晋祠的说法，世居晋水河畔的刘大鹏更斥之为"妄诞至极，断不可信"。问题是他们并未提出一个更令人信服的解释。于是，这样一个遭受官员和士人贬斥否定、子虚乌有的传说，便在地方社会扎了根，吸引了晋水流域所有村庄和信众的广泛参与。以至于到明嘉靖四十二年时，由民间集资，公然在晋祠圣母殿之侧，盖起一栋二层高的水母楼，供奉因水坐化成仙的晋源水神柳氏春英。楼中所塑水母像座为瓮形，一派农庄少妇装饰，红颜淡妆，青丝半垂，头发上还挂着一只篦梳，呈未梳妆完毕之状，其塑像高仅 1.06 米，周长 1.1 米。至道光二十四年（1844）重建后呈两层楼阁，楼下三间石洞，极似农舍式样，很显然是根据民间传说中水母娘娘的故事建造的。

无独有偶，晋祠水母娘娘这一传说母题，在山西南部的临汾龙祠泉域、新绛鼓堆泉域和晋中盆地的汾阳神头村三个地方也赫然流传，故事的主要情节仍然是饮马抽鞭、少妇坐瓮，只不过更换了主人公和地方而已。在新绛鼓堆，水母娘家是位于该泉域上游的冯家庄；在临汾龙祠，水母娘家变成该泉域以外、位于汾河东边的襄汾燕村；在汾阳神头，水母娘家同样是与此泉域无关、位于该县平川地区的一个无名村庄。尽管有此不同，三个地方却同样依据传说文本中所描述的情节给水母娘娘建庙、塑像并择日致祭。如新绛鼓堆有孚惠圣母祠；临汾龙子祠有水母行宫；汾阳神头则有昭济圣母祠。据文献记载和地方人士描述，三个地方的水母塑像形态均呈半梳洗状。笔端至此，我们不禁要问为什么会是这样，难道仅仅是一种文本的传抄和变异？水母信仰的背后究竟蕴含着什么样的心理诉求和文化内涵呢？我们应该怎样解读这种文化现象呢？

正如开始所言，讨论故事孰真孰假是没有任何意义的，关键是如何看待故事在地方社会的存在和实际所起的作用，这当然是一个饶有兴趣的话题。

二、作为传统的水母娘娘

在传统时代民众知识、思想和信仰世界中，人们普遍持有万物有灵的观念。尤其在一些地形闭塞、经济文化落后、水资源不足的生存环境中，能有一股四季长流，造福一方的清泉，更会让人们联想到这是受到冥冥之中某种神秘力量的指引。对于这种心理，新绛鼓堆泉至正三年所立"重修孚惠宫记"碑中讲得很清楚：新绛一位新到任的官员前往鼓堆泉拜谒孚惠宫（即水母娘娘庙）时，询问该庙奉祀主神为谁，有人禀告说："此山下之水泉出涌，无有竭时。是水之泽，实大惠利邑中庶民，凡食用黍、稷、粮、稻、果、蔬、菽、麦、卉植之瞻，渍濯磨碾之便，皆惟是赖。人以其功关民命之重，故报德而祠焉。以水为阴，属阴象为万物之灵者，女人是也，乃尸圣母之像为水神之凭。"[①]与之相应，水母娘娘传说恰恰是以一种很人情化的方式，对泉水的由来做了合理解释，因而能够迎合民众对水的这种崇敬心理。我们知道，中国民众的信仰相当具体和实际，他们对于宗教信仰的诉求是建立在实用基础之上的。[②]既然水母娘娘能够给大家带来福祉，保佑人们安居乐业，人们当然要信奉她，就是这种思维逻辑决定了人们的行为方式。于是，人们便选择特定的时机和场合，通过一系列隆重的仪式和祭典活动，向神灵和世人传达他们的观念和信仰，久之便形成了一种文化传统，在地方社会长盛不衰。那么，一个令人更有兴趣的问题是这一祭典水母的传统究竟在多大范围内产生影响，是由哪些人在组织和参与的呢？

就本章讨论的四个传说而言，直至新中国成立前后仍长期存在对水母娘娘的祭典活动。但是就具体含义而言，却存在很大的差别。在此，我们以水母娘家所在地为分类标准，将四个传说地的祭典活动分为两种类型：一是水母娘家在泉域范围内且享有灌溉之利，所有传统受益村庄皆参加祭典活动，以晋祠和鼓堆为代表；一类是水母娘家在泉域外且缺乏灌溉之利，只是出于天旱祈雨的需要，才会

---

① 碑现存新绛县鼓堆村，又见于张学会主编：《河东水利石刻》，山西人民出版社2004年版，第296—297页。

② 葛兆光：《古代中国社会与文化十讲》，清华大学出版社2002年版，第173—188页。

与泉域社会发生联系，以龙祠和神头为代表。

先看前一种类型的水母祭典活动。在新绛鼓堆泉，每年农历清明、四月十八、八月二十四、十一月二十四共有四次庙会。其中，清明节是接送圣母的日子，"东渠八庄公举一位水老人，总管番牌使水和迎神送驾的事情，八庄每庄各设水头（亦称庄头）一人负责具体事宜。每轮接送年份，于上年十月初一开始，练习锣鼓五个月，由二十七人组成鼓乐仪仗队，身穿戏装，粉面戴髯，先由老人接回信马，到圣母庙聚会，上送下接，仪礼隆重，乐规严密。以执唐锣二人，步步起舞，表演姿势轻盈，乐奏悦耳，舞蹈手脚稳健，是锣鼓队伍中佼佼者。四月十八日迎送龙王，一如上例。八月和十一月二十四日庙会有戏助兴，多为神汉巫婆求神祈雨。鼓堆村人每逢大会，家家户户给锣鼓队和群众送饭，招待茶水，以尽东道主的义务。元至正年间，西七庄因地距鼓堆较远，在古交村东建起了圣母庙、梁令祠，俗称新庙。南五庄亦在三林镇建起圣母庙、梁令祠，规模较小，方便于就近祭祀"[1]。我们对该记述中提到的东八庄、西七庄、南五庄三个概念先略做解释：鼓水共有三个主干渠，即东渠八庄十三村[2]、西渠七庄和南渠五庄，共25个村庄。从上述记载中可见，东渠十三村中除明清以后新增的村庄按规定可以不参加迎送外，其余20个村庄均须组织并参加水母娘娘的迎神送驾仪式，只是因交通和渠系的不同，分别拥有各自的祭典场所。同时，这一稍显粗略的描述也以极感性的方式，展现出祭典水母娘娘仪式的热闹红火场面，反映了这一传统在地方社会所具有的巨大感召力。

上述记述很多地方皆语焉不详，相比之下，清末民初太原晋祠名人刘大鹏先生笔下的《晋祠志》中，对晋水流域祭典水母活动的记载则要系统、完整一些，为我们详细了解地方社会这一传统习俗提供了不可多得的史料。行龙先生曾据此在《晋水流域36村水利祭祀系统个案研究》一文中，重点讨论了晋水流域多层面水神信仰系统中所体现的国家与社会之复杂关系[3]。在此，我们将围绕本节讨论的

---

[1] 周青云整理：《鼓水泉渠沿革及其传说》，新绛县鼓水灌溉管理局档案。

[2] 鼓堆泉东渠受益村庄原为8个，故称八庄。明清两代扩灌北关、寨里、窑头、庄儿头，加上两村一番的芦家庄，合称八庄十三村。

[3] 参见行龙：《晋水流域36村水利祭祀系统个案研究》，《史林》2005年第4期。

主题做进一步的分析。

晋水流域祭典水母娘娘的活动自农历六月一日至七月五日，连续月余，而且按照晋水四河（即南河、北河、陆堡河、中河）的用水制度，四河村庄依次祭典，渠甲致祭，众民齐集，演剧酬神，宴于祠所，"历年久而不废"。兹据《晋祠志·祭赛》"祀水母"条，罗列如下：

> 初一日，索村渠甲致祭水母于晋水源。祭毕而归，宴于本村之三官庙。
>
> 初二日，枣园头村渠甲致祭水母于晋水源。祭毕而宴于昊天神祠。以上为南河上河。
>
> 初八日，小站营、小站村、马圈屯、五府营、金胜村各渠甲演剧，合祭水母于晋水源。祭毕而宴于昊天神祠。以上金胜村为北河上河，余皆北河下河。金胜使水属下河，故八日同祭。
>
> 初九日，花塔、县民、南城角、杨家北头、罗城、董茹等村渠甲演剧，合祭水母于晋水源。祭毕而宴集昊天神祠。
>
> 初十日，古城营渠甲演剧致祭水母于晋水源。祭毕而宴集文昌官之五云亭。以上为北河上河。
>
> 十五日，晋祠镇、纸房村、赤桥村渠甲合祭水母于晋水源。演剧凡三日。宴集于同乐亭。以上为总河。
>
> 二十八日，王郭村渠甲致祭水母于晋水源。祭毕而归宴于本村之明秀寺。同日，南张村渠甲致祭水母于晋水源。祭毕而宴于待凤轩。以上为南河下河。
>
> 七月初一日，北大寺村渠甲致祭水母于晋水源。祭毕而归，宴于本村之公所。北大寺村属陆堡河。
>
> 初五日，长巷村、南大寺、东庄营、三家村、万花堡、东庄村、西堡村等渠甲合祭水母于晋水源。以上为中河。
>
> 除此之外，阖渠渠甲尊敬水神甚虔，除六、七两月致祭外，先有祭事者四：
>
> 一、惊蛰日，阖河渠甲因起水程均诣祠下，各举祀事。
>
> 一、清明节，北河渠甲因决水挑河均行祭礼，而花塔都渠长另设祭品于石塘东致祭。

一、三月朔，北河渠甲因轮水程各举祀事。

一、三月十八日，董茹、金胜、罗城三村共抵祠下献猪。①

这段记载相当于晋水流域 36 村祭典水母娘娘的秩序册，与鼓堆泉相比，晋水流域的祭典活动不仅同样是全流域受益村庄的集体行动，而且从整个进程来看似乎也很有讲究，如在各河、各村祭典的先后顺序上有明确规定，极富深意。我们对该秩序册稍加整理后可见其先后顺序是：南河上河 —— 北河下河 —— 北河上河 —— 总河 —— 南河下河 —— 陆堡河 —— 中河，总河无论在前后位置上还是时间安排上，均处于中心位置。对这一看似平常的现象，行龙在前揭文中曾做过分析，认为其象征或体现了总河三村在晋水流域 36 村的首要地位和用水特权，这一点非常值得重视。②再者，与鼓堆泉域三条渠道在各自场所分别祭典不同，晋水流域 36 村祭典水神的活动严格限制在同一场合 —— 即位于晋水源头的水母楼前，更彰显出该仪式活动的严肃与隆重，进而以神灵的名义，将四河所有受益村庄统统纳入到这一套信仰体系当中。四河民众在接受神灵荫庇与恩惠的同时，也接受了现实中与此相应的水权分配方案和制度管理体系。于是，就出现了"凡总河祭期，四河各渠长肃衣冠，具贺仪，诣同乐亭庆贺，而总河渠甲待以宾礼；凡四河祭期，总河渠长亦肃衣冠，具贺仪，为之庆贺，以尽地主之礼"③这样一派其乐融融的现象；也出现了"北河上下两河轮程溉田，岁以三月初一日起程。是日，花塔都渠长率各村渠甲恭诣晋祠，净献刚鬣（都渠长备）柔毛（罗城村水甲备）祭祀晋水源神。起程祭神之次日，都渠长于其家设筵张乐，以待贺客，名曰贺渠长。北河一切渠甲各备贺仪，皆抵达花塔跻堂拜贺，宴饮为乐"④，这样一幅众渠甲皆服膺都渠长领导的和谐场景。由此可见，这种类型的祭典活动其实质在于完成对泉域范围内受益村庄的确认，即通过构造一个以水母娘娘信仰为核心的祭祀系统来明确究竟有多少村庄可以参与对水权的分配和使用。

---

① 《晋祠志》卷八《祭赛下》。
② 行龙：《晋水流域 36 村水利祭祀系统个案研究》，《史林》2005 年第 4 期。
③ 《晋祠志》卷八《祭赛下》。
④ 《晋祠志》卷三十四《河例五》。

　　第二种类型与此最大的不同在于：信奉水母娘娘的村庄包括水母娘家，多数不在泉域范围内，且没有机会参与分水，与泉域内的渠道、村庄间不存在合作或竞争关系，这就很难用前一种说法来解释了。如果说前者反映的是某个泉域内如何将不同利益指向的村庄整合到一起的话，那么后者则体现了更大的空间范围内村与村之间相互关系的调适。因缺乏汾阳的有关资料，故重点围绕临汾龙祠的个案来进行探讨。

　　在龙祠泉域，关于泉水的来由历来有两种并行的说法，即"巨卵化蛇"说和本文讨论的"饮马抽鞭，少妇坐瓮"说。当地人将"巨卵化蛇"说又称为"真龙送水"。宋《太平寰宇记》和康熙《平阳府志》均有记载，如《山西通志》引《太平寰宇记》云：

　　　　晋永嘉之乱，刘元海（渊）……筑平阳城，昼夜兴作，不久既崩，募能成者赏之。先有韩媪者于野田见巨卵，傍有婴儿，收养之，字曰橛儿，时已四岁，闻元海筑城不就，乃白媪曰：我能成之，母其应募。媪从之，橛儿乃变为蛇，令媪持灰随后遗志之焉。谓媪曰：凭灰筑城，城可立矣。竟如所言，元海问其故，橛儿遂化为蛇，投入山穴，露尾数寸，使者斩之，仍掘其穴，忽有泉出，激流奔注……至今近泉出蛇，皆无尾，以为灵异，因立祠焉。

　　龙祠又称龙子祠，这个传说不仅解释了龙祠泉水的来历，而且表达了龙子祠何以为龙子祠的缘由。对此也有学者解释说："巨卵化蛇之说乃为神化刘渊而杜撰，封建时代多以此标榜君主的正统与崇高，百姓宁信其有，不信其无，遂历代相传。""龙为主水之神，且常现蛇身。龙蛇乃一物二像，橛儿化身为蛇，以龙子称之，就不足为奇了。因而当地百姓又习惯称龙子殿为龙王殿。"[1] 这一解释颇有见地，今天龙子祠的建筑布局也是根据这一传说设计的。龙子祠内中轴线上的建筑主要有二，一是龙神殿，为前殿；二是龙母殿，为后殿。据山西师范大学戏曲研究所郭永锐先生在当地的民俗学调查称："龙母殿门内有阁门一道，门上有匾曰

---

① 郭永锐：《临汾市龙子祠及其祀神演剧考略》，《中华戏曲》2003 年第 28 期。

'水母行宫'。殿内娘娘塑像已不存，娘娘原坐于东西通长的大炕上，一手执梳，作梳妆之态，左右分别有捧脸盆男童及执手帕女童一名。"[①] 他根据祠内现存最早的金代毛麾碑记载"设龙母殿以事韩媪"之语，断定韩媪即为龙子之母，水母行宫的主人当为韩媪无疑。

再来看龙祠的祭典活动。当地的祭典活动有二：一是每年四月初四定期举行的龙祠庙会；一是因气候干旱而不定期举行的求雨活动。郭永锐对龙祠庙会有如下描述：

> 北河的队伍从临汾县刘村出发，南河的队伍从襄陵县（今属襄汾县）刘庄出发，路经各河，均有渠长骑马等候，随即加入。两支队伍浩浩荡荡，大路行进，中午十二时前顺龙祠村中正路进入龙子祠。进祠后，持铁铳者鸣炮三声，吹鼓手演奏更盛，声势极其壮大。接着，供品桌被抬入龙子殿内，香炉蜡烛在前，猪羊等并列其后。新老渠长下马前往殿内向龙子神行礼，新渠长为首，烧香一炷，三拜九叩，老渠长在其身后并列跟随叩头，新渠长向龙子供酒三杯。尔后，一行人仍以新渠长为首通过龙子殿，顺走廊来到龙母殿，给水母娘娘行礼。规矩与前同。礼毕，则祭祀活动宣告结束。[②]

由此来看，龙祠庙会当以祭典龙神和龙母为主，与燕村所传的水母娘娘似乎关系不大。所以，如果将此作为龙祠的一大传统，那么其并非唯一，以水母娘家人名义前往龙祠祈雨的活动构成了当地的另一大传统。

值得重视的是，自古以来龙祠就是当地一个重要的雩祭场所，其周围方圆数十百里之内只要遇到旱情，祠内就会燃起祷雨的香火。旱情严重时，连平阳府的官员都会亲自前来祭祷，且十分灵验。据碑载，康熙四十六年（1707），平阳知府刘棨曾"布衣草屏，走赤日中三十里祷祠下"。在所有的祈雨活动中，襄汾燕村最引人注目。该村位于襄汾县西北部，居汾河东岸，与汾河西岸的龙祠村相距30里，农田多为旱地，历史上从未使用过龙祠泉水。该村人称龙祠的水母娘娘为

---

① 郭永锐：《临汾市龙子祠及其祀神演剧考略》，《中华戏曲》2003 年第 28 期。
② 同上。

"姑姑"，逢大旱即会前往龙祠求雨，村民们将这种活动称为"看姑姑"。据说，燕村人祈雨异常灵验，有时队伍还没回村，大片乌云就尾随而至。襄陵县靠近龙祠的村庄，遇旱都会去龙祠求雨，但他们更相信燕村水母"娘家人"每求必应的传闻，因此，有时会邀请燕村人帮着出把力。[①] 正是这一荒诞的传闻，使水母娘娘传说能够在龙祠泉域甚至临汾、襄陵更大的地域范围内传播开来。于是在后来会出现"舍身坐瓮"的燕村姑娘与"收养龙子"的韩媪同为"水母行宫"主人这一看似矛盾的现象。

事实上，作为龙祠水文化中的两大传统，它们在地方社会分别发挥着不同的功能，并不矛盾。从空间来看，对龙子和龙母的祭典活动是以龙祠泉域内临汾、襄陵二县所有享有泉水灌溉之利的村庄作为主体的，对于泉域外围的村庄而言，并非必须履行的义务；而对龙祠水母娘娘的祭典活动，则面对的是泉域内外以龙祠为中心的方圆数十百里之内的村庄和人群。这是因为传统农业社会中，干旱对于无论有无水利灌溉的农田而言，都是非常不利的。从某种意义上可以说，在干旱的环境中，水母娘娘所发挥的作用实较龙子和龙母为大。这样，以燕村为首的祈雨活动势必在一个更高层级的空间范围内为民众所认同和崇拜。

概而言之，四个传说地祭典水母娘娘的活动就这样代代延续而来，逐步固定化、程序化，久之成为一种习惯、一种传统。当地方社会因水资源的匮乏而难以为继时，这一传统便成为一支重要的力量在地方社会发挥作用。

三、作为象征的水母娘娘

本节要讨论的问题是水母娘娘信仰在各个传说地究竟从何时开始发挥作用；发挥哪些方面的作用；对不同类型的传说地而言，又有哪些不同；随着条件的变化，其功能又出现了怎样的变化或调整。简言之，就是如何认识和评价水母娘娘信仰在地方社会秩序形成和维系过程中起到的作用。

---

① 郭永锐：《临汾市龙子祠及其祀神演剧考略》，《中华戏曲》2003 年第 28 期。

　　水母娘娘传说回答了泉水如何来的问题，但该传说何时开始出现这一问题恐怕较难确定，因为它只是一个民间的说法，缺乏文献记载，难以考证清楚。不过，我们倒可以追踪与之相关的水母娘娘庙的最早修建年代，这在各传说地基本都有资料可凭。既然水母娘娘庙、水母塑像均是根据传说来修建的，那么传说产生或流行的年代必定比它要早，据此我们可以逐步展开分析。

　　先来看鼓堆。鼓堆现存最早的碑是晚唐人樊宗师所撰《绛守居园池记》。《新唐书·樊宗师传》记其"徙绛州，治有绩"。樊以文名，著述甚多，唯此记以文字刻意求奇，极尽隐晦曲折之能事，得以传世。周魁一先生曾撰《鼓堆泉小志》对该文详加考证，然此文只以"水本于正平轨"六字记述了隋开皇十六年正平县令梁轨开发鼓堆泉水灌溉农田一事，并未提及水母娘娘。此后，北宋咸平六年（1003）绛州通判孙冲撰《重刻绛守居园池记序略》也只是强调了梁轨开创水利之事，同样未言及水母娘娘。直至嘉祐元年九月（1056），司马光以并州通判身份途经绛州，携地方官同游鼓堆泉后所作《鼓堆泉记》中始述及鼓堆神祠，"堆首有神祠，盖以水阴类也，故其神为妇人像，而祠中石刻，乃妄以为尧后舜之二妃。是水也，有清明之性，温厚之德，常一之操，润泽之功，品古圣贤无以加，其庙于民也固宜，何必假于尧后舜妃然后可祀也？"此神祠当为后世的水母娘娘庙无疑，只是司马光对于祠中石刻所言水神为"尧后舜妃"即娥皇、女英的说法愤愤不平。他认为老百姓修庙祀神是为了感激水神的功德，不必假借娥皇女英的名义。这究竟是鼓堆老百姓所为还是地方士人所为，现在已难下定论。不过，治平元年（1064）里人薛仲儒撰《绛州正平县新修梁令祠堂记》中再次提及该祠时说"距州之北几一舍，有石堆如覆釜，人马践履，声若鼟鼓。上立祠，状妇人以主之。质于碑志，事无依据。意者谓水为阴像，理或当然"。这与前说有相同之处，只是对于"妇人为谁"的问题，他与司马光一样不清楚。再往后到元至正三年（1343），里人张载舆撰《表临汾令梁轨水利碑》中出现"治北几一舍有孚惠庙冠于山颠"的记述，说明在北宋初尚未得到官府加封的水母娘娘，到元代已是有朝廷封号的孚惠圣母了，这一称号自然是出现于宋元之际的。可见，鼓堆的水母娘娘庙始建年代应不晚于北宋初期，而水母娘娘传说在鼓堆泉域开始流传的年代也一定更早。

再来看晋祠。晋祠本是为纪念唐叔虞而建，北宋天圣年间创建了女郎祠，即现在的圣母殿。此后人们就一直为"女郎是谁"争论不休。一种观点认为"女郎"是晋源水神。有这样一个典故：太原城西十里谷中有娘娘庙。太平兴国四年（979），曹翰从征太原，军中乏水，往祷之，穿源得水，人马以给，当即晋源神。《山西通志》称宋天圣间建女郎祠于水源之西，殆即所谓娘娘庙者欤！叔虞合祀，当在此时。一祀晋水源之神，一祀晋始封之君。另一种观点认为"女郎"不是晋源水神，而是唐叔虞的母亲邑姜。明末著名考据学家阎若璩指出：邑姜为十乱之一齐太公望女，唐叔虞母。叔虞之封唐也，亦发梦于其母，故今晋水源有女郎祠，实邑姜之庙。旁方为唐叔虞之庙，南向，此子为母屈者也。他同时批评了明初礼官不学无术，错将圣母当水神的行为。

以上议论仅限于论者间的辩难，现实生活中还有一种中和了二者的观点，认为女郎既是圣母邑姜，又是晋源水神。宋元明清以来朝廷和地方政府对此均表示认同，朝廷的屡屡加封和隆重祭典即为明证：宋熙宁中，加号"显灵昭济圣母"；崇宁初敕令重建，宣和五年，宣抚使姜仲谦撰晋祠谢雨文；至正二年再令重修；洪武二年，加封"广惠显灵昭济圣母"。洪武四年，因朝廷诏革天下神祇封号，止称以山水本名，于是圣母庙改而为晋源神祠矣。这样一改，就使得圣母邑姜名正言顺地作为晋源水神接受祭祀。景泰二年重新恢复洪武二年旧号；同治八年，加封"沛泽"；光绪五年加封"翊化"，于是自宋以来延续至清，作为水神的圣母邑姜就获得了"广惠显灵昭济沛泽翊化圣母"的称号。值得注意的是，在官方话语中，虽然仍将圣母当作唐叔虞的母亲来对待，但显然更偏重于水神，且圣母地位的日益显赫完全是与此处祷雨灵应密切相关。

这种多说混杂的局面随着嘉靖四十二年水母楼的修建而有所改观。据嘉靖三十年《太原县志》记载："俗传晋祠圣母姓柳氏，金胜村人。姑性严，汲水甚艰，道遇白衣乘马者，欲水饮马，柳不恡与之。乘马者授之以鞭，令置之瓮底。曰抽鞭则水自生。柳归母家，其姑误抽鞭，水遂奔流不可止，急呼柳至，坐于瓮上，水乃安流。今圣母之座即瓮口也。"[①] 此说虽广泛流布于民间，与官方认定的

---

① 嘉靖三十年《太原县志》卷三《杂志》。

"圣母邑姜即为晋源水神"的说法长期共存，却一直处于被压制的地位，未能被官府接受。嘉靖《太原县志》的撰写者则评价说："俗说如此愚，谓有天地即有山水，水阴物，母阴神，居人因水立祠，始名女郎祠，后祷雨有应，渐加封号，庙制始大。坐瓮之说，盖出于田夫野老妇人女子之口，非士君子达理者所宜道也。书此以破千古之惑。"即便如此，嘉靖四十二年，根据该传说建造的水母楼（又称梳洗楼）在难老泉头、圣母殿南侧落成，与圣母殿呈并列之势，刘大鹏解释修建此楼的动机是"欲人知为晋源水神，而圣母非水神也"。由此可见，自北宋以来，晋祠水母娘娘信仰经历了一个从多说混杂到官方认定的水神邑姜与民间认定的水母柳氏各行其道的转变。不过，晋祠与鼓堆的例子均表明：民间的水母娘娘传说在两地开始流行的年代均不晚于北宋。

最后再看龙祠。郭永锐根据龙祠现存金、元及明清以来的碑刻，考证龙祠的创建年代不晚于唐代，民间所称的水母行宫，即龙母殿，则兴建于金大定年间（1161—1189），据金大定十一年（1171）毛麾撰《康泽王庙碑记》所载，当时是"于龙子殿后设置龙母殿供奉韩媪"。但由于燕村水母娘娘的传说和燕村人祈雨灵验的传闻在地方社会具有很大的影响，因此民间实际上一直在将龙母当作水母娘娘来崇拜的。这一点，从龙母殿内娘娘神像与传说的相似性可以得到验证，更可以燕村祈雨习俗中得到验证。如此来说，则水母娘娘传说在龙祠的流传应不晚于金代。

这样，我们就可以对山西水母娘娘信仰形成并开始流行的年代做出一个总体判断：最迟不晚于宋金时代，这是一个很重要的结论。因为宋金时代正是山西水利发展的黄金时期，山西绝大多数可用于农田水利灌溉的泉域在该阶段均达到了历史上的最大规模，龙祠、鼓堆、晋祠均在其列。水母娘娘信仰开始流行于这一水利大发展的阶段，似乎并非偶然。

在很大意义上来说，这四个传说流行地自宋金以来一直是作为地方社会最重要的雩祭场所而存在的。由于祈雨灵验，所以香火很盛。宋金以来直至明清，官府和民间络绎不绝的祈雨活动即为明证。以晋祠为例，朝廷对晋祠圣母的历代加封，就建立在将圣母作为晋源水神的基础上。尽管在官府意识形态中并不认可民间的水母娘娘信仰，而将祈雨灵验归咎于圣母邑姜。但在民间看来，只要祈雨灵验，就是水母娘娘的恩惠。在老百姓的观念和信仰世界里，晋祠只有一个水母娘娘，那就是金胜村舍身坐瓮的柳氏，这个观念根深蒂固。晋祠如此，鼓堆、龙祠、汾阳神头亦然。因此，作为雩祭的对象，乃是水母娘娘信仰在地方社会最初具有的功能，这显然是与山西十年九旱的气候条件相适应的。

　　随着明清以来山西生态环境的变化，水资源日益匮乏，人口、土地增长导致水资源供需矛盾尖锐，山西诸泉域的争水案件亦层出不穷。[①] 在这种背景下，水母娘娘信仰所具有的象征意义也日益凸显。对于晋祠和鼓堆，如果说宋金时期水母娘娘信仰主要是作为遇旱祈雨灵验象征的话，那么明清以来则转变为以谁有权分水这一象征为主。这种转变与因水资源匮乏导致水的地位上升直接相关，本文第二节对各个泉域水母娘娘信仰圈范围大小，村庄多少的分析，就具有这方面的含义。反映在现实生活中，就是所有在水母娘娘信仰圈中的村庄，更不遗余力地参与水母娘娘的定期祭祀，分摊祀神费用，仪式也更为隆重。同样，龙祠也存在这样的转变过程，不一样的地方在于龙祠泉域决定谁有权分水的象征不是水母娘娘信仰，而是对"巨卵化蛇"说所对应的龙子和龙母的信仰。然此仅是形式的不同，其实际功能是一样的。需要补充的一点是，水母娘娘在龙祠泉域始终是作为雩祭灵验的象征而存在的，与晋祠、鼓堆不一样，我们可将这种现象解释为同一神话主题在功能上的变异。

　　在明清以来争水不断的背景下，水母娘娘信仰还与泉域社会流行的其他传统结合在一起，在水权争端中发挥作用。比如油锅捞钱，三七分水的故事也同水母娘娘传说一样在山西诸泉域流传。这一故事当然与现实社会中的争水背景有关，故事题材显然是源于现实生活。但由于该故事所表达的含义是如何分水的问题，因此与水母娘娘信仰所表达的谁来分水结合在一起，就形成了一个很有意味的逻辑关系。由于油锅捞钱故事决定了现实生活中一条渠道或一群村庄究竟能够分到多少水这一切身利益问题更具现实性。因此，得到了一些村庄的青睐，如在晋祠泉域、北河花塔村张姓一族向来就将油锅捞钱故事中的争水英雄张郎作为张姓祖

---

① 参见行龙：《明清以来山西水资源匮乏及水案初步研究》，《科学技术与辩证法》2000 年第 6 期；张俊峰：《明清以来晋水流域的水案与乡村社会》，《中国社会经济史研究》2003 年第 3 期；张俊峰：《明清时期介休水案与泉域社会分析》，《中国社会经济史研究》2006 年第 1 期。

先来祭典。事实上，张郎跳油锅捞铜钱的故事正是宋代嘉祐初年太原知县陈知白为晋水定三七分水之制的直接反映。虽然我们无从判断张郎的故事起于何时，但花塔村人正是利用这一传说强化了自己在北河众村中的支配者地位，无中生有的争水英雄张郎成为花塔村张姓都渠长世袭不替的依据。于是，每年清明节代代相传的花塔张姓渠长引朋呼类，设坛祭典张郎便成为晋水源头的一道风景。由此可见，在明清争水背景下水母娘娘信仰已经超越传说本身，成为一种话语，其实质就是要维护和争夺更多的水权，此当视作水母娘娘信仰的又一大功能。

水母娘娘信仰的象征意义还在于握有这种资源的村庄在与其他村庄分享水权时具有不同寻常的特权。这种特权为地方社会其他村庄所默许，成为一种特有的水利习惯。如在新绛鼓堆泉，按当地传说"饮马抽鞭"、"舍身坐瓮"的主人公是处于用水有优势地位的冯家庄人。每年正月二十四日，冯家庄以娘家人自居，闹社火唱戏，庆祝圣母生日。由于该村是水母娘家人，所以向来浇水不列番期，且有刮风、下雨、晚上"三不浇"的特权，这显然要高出其他村庄一筹。①作为晋祠水母娘家的金胜村也有类似的特权，在万历十三年金胜村与晋王府及北河上游村庄争水时，金胜村就以"晋祠圣母柳氏源头金胜村娘家回马水"不容他人侵占为由控争水权。嘉靖四十二年晋祠水母楼落成后，金胜村以水母娘家人自居，以致有金胜村人不到，祭祀水母仪式不得开始的习惯。这些均显示了水资源紧张条件下，地方社会不同用水群体发掘传统资源，为自身争取更多权利的心理诉求，反映了作为象征的水母娘娘在地方社会秩序形成和维系过程中所发挥的巨大作用。

往事越千年。1949年以来，随着中国共产党治理乡村社会的实践，山西诸泉域水资源的分配和管理由以往的官督民办，民间为主转向由国家和地方政府设立的专门水利机构和水委会统一分配和管理为主。水母娘娘及其他类型的水神信仰在意识形态领域亦被作为封建迷信而彻底否定。由是，水母娘娘信仰的各种象征功能亦大受影响。时至今日，本文探讨的四个泉域中，除晋祠水母楼得以完好保存外，其他地方的水母庙或严重坍塌，或荡然无存，仅成为地方耆老们心灵深处

---

① 周青云整理：《鼓水泉渠沿革及其传说》，新绛县鼓水灌溉管理局档案。

的一份集体记忆。

值得注意的是，随着近些年国内文化旅游热的兴起，各地政府开始重视从地方社会挖掘文化资源。水母娘娘信仰作为一种传统文化也被发掘出来，然其功能却发生了极大的变异。在人们的话语中，水母娘娘传说和信仰只是象征着传统时代生产力落后条件下人们的生产和生活状态，对其在传统时代社会发展过程中所发挥的重要作用则无人顾及，这不免让笔者心中多了分忐忑。当我们从历史情境回到现实水利社会中时，分明可以发现，1949 年以来尽管随着国家权力的刚性介入，地方社会优化了水资源的时空配置，大大提高了水资源的利用效率。但是自20 世纪 80 年代以来，随着家庭土地所有制的实行，地方社会在水的分配、使用和管理各个环节又出现了很多问题，比如由于贫困，很多个体农户因水资源使用费过高而无力使水，在一些地方甚至不惜用污水浇地；渠道、水井、水库工程在完成一次性投资建设后，因缺乏持续的配套管理和维修而处于失修状态，许多地方甚至出现年年有投资，年年没水吃的状况，农民、村庄和地方水利管理部门之间的矛盾持续存在。这无形之中增加了政府的运营成本。如何寻找一种能够有效解决民间水问题的长效机制，成为摆在政府行政部门面前的一道难题。在此意义上，传统时代的水母娘娘信仰与地方社会的良性互动关系，无疑是一个具有极大启发性的实例。

第十二章　超越村庄：山西泉域社会在中国研究中的意义

一、克服村庄分析范式的局限

以单个村庄作为研究单位，曾经是 20 世纪尤其是三四十年代中国社会学、人类学的经典学术范式，诞生了以费孝通的《江村经济》和《云南禄村》、林耀华的《义序的宗族研究》和《金翼》、杨懋春的《一个中国的村庄——山东台头》等为代表的中国人类学乡村研究作品。1935 年结构—功能论大师拉德克里夫·布朗（Radcliffe-Brow）应吴文藻之邀，在燕京大学开设"比较社会学"课程，主持"中国乡村社会学调查"研讨班期间，撰写了《对于中国乡村生活社会学调查的建议》一文。[①] 文章强调："在中国研究，最适宜于开始的单位是乡村，因为大部分的中国人都住在乡村里；而且乡村是够小的社区，可供给一两个调查员在一二年之内完成一种精密研究的机会。"[②] 布朗的这番话及其前后中国社会学、人类学早期开创者的亲身表率，遂使村庄研究成为中国人类学研究的一个重要传统，对中国乡村社会研究产生了不容低估的影响。

村庄分析范式相信，通过研究一个个不同的微观村落社区，便可以理解整个中国社会。然而，自 20 世纪五六十年代以来，学界在中国研究中却不断表达出对村庄研究范式的种种不满，流露出超越村庄的兴趣和取向，这一认识影响到今天的区域社会史研究。其中，最有代表性的莫过于 Maurice Freedman 的中国宗族

---

① 王建民：《中国民族学史》（上卷），云南教育出版社 1997 年版，第 141—142 页。

② 〔英〕拉德克里夫·布朗著，吴文藻译：《对于中国乡村生活社会学调查的建议》，《社会学界》第九卷，1936 年，第 79—88 页。

研究范式、Willam Skinner 的市场体系理论、台湾学者林美容等的祭祀圈与信仰圈理论。弗里德曼认为，中国人类学家应该走出村庄社区，在较大空间范围内和较广时间深度里探索中国社会运转问题。施坚雅提出，认知中国社会的症结不在村庄而在集市，必须研究集市网络内的交换关系，才能达成对中国社会结构的了解，农民实际社会区域的边界不是由他所在村庄的狭窄范围决定，而是由他的基层市场区域的边界决定。[①] 不难看出，研究者们均力图超越村庄研究本身的局限，通过宗族、市场分别去界定各自研究的区域，从而大大突破了单个村庄的狭隘范畴。

尽管 Maurice Freedman 的中国宗族范式、Willam Skinner 的市场层级理论、台湾人类学界于 20 世纪 70 年代推动的"浊大计划"都曾考虑过水系或水利作为外在环境对中国社会的形成具有重要影响，但这些理论并没有明确提出"水利社会"这个概念和相关的分析框架。至于其他中国社会研究范式下的大量研究，大多也是围绕着经营土地以及由此形成的土地观念而建构起来的，严重忽略了水在塑造中国社会文化方面和土地具有同样重要地位的历史实事。

2008 年，行龙明确地阐述了对整个山西区域社会的看法，突出了水的意义：水利条件较好的地区，往往是一个地方经济、文化相对发达的区域，大型集市、庙会和各种物资交流活动较其他地区频繁，是一个地方的聚落中心，发挥着极强的辐射作用。行龙具体从四个方面尝试探讨水利社会：第一，对水资源的时空分布特征及其变化进行全面分析，并作为水利社会类型划分和时段划分的基本依据；第二，对以水为中心形成的经济产业进行研究；第三，以水案为中心，对区域社会的权利结构进行实施及其运作、社会组织结构实施及其运作、制度环境实施及其功能等问题展开系统研究；第四，对以水为中心形成的地域色彩浓厚的传说、信仰、风俗文化等社会日常生活进行研究。[②]

在从事山西区域水利社会史的研究过程中，笔者发现了泉域社会这一水利社会的重要类型，提出了"泉域社会"的概念，并从水权、水案（即水利争端）、水

---

① 参见杜靖：《超越村庄：汉人区域社会研究述评》，《民族研究》2012 年第 1 期。
② 行龙：《"水利社会史"探源 —— 兼论以水为中心的山西社会》，《山西大学学报》2008 年第 1 期。

利产业、水神信仰与水利习俗等多角度对此概念加以论证和充实 ①，试图形成一个具有一定解释力的中层理论。本文力图通过对山西泉域社会的提出过程、概念内涵及其相关理论与方法问题的梳理，站在区域的立场，归纳山西泉域社会的经验性研究，反思泉域社会研究之创新、不足及有待进一步解决的问题，明确用力方向，以裨于今后更好地开展中国不同类型水利社会的实证研究和比较研究，促进国内外的学术交流与对话。

二、泉域社会研究的理论脉络

无论是中国、日本还是欧美学术界，在涉及中国水利史研究的相关问题时，几乎都会提及魏特夫的东方专制主义，即所谓的治水国家说，战后日本学界亦称之为东亚社会停滞论，反映了魏氏学说的国际影响力。魏特夫治水学说的核心观点是国家机器在南亚与东亚三角洲平原地区，在农业与人口发展的基础 —— 水利设施的建设与管理中起着至关重要的作用，由此得出了他的著名论断：在大多数亚洲国家，国家与社会都可以理所当然地描述为水利的。在东方的治水社会里，为了保障国家力量永久地大于社会力量，避免在社会上形成一种与王权抗衡的政治力量，统治者在军事、行政、经济乃至宗教信仰方面采取一系列的措施，巩固自己的专制统治。因此，东方社会一直处于专制主义统治之下。若没有外部强力的介入，东方专制主义社会是不可能被打破的。②

在中国学界，魏特夫的这一学说被视为一种反动学说，认为它是冷战背景下

---

① 参见张俊峰：《明清以来晋水流域之水案与乡村社会》，《中国社会经济史研究》2003 年第 4 期；《明清时期介休水案与"泉域社会"分析》，《中国社会经济史研究》2006 年第 1 期；《率由旧章：前近代汾河流域若干泉域水权争端中的行事原则》，《史林》2008 年第 2 期；《前近代华北乡村社会水权的表达与实践 —— 山西"滦池"历史水权个案研究》，《清华大学学报》2008 年第 4 期；《化荒诞为神奇：山西"水母娘娘"信仰与地方社会》，（香港）《亚洲研究》2009 年第 58 期；《油锅捞钱与三七分水：明清时期汾河流域的水冲突与水文化》，《中国社会经济史研究》2009 年第 4 期；《"水利共同体"研究：反思与超越》，《中国社会科学报》2011 年 4 月 7 日第六版。

② 参见〔美〕卡尔·A. 魏特夫：《东方专制主义》，中国社会科学出版社 1989 年版。

由西方理论家炮制出来的蓄意歪曲亚洲国家历史的反动论调，具有浓厚的东方主义倾向和强烈的意识形态色彩。20 世纪 90 年代，中国学界曾组织国内众多知名学者，结合古代中国、印度、埃及、希腊的历史，运用丰富的史料，从不同的角度对魏特夫的治水学说做了深入批判，澄清了本质，可谓是盖棺论定。① 然其局限性在于，批评者大多选择自上而下的宏观视角，以中国历史发展的基本线索来展开批评，就中国水利社会史研究本身而言，迄今为止中国学界并未有人能够自下而上地从水利社会史的角度对话并质疑魏特夫的治水国家学说，进而说明为什么在中国的水利社会比治水国家更为重要，水利社会史研究的兴起和开展具有怎样的学术意义。

　　相比之下，欧美和日本学界则较早从水利史研究视角出发，反思和质疑魏特夫的治水国家学说和亚洲社会停滞论。其中，欧美学界的代表人物是法国史学家魏丕信和美国史学家彼得·C. 珀杜。魏丕信的观点建立在对 16 至 19 世纪中华帝国晚期湖北省江汉大堤的实证研究上。他不同意魏特夫将中国国家的结构、功能及意识形态与水利管理问题直接联系起来的观点，主张把魏特夫东方专制主义中的观点反过来加以解释，认为水利社会比水利国家要更为强大。② 这一针对性的批判不仅有利于研究者廓清对水利国家说的认识，更有力地阐明了开展水利社会研究的必要性和意义所在。③ 同样，彼得·C. 珀杜依据他对明清洞庭湖水利的研究来质疑魏特夫的理论，他指出："大规模的水利系统，就其属性来说，需要至少是某种程度的合作劳动，一个流行的理论认为这种合作必须由支配整个社会的庞大官僚政府进行组织，湖南的灌溉者们对清政府成功的抵制则提供了相反的例证，多数水利工程并非必须由范围广大的国家来管理。""官方通常并不独自从事大规模

---

① 参阅李祖德、陈启能主编：《评魏特夫的〈东方专制主义〉》，中国社会科学出版社 1997 年版。

② 〔法〕魏丕信：《水利基础设施管理中的国家干预——以中华帝国晚期的湖北省为例》，载陈锋主编：《明清以来长江流域社会发展史论》，武汉大学出版社 2006 年版，第 614、646 页。

③ 近年来，中国人类学者王铭铭以华北水利社会史研究为例，在否定魏特夫学说的基础上提出"水利资源与区域性的社会结合，可能是一个远比治水社会说更为重要的论题"，与魏丕信观点相似。但是魏的观点早在 20 世纪 70 年代就已提出，王铭铭的观点则要晚许多。详见王铭铭：《水利社会的类型》，《读书》2004 年第 11 期。

的工程，而主要依靠地方士绅与土地所有者们的合作。"[1] 既然国家在大型公共水利事业上也并非常人所理解的那种主导和配置地位，那么这些公共水利工程究竟是如何维持和运行的，不同于治水国家说的陈词滥调，他关心并重点去探讨水利组织成员之间的关系、水利组织与国家之间的关系。无论如何，这些研究反映了欧美学者对治水国家理论的一种彻底摒弃。

无独有偶，在欧美学者批判魏特夫治水学说的同时，战后日本学界也深入开展了对魏特夫理论的反思和批判。按照日本研究中国中世史的著名学者谷川道雄的说法，日本使用的东洋史学这一名称，原本就是将亚洲史作为与西洋史学对等的学术领域来定义的概念，中国史研究正是作为东洋史学的一环发展起来的。日本学界正是以汉学这一传统学问为素养，采用西欧近代史学之方法，形成了作为近代历史学的中国史学。然而，如此顺利发展起来的中国史研究，最终却由于日本军国主义对中国的侵略或被压抑或被歪曲了。中国社会停滞说就是通过将进步的日本与中国进行比较，起了将日本统治中国正当化的作用。战后，日本学术界在反省的同时，期望建立起新的学术。如何在新的理念下对中国史的全过程加以体系化的认识，就成为日本中国史研究的最大课题。这种新理念包括中国史不是停滞的而是发展的历史，中国史是世界史的一环，科学合理地把握中国史等内容。他进而运用共同体理论来解释中国历史的发展规律，成为日本和欧美学界熟知并广为接受的理论。[2] 应当说，战后日本的中国水利史研究也同样是在这种浓厚的反思和谋求突破的氛围中进行的。

就日本的中国水利史研究而言，最令人瞩目的就是发生在 20 世纪五六十年代，围绕中国传统社会是否存在类似于中世日本农村社会的村落共同体、水利共同体及相关问题展开的论争。这次论争自 1956 年开始，前后延续二十余年，直接或间接参与讨论的学者将近二十位，其中不乏日本学界知名的中国史学者，如仁井田升、今堀诚二、清水盛光，等等，在当时日本著名的历史学研究、史学杂志等重要学术期刊及个人著述中发表了的具有学术对话性质和阶段总结性质的论文，

---

① 〔美〕彼得·C.珀杜：《明清时期的洞庭湖水利》，《历史地理》1982 年第 4 辑。
② 〔日〕谷川道雄：《中国中世社会与共同体》，中华书局 2002 年版，第 1—3 页。

两者总数也在二十篇左右，这样就在 20 世纪 70 年代左右，使得日本学界以水利为视角对中国传统乡村社会的研究达到了一个前所未有的高度。我们甚至可以将这一阶段视为日本中国水利史研究的黄金时期。1967 年，已故冈山大学教授好並隆司曾对此次论争的学术背景有一个很好的总结。他指出，战前日本的中国水利史研究，由于受魏特夫"东方专制主义"学说的影响，为所谓的"东洋社会停滞论"提供了基础，故而给水利史研究造成了不良印象，以致战后曾一度从日本学界的研究视野中消失了。20 世纪五六十年代，在《历史学研究》杂志的大力推动下，日本史学界始以水利史研究为突破口，反思"东亚社会停滞论"，进而开展日本东洋史研究整体的自我批判，使得日本的水利史研究重获新生。①

随着研究的深入开展，研究者逐渐从最初各执一端的关于中国是否存在村落共同体、水利共同体的争论中摆脱出来，试图以水利为切入点，通过考察水利组织自身的特性、水利组织与村落、水利组织与国家公权力的关系等，来认识中国传统社会结构自身的特点和发展规律。其中，以森田明、滨岛敦俊等为代表的研究者，进行了积极的探索和突破性的研究。如森田明对清代中国水利史的研究，实现了从最初单纯的水利史到水利社会史直到地域社会史的转变。②滨岛敦俊则在针对明清长江三角洲水利和徭役的研究中，由于找不到像同时代日本那样的以水利为中心的固定的共同体式的关系或组织，转而研究江南的总管信仰，揭示出明清时期中国的民间信仰和祭祀中存在着共同性的组织和共同性的活动领域，从而突破了水利共同体的局限，转向更为丰富多元的水利社会层面。③

时至今日，日本学界关于共同体理论的争论仍未尘埃落定，不仅在日本仍有学者在继续研究，如以内山雅生为代表的一批研究者，持续致力于寻求中国农村社会的共同体特性，对近十年来的中国史学界也产生了深刻的影响。④随着水利社

---

① 〔日〕好並隆司：《中国水利史研究の問題点 ——宋代以降の諸研究をめぐって一》，《史学研究》99 号，1967 年 10 月。

② 1974 年，森田明出版了《清代水利史研究》，日本亚纪书房 1974 年版；1990 年，出版了《清代水利社会史研究》，日本东京国书刊行会 1990 年版；2002 年，他又出版了《清代水利与区域社会》，日本福冈中国书店 2002 年版。单单从森田氏三部著作名称的变化，我们就可以明显感受到其学术取向的转变。

③ 〔日〕滨岛敦俊：《总管信仰 ——近世江南农村社会与民间信仰》，研文出版 2001 年版。

④ 〔日〕内山雅生：《現代中国農村と「共同体」》，御茶の水書房 2003 年版。

会史研究在中国学界热度的不断提升，日本学者研究中国传统社会时所运用的村落共同体、水利共同体等理论概念，遂成为中国水利社会史研究中不能回避的问题。其学术影响目前仍在持续发酵，在中国学界也诞生了不少具有针对性的学术对话性文章。[①]

当前中国学界方兴未艾的水利社会史研究，正是在充分吸收和借鉴欧美日等国际学界相关研究成果的基础上开展起来的。不过，由于中国地域辽阔，地形、地貌条件复杂，水资源类型多样，历代人们依据不同的地形和水资源条件创造了多种多样的水利工程类型。单在《中国科学技术史·水利卷》一书中，论者就依据地形、水源和灌溉工程类型的不同，列举了平原区、丘陵区、山区和滨湖区共计9种不同水源条件下的15种不同水利类型。[②]这就为开展不同类型水利社会的研究提供了重要基础。就当前的研究来看，学界已经出现了多种相对成熟、颇具地域特色的水利社会类型研究，如钱杭以浙江萧山湘湖为基础提出的库域型水利社会类型[③]，魏丕信、珀杜、鲁西奇等人从事的长江流域堤垸型水利社会，董晓萍、蓝克利提出了山西四社五村这样一个以不灌而治为特征的水资源极度匮乏区的节水型水利社会类型[④]。应当说，山西"泉域社会"的概念正是在此过程中提出来的，与其他类型一样，均可视为当前中国水利社会史研究的细化和深化，对于不同类型水利社会的比较研究而言，是有推动意义的。

三、泉域社会研究的区域实践

山西地处黄河中游地区，是中国历史上文化与经济开发最早的地区之一。古代山西文化、经济的崛起与繁荣，是同其地理位置和水利条件密切相关的。山西

---

① 钱杭：《共同体理论视野下的湘湖水利集团——兼论"库域型"水利社会》，《中国社会科学》2008年第2期；钞晓鸿：《灌溉、环境与水利共同体——基于清代关中中部的分析》，《中国社会科学》2006年第4期。

② 卢嘉锡主编，周魁一著：《中国科学技术史·水利卷》，科学出版社2002年版，第13页。

③ 钱杭：《"库域型"水利社会研究——萧山湘湖水利集团的兴与衰》，上海人民出版社2009年版。

④ 董晓萍、〔法〕蓝克利：《不灌而治——山西四社五村水利文献与民俗》，中华书局2003年版。

境内不仅有多条河流，而且有遍布各地的大小泉源。尤其在汾河中下游地区，泉眼之多、泉水之盛在全国屈指可数。明末清初著名学者顾炎武称山西泉水之盛可与福建相仲伯，而后者是以千泉之省著称。在此，不妨从下述两条资料提供的数据来把握山西泉水资源的数量和流量。一是清人顾祖禹的《读史方舆纪要》记载，山西有泉水 191 处，其中 62 处有溉田之利。二是 1966 年山西水利部门的勘测结果：全省泉水流量约 200 立方米每秒，其中流量大于 1 立方米每秒的泉眼共有 24 处。在这些泉水中，平定娘子关泉、潞安辛安泉、朔州神头泉、太原晋祠泉、兰村泉、介休洪山泉、霍州郭庄泉、洪洞广胜寺霍泉、临汾龙祠泉、新绛鼓堆泉等都是远近闻名的岩溶大泉。值得注意的是，古代山西经济开发最早与文化繁荣昌盛的地方，恰恰是引泉灌溉最为集中和发达的区域。这种对应性表明水利灌溉对区域社会发展的推动作用。

就山西泉水资源开发利用的地域范围来看，主要集中在该省中南部的汾涑流域。从历史来看，自隋唐以来的 1400 多年间，该地区一直是山西最主要的产粮区和农业经济发达地区，被称为山西的"米粮川"和"江南乡"。构成这种农业经济基础的，正是以泉域为单元的自流灌溉体系和自汉代以来兴起的引河灌溉体系。[①]就汾涑流域泉水资源开发利用的历史来看，则肇始于春秋战国之际的智伯渠。公元前 453 年，晋国世卿智伯联合韩魏二氏合围赵襄子所据晋阳城，三月不下，智伯遂开渠筑坝拦汾水支流 —— 晋祠泉水（以下简称晋水），以水代兵，试图水淹晋阳。据史料记载，"城不没者三版"，万分危急。后赵襄子与韩魏二氏媾和反攻智伯，智伯兵败身亡，韩赵魏三家分晋，开启了战国时代的序幕。后人将智伯所开之渠命名为智伯渠，引水溉田，由此亦开启了山西引泉灌溉的历史。

泉水资源的开发利用奠定了山西中南部发达农业经济区的基础。战国时期因兴晋水之利，促使晋中盆地成为赵国重要的农业经济区，从而奠定了"关东各国莫若赵强"的经济基础。到汉代，太原一带已被视为"年谷独熟，人庶多资"的富庶地区。隋代晋水周围因大面积种植水稻，号称北方"小江南"，进而成为李渊起兵灭隋的基地。宋代晋水溉田面积进一步扩大到六百顷。相比之下，汾河下

---

① 张荷：《古代山西引泉灌溉初探》，《晋阳学刊》1990 年第 5 期。

游临汾盆地的大型引泉灌溉工程，虽晚于晋水的开发，但进入隋唐两代，鼓堆泉、霍泉、龙祠泉三大泉域，其灌田规模达到一千五六百顷，超过了晋泉的灌溉效益。三大泉域的开发推动了汾河下游农业经济的发展。另据笔者对汾河流域太原晋祠泉、介休洪山泉、洪洞霍泉、临汾龙祠泉、新绛鼓堆泉以及翼城滦池泉的研究可知，尽管这些泉域水利开发的历史早晚不一，但在唐宋时代均先后达到历史时期水利灌溉的最大规模，明清时代只是稍加延续和扩展了而已，基本未超出唐宋时代的水平，唐宋时代可视为山西引泉灌溉的黄金期。晋水在宋嘉祐五年（1060）可灌溉 33459.3 亩，熙宁八年（1075）达到 60000 余亩，15 年间增长了将近一倍。新绛鼓堆泉在宋治平元年（1064）"开渠十二道，灌田五百顷"①，嘉祐元年（1056）时任并州通判的司马光途经绛州时，对鼓堆泉大加赞赏："盛寒不冰，大旱不耗，淫雨不溢。其南酾为三渠，一载高地入州城，使州民园沼之用；二散布田间，灌溉万余顷，所余皆归之于汾。田之所生，禾麻稌稬，肥茂香甘，异他水所灌。"② 同样，临汾龙祠泉在宋熙宁年间已开官河 12 道，"南北溉田数百顷，动碾硙百余。粳稻菱芡，晋人取足焉"③。

　　水利灌溉和水利加工业同步发展的状况在汾河流域诸泉域具有普遍性。近年来学界关注的洪洞广胜寺泉和介休洪山泉即是如此。据方志资料显示，洪洞广胜寺在唐贞元年间灌溉规模已达到 891 顷。北宋庆历五年又有发展，"霍泉河水等共浇溉一百三十村庄，计一千七百四十户，计水田九百六十四顷一十七亩八分，动水碾磨四十五轮"④。介休洪山泉的大规模开发利用也在北宋，据说康定元年（1040），"文潞公始开三河引水灌田"，或许是开发年代较晚，洪山泉的灌溉规模在明代中后期始达到最大值，此后便呈现停滞及下降趋势，与前述诸泉有所差别。据地方学者统计：宋代分水之初，水地面积为 15229 亩余，受益村庄 48 个；万历十六年，水地面积达 22398 亩余，受益村庄仍为 48 个；万历二十六

---

① 薛宗孺《梁令祠记》，宋治平元年立石。
② 司马光《鼓堆泉记》，宋嘉祐元年立石。
③ 毛麾：《康泽王庙碑记》，载孔尚任编纂《平阳府志》卷三十六，山西古籍出版社 1998 年版，第 1108 页。
④ 金天眷二年《都总管镇国定两县水碑》，现存洪洞县广胜寺水神庙正门廊下。

年增加冬春水额后，受益村庄达 72 个，灌溉面积飙升至 52123 亩。[1] 洪山泉的水磨、水碓同样发达，当地人用以制香和制瓷，洪山水源地至今仍保留着宋代瓷窑的遗迹。直到 20 世纪 50 年代，洪山泉域上游村庄，尚有磨碾达 53 盘。[2] 为数众多的水力磨碾，为泉域村庄的发展提供了机械动力，是传统时代最高生产力水平的象征。

在水利灌溉和水力加工业之外，泉域民众还利用清洁稳定的水源，用于造纸、制瓷、制香和水产养殖，构成了种植业经济的一个有效补充，使得泉域社会经济呈现出多元特征，较之泉域以外其他村庄、社区有着先天的优势。就造纸业而言，以晋祠泉域的赤桥、纸房二村和洪山泉域的石屯村最具代表性。赤桥纸房两村地居晋水上游，用水便利，全村村民户十有八九皆赖造草纸为生，因造纸之故，与周围水利灌溉村庄时有冲突。介休洪山泉域一通碑文则记述了嘉庆九年石屯村造草纸致使水质污染，影响下游八村灌溉和饮水的事件。总体而言，泉域社会的多元经济产业呈现出对泉水资源的高度依赖性特征，笔者称之为水利型经济，体现了传统时代泉域社会经济发展的特点。

在长期开发利用泉水资源的过程中，泉域社会出现了为官方和民间顶礼膜拜的水神形象，成为泉域社会的保护神。比较奇特的是，在晋祠有圣母和水母娘娘两种水神形象共处于同一庙宇空间，其中圣母是得到官方承认的水神，历代皆有封号。水母娘娘则是民众竖立的水神，因其在地方社会影响很大，也逐渐为官方所默认。于是就形成了两种水神并处同一空间的现象。[3] 这种现象在山西泉域社会具有普遍性。比如在鼓堆泉，有梁令祠和孚惠圣母；在龙祠，有龙神和水母娘娘。同样，前者系官方认定，后者为民间拥戴，同居共处，反映了官方与民间在水利问题上的不同立场和利益博弈过程，是泉域社会的一个外在表征。另外，由于历代争水纠纷不断，山西泉域社会还普遍流行着"油锅捞钱，三七分水"的传说，并有纪念争水英雄的场所和设施，如晋祠的张郎塔、洪山的五人墓、霍泉的好汉宫、滦池的四大好汉庙等。水神庙宇、水利传说和祭祀习俗一起构成了泉域社会

---

① 续忠元主编：《介休县水利志》，介休县水利水保局（油印本），1986 年 5 月。
② 张俊峰：《明清以来山西水力加工业的兴衰》，《中国农史》2005 年 4 期。
③ 行龙：《晋水流域 36 村水利祭祀系统个案研究》，《史林》2005 年第 4 期。

的水利文化，具有重要的象征意义，其核心是水权的问题。山西泉域社会的形成与水资源的稀缺和对水权的争夺密切相关。

正因如此，对水权的争夺就成为泉域社会最具影响力的事件，历代争水纠纷导致的水利诉讼在各个泉域时有发生，论者曾指出中国北方干旱区水利社会的特点恰恰在于水权的可分性，因此泉域社会民众的水权意识是很强烈的，并有着深厚的历史传统。在处理水权争端的过程中，官府的单方面裁决并不经常有效，需要尊重并兼顾民间的传统和习惯。在此过程中，水神信仰和水利传说对于现实社会用水秩序来说也具有积极的象征意义。于是，率由旧章便成为山西泉域社会水权争端处理中的一个习惯性原则。

总体而言，我们可以将山西泉域社会的特征归纳为五个方面，即悠久的水利开发史、以水为中心的水利型经济、在官方和民众意识形态中具有崇高地位的水神信仰、对水权的争夺长期成为地方社会最具影响力的事件、在特定地域范围内具有相同的水利民俗、用水心理与行事准则。以此为标准，山西汾河流域诸泉域均具有这个特征，构成了山西泉域社会概念的重要支撑。

四、泉域社会研究的问题意识及旨趣

在从事山西水利史研究的过程中，笔者一直主张从社会史角度开展不同水利类型的研究。就山西省的情形来看，根据水资源属性的不同，历史时期当地水利开发的对象主要包括四种基本类型，分别是泉水、河水、湖水、洪水。其中，引泉灌溉和引河灌溉是历史时期山西水资源开发利用两种最主要的形式，代表的是山西水利条件相对优越、用水便利地区的水资源开发形式。就湖水资源而言，尽管山西在上古先秦时代湖泊众多，但是随着气候、水文、地形地貌的改变和宋金时代的大规模泄湖为田事件，近世以来山西的湖泊水利资源已经降到很低的水平。自 12 世纪以来，山西古湖泊所在区域已经是水患大于水利，以筑堤防洪为主替代了对湖水资源的开发利用。相比而言，在区域社会中的作用已经不甚明显了。就洪水资源的利用而言，引洪而灌在山西这个多山地区还是颇具特色且为数众多的。

尤其在晋西南吕梁山东南麓七县而言，在宋代的引洪灌溉已经达到相当大的规模，宋史水利志中就记载了新绛马壁峪的洪灌情况。[①] 不过，洪灌与引泉、引河灌溉而言，属于该省水资源比较匮乏地区的水利开发形式。由于水资源的属性差异，尤其是水资源的稳定性不足，洪灌地区较之水利丰富便利的泉域、河流而言，经济文化比较落后，社会发达程度也比较有限，水利在地域社会发展中的作用轻重程度不同。此外，山西还有一种比较独特的极端水利社会类型，即董晓萍、蓝克利等人合作发现的山西四社五村类型[②]，此种类型亦是水资源极为短缺的区域，在长期的社会发展进程中，形成了由村社组织主导的不灌而治的用水传统。与之相比，笔者所提出的山西泉域社会类型则属于有灌而治的用水传统，在山西水资源开发利用的多种类型中，应当说是最普遍也最具特色的类型。

在此基础上，我们可以从四个方面来把握泉域社会研究的问题意识及其旨趣。第一，泉域社会首先是水利社会，而且是水利社会的一个重要类型，泉域社会概念的提出是水利社会史研究的深化与细化。之所以要从类型学的视角出发开展水利社会史研究，正是考虑到中国地域空间的差异性、水利在地域社会发展中所具有的不同意义和地域社会对水利所具有的不同态度和策略。这样就可以真正从中国地域社会的水利问题出发，瓦解魏特夫大而化之的治水学说及其所谓的东方专制主义，并发掘出中国水利社会的多样性特征，进而凸显水利社会史研究的价值。

第二，要注意区分泉域社会与水利共同体概念的差异。日本学界的水利共同体概念所强调的是地方社会的一种自治性特征，即在水利问题上的村庄联合是否是一种内聚性很强的自律系统，水利共同体本身的成员构成与村庄权力、国家公权力之间究竟是一种怎样的关系，水利共同体的自主程度如何，这是共同体论者比较关心的问题。泉域社会当然也关注这些问题，但并不局限于此。正如论者对水利共同体与水利社会所区别的那样，水利共同体充其量只是水利社会的一个组成部分而已，并非水利社会的全部，水利社会史并不仅仅是对水利集团、水利社区、水利共同体的研究，"结构式的考察必须基于动态的历史过程分析。在这一意义上，'水利共同

---

① 井黑忍博士曾就山西河津的洪灌情形做过调查研究，参见井黑忍：《清浊灌溉方式对水环境问题的适应性 —— 以中国山西吕梁山脉南麓的历史事例为中心》，《史林》第 92 卷 1 号，2009 年 1 月，第 36—69 页。

② 董晓萍、〔法〕蓝克利：《不灌而治 —— 山西四社五村水利文献与民俗》，中华书局 2003 年版。

体'的预设常常限制了华北水利社会史研究的时空尺度的拓展。只有在充满着联系的区域社会时空中探讨水利，才有可能为研究基层社会史提供一个丰满的视野。"[1]

第三，泉域社会并不是一个自我封闭的系统，而是一个高度开放的系统。对此可以从两个方面来把握。一是就泉域社会自身而言，泉水资源的开发当然是泉域社会赖以形成的基础，但是泉域社会并不仅仅关注水利本身的问题，而是要进一步考察水利与区域社会政治、经济、文化和日常生活之间的关联性，考察水利与宗族、宗教、市场、祭祀、习俗之间的关系，站在一个强调联系性的整体史立场来看问题。二是泉域社会与外界的关系。这同样是以水利问题为起点，考察水利的有无、水利的发达与否对地域社会的影响，以及不同类型水利社会之间的物质文化交流及其互动关系。换言之，开放性和关联性是泉域社会研究的一个重要特点。

第四，泉域社会概念的提出还引发了我们关于什么是区域，如何界定区域的思考。以多年来中国汉人社会的经验研究为例，可以说是经历了一个从村庄研究到超越村庄研究的范式转换。[2]其中，通过宗族来界定区域，通过市场来界定区域，通过祭祀圈来界定区域的所谓超村庄研究，均显示了各自在某一特定区域或更大区域范围内所具有的理论解释力。泉域社会作为水利社会的一种重要类型，也同样具有超越村庄的范式意义。目前，在山西泉域社会史的研究实践中，我们还发现了大量水利与祭祀圈彼此重合的事例，比如晋水流域36村围绕晋祠水神圣母和水母娘娘的祭祀系统与水利组织管理系统的重合；[3]洪洞广胜寺霍泉围绕水神大郎庙所形成的洪赵二县用水诸村庄范围内的祭祀系统与水利系统的彼此重合等等[4]。不足的是，目前的研究尚未能够对水利与研究区域的宗族、水利与研究区域的市场之相互关系加以深入探讨和回答。通过水利社会类型的研究，是否可以形成与以往的宗族理论、市场体系理论、祭祀圈理论所界定的空间关系与主次关系的讨论？至少就目前来说，这些还不为我们所熟知。这就使我们对山西泉域社会未来的纵深发展充满了期待和想象。

---

① 谢湜：《"利及邻封"——明清豫北的灌溉水利开发和县际关系》，《清史研究》2007年第2期。

② 杜靖：《超越村庄：汉人区域社会研究述评》，《民族研究》2012年第1期。

③ 行龙：《晋水流域36村水利祭祀系统个案研究》，《史林》2005年4期。

④ 参见张俊峰：《水利社会的类型：明清以来洪洞水利与乡村社会变迁》，北京大学出版社2012年版。

后 记

"泉域社会"这个概念是我在山西水利社会史近二十年研究基础上逐步提出，并对其内涵与外延不断加以丰富和深化的。本书包括绪论部分共有十三个章节，除第五章外，其余多数已发表在《近代史研究》、《史学理论研究》、《史林》、《中国社会经济史研究》、《学术研究》、《中国农史》等学术期刊，不少文章在发表后还被《新华文摘》、《中国社会科学文摘》、《人大复印资料》等多次全文转载，也有不少文章被从事相关领域研究的学者多次引用，表明"泉域社会"这个概念已逐渐为学界同仁所认可和熟悉，在类型学视野下开展中国水利社会史研究的观点亦得到了学界的积极响应。

泉域社会是山西水利社会史研究的一个重要类型。在从事山西水利社会史研究之初，我就注意到明末清初著名学者顾炎武在《天下郡国利病书》中所言之"山西泉水之盛堪与福建相伯仲"的评价，这与当下人们观念中山西水资源匮乏的印象形成了鲜明对比。山西水资源的古今变迁与地域社会的发展有着内在的关联，以水为切入点，是整体审视山西区域社会历史变迁的一个新视角，这与当下国内正在兴起的环境史研究相得益彰。本书努力做到社会史与环境史的有机结合，希望在解读明清山西环境史的同时，为中国水利社会史研究提供一个可资比较的区域案例。

山西作为黄河文明的重要发祥地，泉水资源的开发利用有着漫长的历史，围绕水资源开发所形成的水政治、水经济、水权利、水信仰、水文化非常丰富。以太原晋祠泉、介休洪山泉、洪洞霍泉、新绛鼓堆泉、翼城滦池泉、临汾龙祠泉为代表的主要泉域，不仅完整保留着自唐宋以来的古老水利设施和水利遗迹，而且有着丰富的水利碑刻、水利契约、水册渠册、水利诉讼档案等珍贵文献，为我们开展山西水利社会史研究提供了有利条件。本着"上穷碧落下黄泉，动手动脚找东西"的精神，在业师行龙教授"走向田野与社会"学术理念的指引下，二十年间我们走遍了山西各大泉域，深入乡村和田间地头，进村入户，开展田野调查，进行实地走访。在此基础上，"泉域社会"的印象也越来越深刻。

　　为了完整呈现山西泉域社会的面貌和特色，本书采用了个案研究与专题研究相结合的方式。其中，绪论部分是对当前国内外尤其是国内水利社会史研究理论方法的一个系统梳理和评价，意在阐述如何在类型学视野下开展中国水利社会史研究。第二、三、四章属于个案研究，分别揭示了太原晋水、介休洪山、洪洞霍泉三个泉域社会以水为中心的历史变迁轨迹。第五章至第九章，则以新发现的水图、水碑和水契为核心资料，重在揭示历史时期山西泉域社会民众水权观念的形成和演变。第十、十一两章，则展示了山西泉域社会中最具普遍意义的分水传说和水神信仰，挖掘并解读了传说和信仰背后的深刻内涵。第十二章是对山西泉域社会研究理论和学术旨趣的一个总体反思。需要指出的是，考虑到全书的系统性和完整性，本书对部分章节的题目和内容进行了必要的修改，或增删，或重写。谨以此书作为自己二十年从事水利社会史研究的一个阶段性成果，希望学界同仁能够不吝赐正，成为我在学术道路上继续砥砺前行的不懈动力。

张俊峰

2018 年 3 月